高等学校计算机专业规划教材

Python程序设计基础案例教程

李 辉 编著

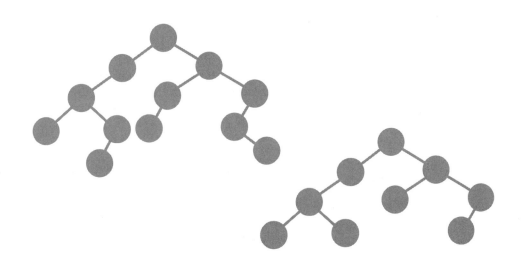

清华大学出版社
北 京

内 容 简 介

Python作为编程语言的一种,具有高效率、可移植、可扩展、可嵌入、易于维护等优点;Python语法简洁,代码高度规范,功能强大且简单易学,是程序开发人员必学的语言之一。

本书系统地讲述了Python程序设计开发相关基础知识,注重基础、循序渐进、内容丰富、结构合理、思路清晰、语言简练流畅、示例翔实。本书共分为10章,包括Python概述、Python基本语法、Python的基本流程控制、Python的4种典型序列结构、Python函数、Python文件和数据库操作、面向对象程序设计、模块和包、字符串操作与正则表达式应用、错误及异常处理等内容。

为提升学习效率,书中结合实际应用提供了大量的案例进行说明和训练,并配以完善的学习资料和支持服务,包括教学PPT、教学大纲、源码、教学视频、配套软件等,为读者带来全方位的学习体验。

本书既可作为高等院校本、专科数据科学与大数据技术以及其他计算机相关专业Python程序设计教材,也可作为自学者的参考书,是一本适用于程序开发初学者的入门级读物。

本书封面贴有清华大学出版社防伪标签,无标签者不得销售。
版权所有,侵权必究。举报:010-62782989,beiqinquan@tup.tsinghua.edu.cn。

图书在版编目(CIP)数据

Python程序设计基础案例教程/李辉编著.—北京:清华大学出版社,2020.9(2022.8重印)
高等学校计算机专业规划教材
ISBN 978-7-302-56054-8

Ⅰ.①P… Ⅱ.①李… Ⅲ.①软件工具-程序设计-教材 Ⅳ.①TP311.561

中国版本图书馆CIP数据核字(2020)第126977号

责任编辑:龙启铭 薛 阳
封面设计:何凤霞
责任校对:徐俊伟
责任印制:杨 艳

出版发行:清华大学出版社
网　　址:http://www.tup.com.cn,http://www.wqbook.com
地　　址:北京清华大学学研大厦A座　　　　邮　编:100084
社 总 机:010-83470000　　　　邮　购:010-62786544
投稿与读者服务:010-62776969,c-service@tup.tsinghua.edu.cn
质量反馈:010-62772015,zhiliang@tup.tsinghua.edu.cn
课件下载:http://www.tup.com.cn,010-83470236
印 装 者:三河市天利华印刷装订有限公司
经　　销:全国新华书店
开　　本:185mm×260mm　　印　张:21.25　　字　数:507千字
版　　次:2020年9月第1版　　　　　　　　印　次:2022年8月第7次印刷
定　　价:49.00元

产品编号:088622-01

前言

  Python 语言于 20 世纪 90 年代初由荷兰人 Guido van Rossum(吉多·范罗苏姆)首次公开发布,经过历次版本的修正,不断演化改进,目前已成为最受欢迎的程序设计语言之一。近年来,Python 多次登上诸如 TIOBE、PYP、StackOverFlow、GitHub、Indeed、Glassdoor 等各大编程语言社区排行榜。根据 TIOBE 最新排名,Python 与 Java、C 是全球最流行语言的前 3 名。

  Python 语言之所以如此受欢迎,其主要原因是它拥有简洁的语法、良好的可读性以及功能的可扩展性。在各高校及行业应用层面,采用 Python 作为教学、科研、应用开发的机构日益增多。在高校方面,一些国际知名大学采用 Python 语言来教授课程设计,典型的有麻省理工学院的计算机科学及编程导论、卡耐基-梅隆大学的编程基础、美国加州大学伯克利分校的人工智能课程。在行业应用方面,Python 已经渗透到数据分析、互联网开发、工业智能化、游戏开发等重要的工业应用领域。基于 Python 的诸多优点,Python 受到诸多学习者的热捧。

  本书的编写遵循的是:①适应原则。Python 语言有自己独特的语法以及编程方法,在编程语言的大框架下,分析这些编程语言的细节差异,读者能够很好地适应 Python 的学习。②科学原则。本教材既是知识产品的再生产、再创造,也是编者教学经验的总结和提高。其覆盖范围广、内容新,既有面的铺开,又有点的深化,举例符合题意,读者学习起来事半功倍。

  本书从基础和实践两个层面引导读者学习 Python 这门学科,系统、全面地讨论了 Python 编程的思想和方法。第 1~3 章主要介绍了 Python 的基本知识以及理论基础。第 4~8 章详细介绍了 Python 编程的核心技术,着眼于控制语句与函数、模块和包、类和继承、文件和 I/O 的重点知识使用场景以及注意事项的描述,每一章节都搭配了详细的 Python 程序,帮助读者全面理解 Python 编程。其中,第 7 章是程序开发的进阶,着重介绍了抽象类、多继承等知识点,并针对每一个知识点给出了详细的例子。第 9 章重点介绍了正则表达式,并针对每一个知识点给出相关实例。第 10 章具体介绍了软件开发语言中的重点——调试及异常,有编程语言常用的 try…except、finally 语句介绍和实例,也有特殊的 assert 语句和 with 语句介绍和实例。

  由于编者水平有限,加之 Python 语言的发展日新月异,书中难免会有疏漏和不妥之处,敬请广大读者批评指正。

编 者

2020 年 5 月

目录

第 1 章 Python 概述 /1

1.1 认识 Python 语言 ……… 1
- 1.1.1 Python 的发展历程 ……… 1
- 1.1.2 Python 的特点 ……… 2
- 1.1.3 Python 的应用领域 ……… 3
- 1.1.4 Python 的版本 ……… 5

1.2 Windows 下的 Python 集成开发环境 ……… 7
- 1.2.1 Python 的编程模式 ……… 7
- 1.2.2 Python 开发运行环境安装 ……… 7
- 1.2.3 使用 IDLE 编写"Hello Python" ……… 11
- 1.2.4 PyCharm 的安装与使用 ……… 12

1.3 Linux 与 Mac OS 环境下的 Python 集成开发环境 ……… 26
- 1.3.1 Linux 环境下安装 Python 开发环境 ……… 26
- 1.3.2 Mac OS 环境下安装 Python 开发环境 ……… 29

1.4 Python 程序运行原理 ……… 29
- 1.4.1 计算机程序设计语言分类 ……… 29
- 1.4.2 计算机程序的运行方式 ……… 30
- 1.4.3 Python 程序的运行方式 ……… 30
- 1.4.4 Python 的解释器类型 ……… 31
- 1.4.5 Python 程序的可执行文件 ……… 32
- 1.4.6 Python 语言的文件类型 ……… 32

小结 ……… 32
思考与练习 ……… 33

第 2 章 Python 基本语法 /34

2.1 Python 程序设计的基本元素 ……… 34
2.2 Python 语法特点 ……… 35
- 2.2.1 命名规范 ……… 35
- 2.2.2 代码缩进 ……… 36
- 2.2.3 编码规范 ……… 36

  2.2.4 注释规则 …………………………………………………………… 38
 2.3 标识符与变量、常量 ………………………………………………………… 40
  2.3.1 标识符与保留字 …………………………………………………… 40
  2.3.2 变量的定义与赋值 ………………………………………………… 41
  2.3.3 常量的定义 ………………………………………………………… 45
 2.4 基本数据类型 ………………………………………………………………… 45
  2.4.1 数值类型 …………………………………………………………… 45
  2.4.2 布尔类型 …………………………………………………………… 47
  2.4.3 NoneType 类型 …………………………………………………… 48
  2.4.4 数据类型转换 ……………………………………………………… 48
  2.4.5 对象和引用 ………………………………………………………… 50
  2.4.6 字符串类型 ………………………………………………………… 51
 2.5 基本输入和输出 ……………………………………………………………… 54
  2.5.1 基于 input() 函数输入 …………………………………………… 54
  2.5.2 基于 print() 函数输出 …………………………………………… 55
 2.6 常见的运算符与表达式 ……………………………………………………… 59
  2.6.1 运算符与表达式概述 ……………………………………………… 59
  2.6.2 算术运算符与表达式 ……………………………………………… 60
  2.6.3 赋值运算符与表达式 ……………………………………………… 62
  2.6.4 关系运算符与表达式 ……………………………………………… 64
  2.6.5 逻辑运算符与表达式 ……………………………………………… 65
  2.6.6 条件(三目)运算符 ………………………………………………… 66
  2.6.7 位运算符 …………………………………………………………… 67
  2.6.8 运算符的优先级 …………………………………………………… 67
小结 ……………………………………………………………………………………… 68
思考与练习 ……………………………………………………………………………… 68

第 3 章 Python 的基本流程控制 /70

 3.1 基本语句及顺序结构 ………………………………………………………… 70
  3.1.1 基本语句 …………………………………………………………… 70
  3.1.2 顺序结构 …………………………………………………………… 71
 3.2 选择结构 ……………………………………………………………………… 72
  3.2.1 if 语句 ……………………………………………………………… 73
  3.2.2 if…else 语句 ……………………………………………………… 74
  3.2.3 if…elif…else 语句 ………………………………………………… 75
  3.2.4 分支语句嵌套 ……………………………………………………… 77
 3.3 循环结构 ……………………………………………………………………… 79
  3.3.1 while 语句 ………………………………………………………… 79

  3.3.2 for 语句和 range() 内建函数 ⋯⋯⋯⋯⋯⋯⋯⋯⋯⋯⋯⋯⋯⋯⋯⋯⋯⋯ 81
  3.3.3 循环语句嵌套 ⋯⋯⋯⋯⋯⋯⋯⋯⋯⋯⋯⋯⋯⋯⋯⋯⋯⋯⋯⋯⋯⋯⋯⋯⋯⋯⋯ 84
3.4 转移和中断语句 ⋯⋯⋯⋯⋯⋯⋯⋯⋯⋯⋯⋯⋯⋯⋯⋯⋯⋯⋯⋯⋯⋯⋯⋯⋯⋯⋯⋯⋯⋯ 85
  3.4.1 break 语句 ⋯⋯⋯⋯⋯⋯⋯⋯⋯⋯⋯⋯⋯⋯⋯⋯⋯⋯⋯⋯⋯⋯⋯⋯⋯⋯⋯⋯⋯ 85
  3.4.2 continue 语句 ⋯⋯⋯⋯⋯⋯⋯⋯⋯⋯⋯⋯⋯⋯⋯⋯⋯⋯⋯⋯⋯⋯⋯⋯⋯⋯⋯ 87
  3.4.3 pass 语句 ⋯⋯⋯⋯⋯⋯⋯⋯⋯⋯⋯⋯⋯⋯⋯⋯⋯⋯⋯⋯⋯⋯⋯⋯⋯⋯⋯⋯⋯ 89
3.5 while⋯else 与 for⋯else 语句 ⋯⋯⋯⋯⋯⋯⋯⋯⋯⋯⋯⋯⋯⋯⋯⋯⋯⋯⋯⋯⋯⋯ 90
  3.5.1 while⋯else 语句 ⋯⋯⋯⋯⋯⋯⋯⋯⋯⋯⋯⋯⋯⋯⋯⋯⋯⋯⋯⋯⋯⋯⋯⋯⋯ 90
  3.5.2 for⋯else 语句 ⋯⋯⋯⋯⋯⋯⋯⋯⋯⋯⋯⋯⋯⋯⋯⋯⋯⋯⋯⋯⋯⋯⋯⋯⋯⋯ 91
3.6 循环与选择结构的应用案例 ⋯⋯⋯⋯⋯⋯⋯⋯⋯⋯⋯⋯⋯⋯⋯⋯⋯⋯⋯⋯⋯⋯⋯ 91
小结 ⋯⋯⋯⋯⋯⋯⋯⋯⋯⋯⋯⋯⋯⋯⋯⋯⋯⋯⋯⋯⋯⋯⋯⋯⋯⋯⋯⋯⋯⋯⋯⋯⋯⋯⋯⋯⋯⋯⋯ 93
思考与练习 ⋯⋯⋯⋯⋯⋯⋯⋯⋯⋯⋯⋯⋯⋯⋯⋯⋯⋯⋯⋯⋯⋯⋯⋯⋯⋯⋯⋯⋯⋯⋯⋯⋯⋯⋯ 93

第 4 章 Python 的 4 种典型序列结构 /94

4.1 序列 ⋯⋯⋯⋯⋯⋯⋯⋯⋯⋯⋯⋯⋯⋯⋯⋯⋯⋯⋯⋯⋯⋯⋯⋯⋯⋯⋯⋯⋯⋯⋯⋯⋯⋯⋯ 94
  4.1.1 序列概述 ⋯⋯⋯⋯⋯⋯⋯⋯⋯⋯⋯⋯⋯⋯⋯⋯⋯⋯⋯⋯⋯⋯⋯⋯⋯⋯⋯⋯⋯ 94
  4.1.2 序列的基本操作 ⋯⋯⋯⋯⋯⋯⋯⋯⋯⋯⋯⋯⋯⋯⋯⋯⋯⋯⋯⋯⋯⋯⋯⋯⋯ 94
4.2 列表 ⋯⋯⋯⋯⋯⋯⋯⋯⋯⋯⋯⋯⋯⋯⋯⋯⋯⋯⋯⋯⋯⋯⋯⋯⋯⋯⋯⋯⋯⋯⋯⋯⋯⋯⋯ 98
  4.2.1 列表的创建与删除 ⋯⋯⋯⋯⋯⋯⋯⋯⋯⋯⋯⋯⋯⋯⋯⋯⋯⋯⋯⋯⋯⋯⋯⋯ 98
  4.2.2 列表元素的访问与遍历 ⋯⋯⋯⋯⋯⋯⋯⋯⋯⋯⋯⋯⋯⋯⋯⋯⋯⋯⋯⋯⋯ 99
  4.2.3 列表元素的常用操作 ⋯⋯⋯⋯⋯⋯⋯⋯⋯⋯⋯⋯⋯⋯⋯⋯⋯⋯⋯⋯⋯⋯ 102
  4.2.4 列表元素的统计与排序 ⋯⋯⋯⋯⋯⋯⋯⋯⋯⋯⋯⋯⋯⋯⋯⋯⋯⋯⋯⋯⋯ 108
  4.2.5 列表的嵌套 ⋯⋯⋯⋯⋯⋯⋯⋯⋯⋯⋯⋯⋯⋯⋯⋯⋯⋯⋯⋯⋯⋯⋯⋯⋯⋯⋯ 110
4.3 列表的应用案例 ⋯⋯⋯⋯⋯⋯⋯⋯⋯⋯⋯⋯⋯⋯⋯⋯⋯⋯⋯⋯⋯⋯⋯⋯⋯⋯⋯⋯⋯ 111
4.4 元组 ⋯⋯⋯⋯⋯⋯⋯⋯⋯⋯⋯⋯⋯⋯⋯⋯⋯⋯⋯⋯⋯⋯⋯⋯⋯⋯⋯⋯⋯⋯⋯⋯⋯⋯⋯ 113
  4.4.1 元组的创建与删除 ⋯⋯⋯⋯⋯⋯⋯⋯⋯⋯⋯⋯⋯⋯⋯⋯⋯⋯⋯⋯⋯⋯⋯⋯ 113
  4.4.2 元组的常见操作 ⋯⋯⋯⋯⋯⋯⋯⋯⋯⋯⋯⋯⋯⋯⋯⋯⋯⋯⋯⋯⋯⋯⋯⋯⋯ 115
  4.4.3 元组与列表的区别与相互转换 ⋯⋯⋯⋯⋯⋯⋯⋯⋯⋯⋯⋯⋯⋯⋯⋯⋯ 116
  4.4.4 元组的应用案例 ⋯⋯⋯⋯⋯⋯⋯⋯⋯⋯⋯⋯⋯⋯⋯⋯⋯⋯⋯⋯⋯⋯⋯⋯⋯ 117
4.5 字典 ⋯⋯⋯⋯⋯⋯⋯⋯⋯⋯⋯⋯⋯⋯⋯⋯⋯⋯⋯⋯⋯⋯⋯⋯⋯⋯⋯⋯⋯⋯⋯⋯⋯⋯⋯ 117
  4.5.1 字典的创建 ⋯⋯⋯⋯⋯⋯⋯⋯⋯⋯⋯⋯⋯⋯⋯⋯⋯⋯⋯⋯⋯⋯⋯⋯⋯⋯⋯ 118
  4.5.2 字典元素的访问与遍历 ⋯⋯⋯⋯⋯⋯⋯⋯⋯⋯⋯⋯⋯⋯⋯⋯⋯⋯⋯⋯⋯ 120
  4.5.3 字典元素的常见操作 ⋯⋯⋯⋯⋯⋯⋯⋯⋯⋯⋯⋯⋯⋯⋯⋯⋯⋯⋯⋯⋯⋯ 121
  4.5.4 字典的应用案例 ⋯⋯⋯⋯⋯⋯⋯⋯⋯⋯⋯⋯⋯⋯⋯⋯⋯⋯⋯⋯⋯⋯⋯⋯⋯ 124
4.6 集合 ⋯⋯⋯⋯⋯⋯⋯⋯⋯⋯⋯⋯⋯⋯⋯⋯⋯⋯⋯⋯⋯⋯⋯⋯⋯⋯⋯⋯⋯⋯⋯⋯⋯⋯⋯ 125
  4.6.1 集合的创建 ⋯⋯⋯⋯⋯⋯⋯⋯⋯⋯⋯⋯⋯⋯⋯⋯⋯⋯⋯⋯⋯⋯⋯⋯⋯⋯⋯ 125
  4.6.2 集合元素的常见操作 ⋯⋯⋯⋯⋯⋯⋯⋯⋯⋯⋯⋯⋯⋯⋯⋯⋯⋯⋯⋯⋯⋯ 126
  4.6.3 集合的交集、并集和差集数学运算 ⋯⋯⋯⋯⋯⋯⋯⋯⋯⋯⋯⋯⋯⋯ 128

    4.6.4 集合的应用案例 …………………………………………………… 128
  4.7 容器中的公共操作 ……………………………………………………………… 129
    4.7.1 运算符操作 ………………………………………………………… 129
    4.7.2 公共方法 …………………………………………………………… 131
    4.7.3 容器类型转换 ……………………………………………………… 132
  4.8 推导式与生成器推导式 ………………………………………………………… 133
    4.8.1 列表推导式 ………………………………………………………… 133
    4.8.2 字典推导式 ………………………………………………………… 135
    4.8.3 集合推导式 ………………………………………………………… 136
    4.8.4 元组的生成器推导式 ……………………………………………… 136
  4.9 综合应用案例：会员登录模块功能模拟 ……………………………………… 138
 小结 ………………………………………………………………………………………… 139
 思考与练习 ………………………………………………………………………………… 139

第 5 章 Python 函数 /141

  5.1 函数的定义和调用 ……………………………………………………………… 141
    5.1.1 定义函数 …………………………………………………………… 141
    5.1.2 调用函数 …………………………………………………………… 143
    5.1.3 函数的返回值 ……………………………………………………… 143
    5.1.4 函数的嵌套调用 …………………………………………………… 145
  5.2 函数的参数与值传递 …………………………………………………………… 145
    5.2.1 函数的形参和实参 ………………………………………………… 145
    5.2.2 位置参数 …………………………………………………………… 147
    5.2.3 关键字参数 ………………………………………………………… 148
    5.2.4 默认参数 …………………………………………………………… 149
    5.2.5 不定长可变参数 …………………………………………………… 149
    5.2.6 可变参数的装包与拆包 …………………………………………… 151
  5.3 变量的作用域 …………………………………………………………………… 153
    5.3.1 LEGB 原则 ………………………………………………………… 153
    5.3.2 全局变量和局部变量 ……………………………………………… 154
  5.4 递归函数和匿名函数 …………………………………………………………… 155
    5.4.1 递归函数 …………………………………………………………… 155
    5.4.2 匿名函数 …………………………………………………………… 156
  5.5 高阶函数 ………………………………………………………………………… 158
    5.5.1 内置高阶函数：map() …………………………………………… 159
    5.5.2 内置高阶函数：reduce() ………………………………………… 160
    5.5.3 内置高阶函数：filter() …………………………………………… 161
  5.6 闭包及其应用 …………………………………………………………………… 162

  5.6.1 函数的引用 ·············· 162
  5.6.2 闭包概述 ·············· 162
  5.6.3 闭包的应用 ·············· 164
 5.7 装饰器及其应用 ·············· 164
  5.7.1 装饰器的概念 ·············· 164
  5.7.2 装饰器的应用 ·············· 166
 5.8 迭代器及其应用 ·············· 169
  5.8.1 迭代器的概念 ·············· 169
  5.8.2 迭代器的应用 ·············· 171
 5.9 生成器及其应用 ·············· 172
  5.9.1 生成器的概念 ·············· 172
  5.9.2 生成器的应用 ·············· 173
 5.10 综合应用案例：会员管理系统实现 ·············· 175
  5.10.1 显示功能界面实现 ·············· 175
  5.10.2 定义并实现添加会员功能函数 ·············· 176
  5.10.3 定义并实现删除会员功能函数 ·············· 177
  5.10.4 定义并实现修改会员功能函数 ·············· 178
  5.10.5 定义并实现查询会员功能函数 ·············· 179
  5.10.6 定义并实现显示所有会员功能函数 ·············· 179
  5.10.7 定义并实现退出函数 ·············· 180
小结 ·············· 180
思考与练习 ·············· 180

第 6 章　Python 文件和数据库操作　　/182

 6.1 文件相关的基本概念 ·············· 182
  6.1.1 文件与路径 ·············· 182
  6.1.2 文件的编码 ·············· 183
  6.1.3 文本文件和二进制文件的区别 ·············· 184
 6.2 文件夹与目录操作 ·············· 185
  6.2.1 os.path 模块 ·············· 185
  6.2.2 获取与改变工作目录 ·············· 185
  6.2.3 目录与文件操作 ·············· 186
  6.3.4 文件的重命名和删除 ·············· 187
 6.3 文件的基本操作 ·············· 188
  6.3.1 文件的打开和关闭 ·············· 188
  6.3.2 文件的读取与写入 ·············· 191
  6.3.3 按行对文件内容读写 ·············· 193
  6.3.4 使用 fileinput 对象读取大文件操作 ·············· 194

- 6.4 处理 XML 格式文件的数据 …………………………………… 196
  - 6.4.1 初识 XML …………………………………… 196
  - 6.4.2 基于 DOM 操作 XML 文件 …………………………………… 199
  - 6.4.3 基于 SAX 操作 XML 文件 …………………………………… 201
- 6.5 JSON 格式文件及其操作 …………………………………… 203
  - 6.5.1 JSON 概述 …………………………………… 204
  - 6.5.2 读写 JSON 文件 …………………………………… 204
  - 6.5.3 数据格式转换对应表 …………………………………… 206
  - 6.5.4 利用 xmltodict 库实现 XML 与 JSON 格式转换 …………………………………… 208
- 6.6 Python 操作 MySQL 数据库 …………………………………… 210
  - 6.6.1 PyMySQL 的安装 …………………………………… 210
  - 6.6.2 PyMySQL 操作 MySQL 的流程及常用对象 …………………………………… 210
  - 6.6.3 PyMySQL 的使用步骤 …………………………………… 212
- 6.7 综合应用案例：利用文件操作实现会员管理登录功能模块 …………………………………… 214
  - 6.7.1 文件类型与数据格式 …………………………………… 214
  - 6.7.2 功能模块的各函数实现 …………………………………… 214
- 小结 …………………………………… 219
- 思考与练习 …………………………………… 219

第 7 章　面向对象程序设计　　/221

- 7.1 面向对象程序设计的 3 个基本特性 …………………………………… 221
- 7.2 类和对象 …………………………………… 223
  - 7.2.1 类的定义和使用 …………………………………… 223
  - 7.2.2 构造函数与析构函数 …………………………………… 225
  - 7.2.3 创建类的方法与成员访问 …………………………………… 228
  - 7.2.4 访问限制：私有成员与公有成员 …………………………………… 232
  - 7.2.5 类代码块 …………………………………… 234
  - 7.2.6 特殊方法：静态方法和类方法 …………………………………… 234
  - 7.2.7 单例模式 …………………………………… 238
  - 7.2.8 函数和方法的区别 …………………………………… 239
- 7.3 类的继承和多态 …………………………………… 240
  - 7.3.1 类的继承 …………………………………… 240
  - 7.3.2 类的多继承 …………………………………… 244
  - 7.3.3 方法重写 …………………………………… 245
  - 7.3.4 多态与多态性 …………………………………… 248
  - 7.3.5 接口 …………………………………… 250
  - 7.3.6 运算符重载 …………………………………… 252
- 7.4 综合应用案例：会员管理系统设计与实现 …………………………………… 253

	7.4.1 系统需求与设计	253
	7.4.2 系统框架实现	253
	7.4.3 管理系统功能实现	255
	7.4.4 主程序模块定义与实现	258
小结		258
思考与练习		259

第 8 章 模块和包 /260

- 8.1 源程序模块结构 … 260
- 8.2 模块的定义与使用 … 261
  - 8.2.1 模块的概念 … 262
  - 8.2.2 使用 import 语句导入模块 … 262
  - 8.2.3 使用 from…import 语句导入模块 … 263
  - 8.2.4 模块搜索目录 … 264
  - 8.2.5 模块内建函数 … 265
  - 8.2.6 绝对导入和相对导入 … 266
- 8.3 Python 中的包 … 267
  - 8.3.1 Python 程序的包结构 … 267
  - 8.3.2 创建和使用包 … 267
- 8.4 引用其他模块 … 269
  - 8.4.1 第三方模块的下载与安装 … 269
  - 8.4.2 标准模块的使用 … 271
  - 8.4.3 常见的标准模块 … 273
- 8.5 日期与时间函数 … 274
  - 8.5.1 时间函数 … 274
  - 8.5.2 日期函数 … 277
  - 8.5.3 日历函数 … 278
- 8.6 综合应用案例：日历系统的设计与实现 … 279
- 8.7 测试及打包 … 281
  - 8.7.1 代码测试 … 281
  - 8.7.2 代码打包 … 282
- 小结 … 283
- 思考与练习 … 283

第 9 章 字符串操作与正则表达式应用 /284

- 9.1 字符串的编码转换 … 284
  - 9.1.1 字符串的编码 … 284
  - 9.1.2 字符串的解码 … 285

9.2 字符串的常见操作 ·········· 286
　　9.2.1 字符串查找 ·········· 286
　　9.2.2 字符串修改 ·········· 289
　　9.2.3 字符串判断 ·········· 295
　　9.2.4 字符串的长度计算 ·········· 298
　　9.2.5 字符串的格式化 ·········· 299
9.3 正则表达式及常见的基本符号 ·········· 302
9.4 re 模块实现正则表达式操作 ·········· 304
　　9.4.1 匹配字符串 ·········· 305
　　9.4.2 搜索与替换字符串 ·········· 307
　　9.4.3 分割字符串 ·········· 308
　　9.4.4 搜索字符串 ·········· 308
　　9.4.5 编译标志 ·········· 310
9.5 综合应用案例：利用正则表达式实现图片自动下载 ·········· 312
小结 ·········· 313
思考与练习 ·········· 313

第 10 章　错误及异常处理　　/315

10.1 错误与异常 ·········· 315
　　10.1.1 两种类型的错误 ·········· 315
　　10.1.2 什么是异常 ·········· 316
　　10.1.3 常见的错误与异常 ·········· 317
10.2 捕获和处理异常 ·········· 318
　　10.2.1 try…except 语句 ·········· 318
　　10.2.2 try…except…else 语句 ·········· 319
　　10.2.3 带有多个 except 的 try 语句 ·········· 319
　　10.2.4 捕获所有异常 ·········· 320
　　10.2.5 finally 子句 ·········· 320
10.3 处理异常的特殊方法 ·········· 322
　　10.3.1 raise 语句抛出异常 ·········· 322
　　10.3.2 assert 语句判定用户定义的约束条件 ·········· 323
　　10.3.3 with…as 语句 ·········· 324
　　10.3.4 自定义异常 ·········· 324
10.4 PyCharm 中使用 Debug 工具 ·········· 325
小结 ·········· 327
思考与练习 ·········· 327

第 1 章 Python 概述

Python 是一种跨平台的、开源的、免费的、解释型的高级编程语言。近几年发展势头迅猛,在 2020 年 3 月的 TIOBE 编程语言排行榜中已经晋升到第 3 名了(https://www.tiobe.com/tiobe-index/),而在 IEEE Spectrum 发布的 2018 年度编程语言排行榜中,Python 位居第 1 名。另外,Python 的应用领域非常广泛,在 Web 编程、图形处理、大数据处理、网络爬虫、人工智能和科学计算等领域都能找到 Python 的身影。本章首先介绍 Python 的发展、应用、特点和版本等内容,然后重点介绍搭建 Python 开发环境的方法,最后介绍 Python 运行原理。

1.1 认识 Python 语言

从程序设计语言的发展过程来分,计算机程序设计语言可分为:机器语言、汇编语言和高级语言。Python 是一种高级语言。

Python 的设计哲学为优雅、明确、简单,具有优雅的语法,高效率的数据结构,属于纯粹的开源自由软件,相对其他语言(例如 Java),有着语法简洁、易于学习、功能强大、可扩展性强、跨平台等诸多特点,逐渐成为最受欢迎的程序设计语言之一。

Python 也是一种扩充性好的编程语言。它具有丰富和强大的库,能够把使用其他语言制作的各种模块(尤其是 C/C++)很轻松地连接在一起。所以 Python 常被称为"胶水"语言。

1.1.1 Python 的发展历程

自从 20 世纪 90 年代初 Python 语言诞生至今,它已被逐渐广泛应用于系统管理任务的处理和 Web 编程。

1989 年,Python 的创始人 Guido van Rossum 为了打发圣诞节的无趣,决心开发一个新的脚本解释程序,作为 ABC 语言的一种升级。ABC 是由 Guido 参加设计的一种教学语言。就 Guido 本人看来,ABC 这种语言非常优美和强大,是专门为非专业程序员设计的。但是 ABC 语言并没有成功,究其原因,Guido 认为是其非开放性造成的。于是 Guido 决心在 Python 中纠正这一错误。同时,他还想实现在 ABC 中闪现过但未曾实现的东西。

之所以选择 Python("蟒蛇"的意思)作为该编程语言的名字,是因为 Guido 是一个叫 Monty Python 的喜剧团体的爱好者。就这样,Python 在 Guido 手中诞生了。可以说,

Python 是从 ABC 发展起来,主要受到了 Modula-3(另一种相当优美且强大的语言,为小型团体所设计的)的影响,并且结合了 UNIX Shell 和 C 的习惯。

如今,Python 已经成为最受欢迎的程序设计语言之一。2011 年 1 月,它被 TIOBE 编程语言排行榜评为 2010 年度语言。自从 2004 年以来,Python 的使用率呈线性增长。2019 年 3 月,TIOBE 公布了编程语言指数排行榜,得益于人工智能方面的发展,Python 跃居第三。作为人工智能的主要编程语言,从 2016 年开始,Python 的使用比例不断提升,目前已达到 10.11%,如图 1-1 所示。

Mar 2020	Mar 2019	Change	Programming Language	Ratings	Change
1	1		Java	17.78%	+2.90%
2	2		C	16.33%	+3.03%
3	3		Python	10.11%	+1.85%
4	4		C++	6.79%	-1.34%
5	6	⯅	C#	5.32%	+2.05%
6	5	⯆	Visual Basic .NET	5.26%	-1.17%
7	7		JavaScript	2.05%	-0.38%
8	8		PHP	2.02%	-0.40%
9	9		SQL	1.83%	-0.09%
10	18	⯅⯅	Go	1.28%	+0.26%
11	14	⯅	R	1.26%	-0.02%
12	12		Assembly language	1.25%	-0.16%
13	17	⯅⯅	Swift	1.24%	+0.08%
14	15	⯅	Ruby	1.05%	-0.15%
15	11	⯆⯆	MATLAB	0.99%	-0.48%
16	22	⯅⯅	PL/SQL	0.98%	+0.25%
17	13	⯆⯆	Perl	0.91%	-0.40%
18	20	⯅	Visual Basic	0.77%	-0.19%
19	10	⯆⯆	Objective-C	0.73%	-0.95%
20	19	⯆	Delphi/Object Pascal	0.71%	-0.30%

图 1-1　2020 年 3 月 TIOBE 公布的编程语言指数排行榜

要详细了解 Python 的现状,请访问 Python 官方网站:http://www.python.org。

1.1.2　Python 的特点

Python 秉承"优雅""明确""简单"的设计理念,具有以下特点。

1. 简单易学

Python 的设计哲学是"优雅""明确""简单"。Python 开发者的哲学是"用一种方法,最好是只有一种方法来做一件事"。由于 Python 语言的简洁性、易读性以及可扩展性,在国内外使用 Python 来教授程序设计课程的学校越来越多。

2. 功能强大(可扩展、可嵌入)

Python 既属于脚本语言,也属于高级程序设计语言,所以,Python 既具有脚本语言

（如 Perl、Tcl 和 Scheme 等）的简单、易用的特点，也具有高级程序设计语言（如 C、C++ 和 Java 等）的强大功能。Python 具有的一些强大功能如下。

（1）动态数据类型：Python 在代码运行过程中跟踪变量的数据类型，不需要在代码中声明变量的类型，也不要求在使用之前对变量进行类型声明。

（2）自动内存管理：良好的内存管理机制意味着程序运行具有更高的性能。Python 程序员无须关心内存的使用和管理，Python 自动分配和回收内存。

（3）大型程序支持：通过子模块、类和异常等工具，允许 Python 应用于大型程序开发。

（4）内置数据结构：Python 提供了常用数据结构支持。例如，列表、字段、字符串等都属于 Python 内置对象。同时，Python 也实现了各种数据结构的标准操作，如合并、分片、排序和映射等。

（5）内置库：Python 提供丰富的标准库，从正则表达式匹配到网络等，使 Python 可以实现多种应用。

（6）第三方工具集成：Python 很容易集成第三方工具，通过各种扩展包将其应用到各种不同领域。

（7）可扩展性和可嵌入性：Python 提供了支持 C/C++ 接口，可以方便地使用 C/C++ 来扩展 Python。Python 提供了 API，通过使用 API 函数就可以编写 Python 扩展。

3. 具有良好的跨平台特性（可移植）

Python 是用 ANSI C 实现的。C 语言因为跨平台和良好的可移植性成为经典的程序设计语言。这意味着 Python 也具有良好的跨平台特性，可在目前所有的主流平台上编译和运行。所以，在 Windows 下编写的 Python 程序，可以轻松地在 Linux 等各种其他系统中运行。

4. 面向对象

面向对象（Object Oriented，OO）是现代高级程序设计语言的一个重要特征。多态、运算符重载、继承和多重继承等面向对象编程（Object Oriented Programming，OOP）的主要特征也在 Python 的类模块中得到很好的支持。得益于 Python 简洁的语法和数据类型系统，Python 中的 OOP 也变得极为简单，比其他语言容易。

OOP 是 Python 的一个重要特征，初学者也不必为此感到担心。Python 同样支持传统的面向过程的编程模式，完全可以在具有一定基础之后再深入学习 Python 的 OOP。

5. Python 是免费的开源自由软件

Python 遵循 GPL 协议，也是免费的，不管是用于个人还是商业用途，开发人员都无须支付任何费用，也不用担心版权问题。作为开源软件，程序员可以获得 Python 源代码，以研究其内部细节，并可加以修改使其针对目标更加适用。也可以将 Python 嵌入系统或随产品一起发布，甚至于销售 Python 的源代码，都没有任何限制。

1.1.3　Python 的应用领域

作为一门优秀的程序设计语言，Python 被广泛应用于各种领域，从简单的文字处理，到网站和游戏开发，甚至于机器人和航天飞机控制，都可以找到 Python 的身影，如数据分析、组件集成、网络服务、图像处理、数值计算和科学计算等众多领域。目前业内几乎所有大中型互联网企业都在使用 Python，如 Google、百度、腾讯、汽车之家、美团等。互联网公司广泛使用 Python 来做的一般的事情有：自动化运维、自动化测试、大数据分析、爬虫、Web 等。

（1）系统编程：提供 API(Application Programming Interface，应用程序编程接口)，能方便地进行系统维护和管理，Linux 下标志性语言之一，是很多系统管理员理想的编程工具。

（2）图形处理：Python 内置了 Tkinter(Python 默认的图形界面接口)和标准面向对象接口 Tk GUI API，可以进行程序 GUI 设计。同时有 PIL 等图形库支持，使其能够方便地进行图形处理。

（3）数据处理：NumPy 扩展提供许多标准数学库的接口，例如矩阵对象、标准数学库等。SciPy 和 Matplotlib 扩展也为 Python 提供了快速数组处理、数值运算以及绘图功能。众多的扩展库使 Python 十分适合工程技术、科研人员处理实验数据、制作图表，甚至开发科学计算应用程序。

（4）文本处理：Python 提供的 re 模块能支持正则表达式，还提供 SGML、XML 分析模块，许多程序员利用 Python 进行 XML 程序的开发。

（5）数据库编程：Python 语言提供了对目前主流的数据库系统的支持，程序员可通过遵循 Python DB-API(数据库应用程序编程接口)规范的模块与 MySQL、Oracle、Microsoft SQL Server、Sybase、DB2、SQLite 等数据库通信。Python 自带有一个 Gadfly 模块，提供了一个完整的 SQL 环境。

（6）网络编程：Python 提供了标准的 Internet 模块，使 Python 能够轻松实现网络编程，例如，通过套接字(Socket)进行网络通信。

（7）Web 编程：Python 支持许多 Web 开发工具包，支持最新的 XML 技术，使得 Python 能够快速构建功能完善和高质量的网站。很多大规模软件开发计划，例如 Zope、Mnet 及 BitTorrent，都在广泛地使用它。

（8）多媒体应用：Python 的 PyOpenGL 模块封装了 OpenGL 应用程序编程接口，能进行二维和三维图像处理。PyGame 模块可用于编写游戏软件。

（9）游戏、图像、人工智能、机器人、XML 等其他领域。

Python 的应用领域很多，远比本书提到的多得多。例如，利用 PyGame 系统，可以对图形和游戏进行编程；使用 PySerial 扩展可以在 Windows、Linux 以及更多系统上进行串口通信；使用 PIL、PyOpenGL、Blender、Maya 和其他一些工具可以进行图像处理；使用 PyRo 工具包可以进行机器人控制编程，使用 xml 库、xmlrpclib 模块和其他一些第三方扩展可以进行 XML 解析；使用神经网络仿真器和专业的系统 Shell 可以进行 AI 编程；使用 NLTK 包可以进行自然语言分析等。

接下来通过举例说明，Python 仅需一两行代码即可很轻松地实现网页爬虫的功能。

【例 1-1】 抓取百度首页的网页文件。

```
import requests
www = requests.get("http://www.baidu.com")
```

```
print(www.text)
```

1.1.4 Python 的版本

Python 发展到现在，经历了多个版本。截至本书成稿时，Python 最新版本为 3.8。需要注意的是，Python 3.x 不再兼容现有的 Python 2.x 程序。可根据实际需要选择使用的版本，当然，选择较新的版本有利于以后软件升级。

作为一个开源软件，Python 拥有一个参与者众多的开发社区，它保持 Python 的不断更新和改进。Python 的开发者通过一个在线的源代码控制系统协同工作，所有对 Python 的修改必须遵循 PEP 协议（Python Enhancement Proposal，Python 改进提案），并通过 Python 扩展回归测试系统的测试。目前，由一个非正式的组织 PSF（Python Software Foundation，Python 软件基金）负责组织会议并处理 Python 的知识产权问题。

Python 3.x 与 Python 2.x 的主要区别如下。

1. Python 3.x 默认使用 UTF-8 编码

Python 3.x 源代码中的字符默认使用 UTF-8 编码，可以很好地支持中文或其他非英文字符。例如，在 Python 3.x 中可使用汉字作为变量名；在 Python 2.x 中不能使用汉字作为变量名，否则会出错。

2. print()函数代替了 print 语句

在 Python 3.x 中调用 print()函数来输出数据，在 Python 2.x 中则使用 print 语句。

3. 完全面向对象

在 Python 2.x 中的各种数据类型，在 Python 3.x 中全面升级为类（class）。例如，在 Python 2.x 中输出 int 数据类型：print int 的结果是<type 'int'>；在 Python 3.x 中输出 int 数据类型：print(int)的结果是<class 'int'>。

4. 用视图和迭代器代替了列表

常用方法或函数在 Python 2.x 中返回列表，在 Python 3.x 中有很多改变。

在 Python 3.x 中，字典的 keys()、items()和 values()方法用返回视图代替了列表，不再支持 Python 2.x 中的 iterkeys()、iteritems()和 itervalues()；在 Python 3.x 中，map()、filter()和 zip()函数用返回迭代器代替了列表。

5. 比较运算中的改变

比较运算的主要改变如下。

（1）用!=代替了<>。

（2）比较运算<、<=、>=和>在无法比较两个数据大小顺序时，会产生 TypeError 异常。

（3）在 Python 2.x 中，1<"、0>None、len<=len 等运算返回 False，而在 Python 3.x 中则产生 TypeError 异常。

（4）在=和!=中，不兼容类型的数据视为不相等。

6. 整数类型的改变

整数类型的主要改变如下。

（1）取消了 long 类型，整数类型只有 int 一种。不再支持用后缀 l 或 L 表示长整数。

(2) 在 Python 3.x 中,/(除法)运算返回浮点数(float 类型)。Python 2.x 中两个整数的/运算返回整数(截断了小数部分)。

(3) 整数不再限制大小,删除 sys 模块中的 maxint(最大整数)常量。

(4) 不再支持以数字 0 开头的八进制常量(如 012),而改成用前缀 0o 表示(如 0o12)。

7. 字符串的改变

在 Python 2.x 中,字符串中的字符默认为单字节(8 位),字符串的类型可分为 str 和 unicode 两种。带前缀"u"或"U"的字符串为 Unicode 类型,其他的字符(包含带前缀"b""B""r"或"R"的字符串)为 str 类型。所有的字符串在输出时会将包含的字符直接输出。

在 Python 3.x 中,字符默认为 Unicode 字符,即双字节字符。字符串的数据类型分为 str 和 bytes 两种。仍可使用字符串前缀"u"或"U",但会被忽略。

在 Python 3.x 中,字符串前缀"b"或"B"表示二进制字符串,其类型为 bytes。

8. 取消了 file 数据类型

Python 3.x 取消了 Python 2.x 中的 file 数据类型。使用 open()函数打开文件时,返回的是 IOTextWrapper 类的实例对象。

Python 2.x 的 open()函数返回的是 file 类型的对象。

9. 异常处理的改变

在 Python 3.x 中,异常处理的改变主要如下。

(1) 所有异常都从 BaseException 继承,并删除了 StandardError 异常。

(2) 取消了异常类的序列行为和.message 属性。

(3) 用 raise Exception(args)代替 raise Exception, args 语法。

(4) 捕获异常的语法改变,引入了 as 关键字。

10. 其他主要的语法改变

其他主要的语法改变如下。

(1) 加入了关键字 as 和 with。

(2) 增加了常量 True,False 和 None。

(3) 加入 nonlocal 语句。使用 nonlocal x 声明 x 为函数外部的变量。

(4) 删除了 raw_input(),用 input()代替。

(5) 去除元组参数解包。不能像 def(a, (b, c)): pass 这样定义函数了。

(6) 增加了二进制字面量,如'0b111'。bin()函数可返回整数的二进制字符串。

(7) 扩展了可迭代解包。在 Python 3.x 里,"a,b, * x= seq"和" * x,a = seq"都是合法的,只要求两点:"x"是 list;对象和"seq"是可迭代的。

(8) 面向对象引入了抽象基类。

(9) 类的迭代器方法 next()改名为__next__(),并增加内置函数 next(),用以调用迭代器的__next__()方法。

1.2 Windows 下的 Python 集成开发环境

Python 支持多种操作系统,本书以 Windows 10(64 位)为平台。Python 编程工具可以使用纯文本编辑软件(如 Windows 记事本、TextPad 等),或者是集成开发工具(如 IDLE、PyCharm、Spyder、Eclipse+Pydev 插件等)。

1.2.1 Python 的编程模式

Python 程序可以在交互模式编程或脚本编程模式下运行。

1. 以交互模式运行

启动 Python 自带的 IDLE,或在命令提示符下运行 python.exe,进入 Python 环境。例如:

>>>print('欢迎使用 Python')

运行结果:

欢迎使用 Python

2. 以脚本(文件)方式运行

对于大量代码的开发,经常采用以脚本(文件)方式运行,即利用编辑器输入 Python 代码,保存成 *.py 文件,例如 python3hello.py,在文件所在目录下,通过 Python 3 运行。也可使用 NetBeans、PyCharm 等集成开发环境,编写程序、调试、运行。

1.2.2 Python 开发运行环境安装

所谓"工欲善其事,必先利其器"。在正式学习 Python 开发前,需要先搭建 Python 开发环境。Python 是跨平台的开发工具,可以在多个操作系统上进行编程,编写好的程序也可以在不同系统上运行。

要进行 Python 开发,需要先安装 Python 解释器。由于 Python 是解释型编程语言,所以需要一个解释器,这样才能运行编写的代码。安装 Python 实际上就是安装 Python 解释器。下面以 Windows 操作系统为例介绍安装 Python 的方法。

1. 下载 Python 安装包

从 Python 官方网站下载 Python 安装程序和源代码。在 Windows 7 中下载、安装 Python 的具体操作步骤如下。

(1) 在 Python 官网下载相应的版本并安装,打开 Python 官网 https://www.python.org/,单击 Downloads 中的 Windows,如图 1-2 所示。

(2) 进入下载页面,选择 Python 3.7.2 下载以 exe 为后缀的可执行文件,根据自己的系统选择 32 位或 64 位,单击下载。

其中,在如图 1-3 所示的列表中,带有"x86"字样的压缩包,表示该开发工具可以在 Windows 32 位系统上使用;而带有"x86-64"字样的压缩包,则表示该开发工具可以在 Windows 64 位系统上使用。另外,标记为"web-based installer"字样的压缩包,表示需要

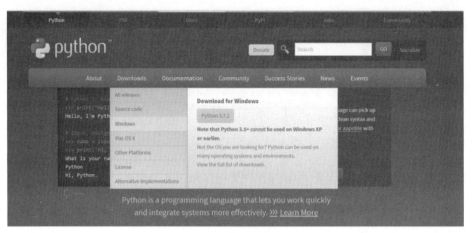

图 1-2　Python 官方网站主页

通过联网完成安装；标记为"executable installer"字样的压缩包，表示通过可执行文件（*.exe）方式离线安装；标记为"embeddable zip file"字样的压缩包，表示嵌入式版本，可以集成到其他应用中。

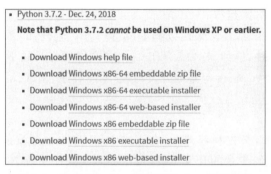

图 1-3　适合 Windows 系统的 Python 下载列表

(3) 在 Python 下载列表页面中，列出了 Python 提供的各个版本的下载链接，可以根据需要下载。当前 Python 3.x 的最新稳定版本是 3.7.2，所以找到如图 1-3 所示的位置，单击 Windows x86-64 executable installer 超链接，下载适用于 Windows 64 位操作系统的离线安装包。

(4) 下载完成后，将得到一个名称为"python-3.7.2-amd64.exe"的安装文件。

2. 在 Windows 64 位系统中安装 Python

在 Windows 64 位系统上安装 Python 3.x 的步骤如下。

(1) 双击下载文件 python-3.7.2-amd64.exe，进入如图 1-4 所示界面。勾选 Add Python 3.7 to PATH 复选框，把 Python 的安装路径添加到系统环境变量的 PATH 变量中，自动配置环境变量。

(2) 单击 Customize installation 按钮，进行自定义安装（自定义安装可以修改安装路径），在弹出的安装选项窗口中采用默认设置，如图 1-5 所示。

图 1-4　Python 安装向导

图 1-5　设置安装选项

其中，Documentation 选项表示安装 Python 帮助文档；pip 选项表示安装下载 Python 包的工具 pip，用于下载安装第三方 Python 扩展；tcl/tk and IDLE 选项表示安装 Tkinter 和开发环境工具 IDLE；Python test suite 选项表示安装用于测试的标准库；py launcher 和 for all user 选项表示安装所有用户都可以启动 Python 的发射器。默认情况下，将安装全部工具。作为初学者，pip 工具和测试标准库暂时还用不到，可以先不安装，以后运行安装程序添加即可。

（3）选择后，单击 Next 按钮，将打开高级选项窗口，如图 1-6 所示，在该窗口中，设置安装路径为"C:\Python\Python3.7"（可自行设置路径），其他采用默认设置。

其中，Install for all users 选项表示是否为全部用户安装 Python，不选表示只为当前用户安装，若要允许其他用户使用 Python，可选中该选项。Associate files with Python

图 1-6　高级选项

(requires the py launcher)选项表示安装 Python 相关文件,默认安装。Create shortcuts for installed applications 选项表示为 Python 创建"开始"菜单选项,默认安装。Add Python to environment variables 选项表示为 Python 添加环境变量,默认安装。Precompile standard library 选项表示预编译 Python 标准库,预编译可以提高程序运行效率,暂时可不选该选项。Download debugging symbols 选项表示下载调试标识,暂时可不选该选项。Download debug binaries(requires VS 2015 or later)选项表示下载 Python 可调试二进制代码(用于微软的 Visual Studio 2015 或更新版本)。最后,需要在 Customize install location 文本框中输入 Python 安装路径,如"D:\Python37"。可单击 Browse 按钮打开对话框选择安装路径。最后,单击 Install 按钮执行安装。

(4) 接下来进入 Python 安装界面,如图 1-7 所示。

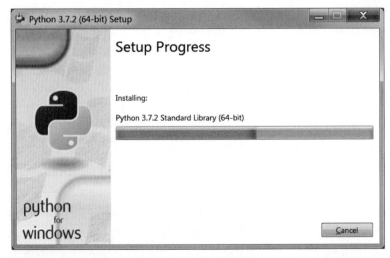

图 1-7　执行 Python 安装

(5)当安装完成时,进入如图 1-8 所示界面,单击 Close 按钮关闭。

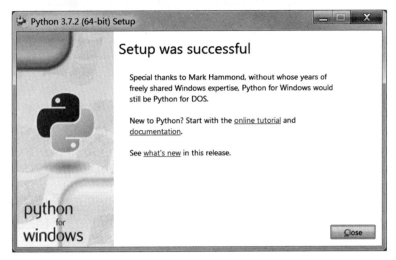

图 1-8　安装完成

3. 测试 Python 是否安装成功

Python 安装完成后,需要检测 Python 是否成功安装。安装完成之后,按 Windows+R 组合键,打开计算机终端,输入"cmd"命令后回车,验证一下安装是否成功,在命令行中输入"python",然后回车,如果出现 Python 的版本号则说明软件安装好了,如图 1-9 所示。

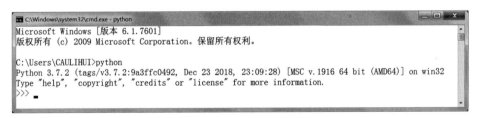

图 1-9　在命令行窗口中运行的 Python 解释器

1.2.3　使用 IDLE 编写"Hello Python"

IDLE 是一个 Python 下自带的简洁的集成开发环境(IDE),具备基本的 IDE 功能,是非商业 Python 开发的不错选择。其基本功能包括语法加亮、段落缩进、基本文本编辑、Table 键控制、调试程序。

通过"开始"菜单,单击 IDLE(Python 3.7 64-bit)菜单项,显示如图 1-10 所示的 IDLE 窗口。界面中提供了菜单栏、版本相关信息以及 Python 提示符三部分信息。

在实际开发时,通常不能只包含一行代码,如果需要编写多行代码,可以单独创建一个文件保存这些代码,在全部编写完毕后,一起编译执行。具体步骤如下。

(1)在 IDLE 主窗口的菜单上,选择 File→New File 选项,打开一个新窗口,在该窗口中可以直接编写 Python 代码,并且输入一行代码后,回车,将换到下一行,等待继续输

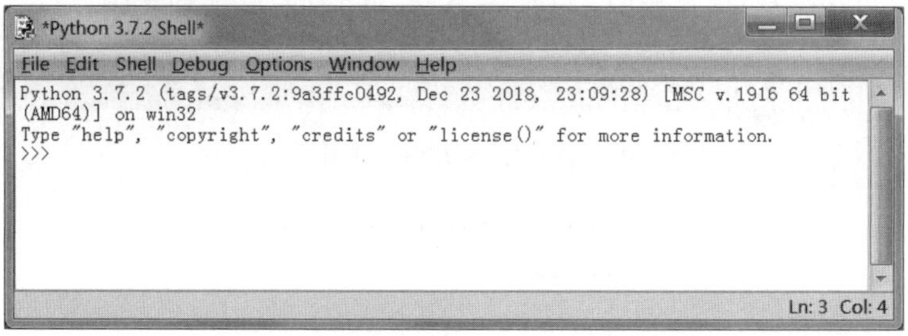

图 1-10　IDLE 主窗口

入，如图 1-11 所示。

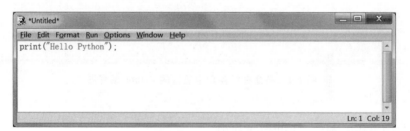

图 1-11　新创建的 Python 文件窗口

（2）在代码编辑区中，编写显示"Hello Python"的程序，代码如下：

print("Hello Python")

（3）编写完成的代码效果图如图 1-12 所示，通过快捷键 Ctrl+S 保存文件，保存文件名为 firstP.py，其中，.py 是 Python 文件的扩展名。

图 1-12　编辑代码后的 Python 文件窗口

（4）运行程序。在菜单栏中选择 Run→Run Module 菜单（或按 F5 键），运行效果如图 1-13 所示。程序运行结果会在 IDLE 中显示，每运行一次程序，就在 IDLE 中显示一次。

1.2.4　PyCharm 的安装与使用

PyCharm 是由 JetBrains 公司开发的 Python 集成开发环境，带有一整套可以帮助用户在使用 Python 语言开发时提高效率的工具，具有调试、语法高亮、项目管理、代码跳转、智能提示、自动完成、单元测试、版本控制等功能。此外，该 IDE 提供了一些高级功

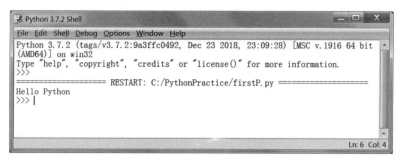

图 1-13　运行后 Python 文件窗口

能,以用于支持 Django 框架下的专业 Web 开发,目前已成为 Python 专业开发人员和初学者常用的工具。本节将讲解 PyCharm 工具的使用方法。

1. PyCharm 的下载

(1) 通过网址 http://www.jetbrains.com/,打开 JetBrains 的官方网站,选择 Tools 下的 PyCharm 项,如图 1-14 所示,进入 PyCharm 界面。

图 1-14　PyCharm 官网主页

(2) 在 PyCharm 下载页面中单击 DOWNLOAD NOW 按钮,如图 1-15 所示,进入到 PyCharm 环境选择和版本选择界面。

(3) 选择下载 Windows 操作系统的 PyCharm,如图 1-16 所示。

PyCharm 专业版是功能最丰富的版本,与社区版相比,PyCharm 专业版增加了 Web 开发、Python Web 框架、Python 分析器、远程开发、支持数据库与 SQL 等更多高级功能。

PyCharm 的社区版中没有 Web 开发、Python Web 框架、Python 分析器、远程开发、支持数据库与 SQL 等功能。

(4) 单击 Community 下的 DOWNLOAD 按钮,即可完成下载。

图 1-15　PyCharm 下载页面

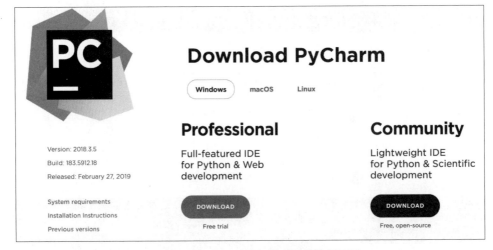

图 1-16　PyCharm 环境与版本下载选择页面

2．PyCharm 的安装

PyCharm 的安装步骤如下。

（1）双击 PyCharm 安装包进行安装，进入欢迎界面，如图 1-17 所示。单击 Next 按钮进入软件安装路径设置界面。

（2）在软件的安装路径设置界面，设置合理的安装路径。默认安装路径较长，可以根据个人喜好进行设置。单击 Next 按钮，进入快捷方式界面，如图 1-18 所示。

（3）在创建桌面快捷方式界面（Create Desktop Shortcut）中设置 PyCharm 程序启动的快捷方式。根据计算机操作系统的实际情况，如果是 32 位操作系统，选择 32-bit launcher，否则选择 64-bit launcher。同时设置关联文件（Create Associations），勾选 .py

图 1-17 PyCharm 安装欢迎界面

图 1-18 设置 PyCharm 安装路径

复选框,这样以后再打开以.py 为扩展名的文件时,会默认启动 PyCharm 打开,如图 1-19 所示。

(4) 单击 Next 按钮,进入选择"开始"菜单文件夹界面,如图 1-20 所示。该界面不用设置,采用默认值即可,单击 Install 按钮,即可进行安装(根据计算机性能,安装过程一般需要 10min 左右)。

(5) 安装完成后,单击 Finish 按钮,完成安装。也可以先选中 Run PyCharm Community Edition 复选框,再单击 Finish 按钮,直接运行 PyCharm 开发环境,如图 1-21

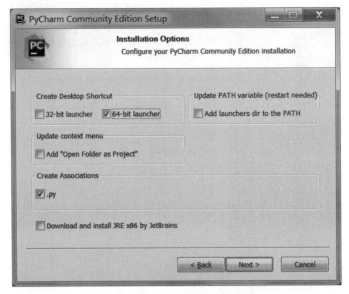

图 1-19　设置快捷方式和关联

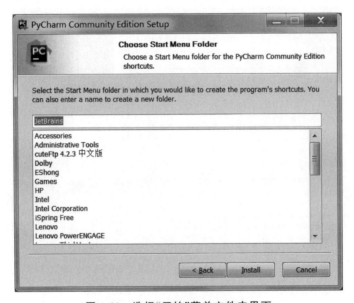

图 1-20　选择"开始"菜单文件夹界面

所示。

（6）PyCharm 安装完成后，会在"开始"菜单中建立文件夹，单击 JetBrains PyCharm Community Edition 2018.3.5，启动 PyCharm 程序，或者通过双击桌面快捷方式 JetBrains PyCharm Community Edition 2018.3.5 x64，直接打开程序。

3. PyCharm 的使用

首先进入开发界面，双击 PyCharm 桌面快捷方式，启动 PyCharm 程序。选择是否导

图 1-21　安装完成

入开发环境配置文件,此处不选择导入,单击 OK 按钮,进入阅读协议界面,如图 1-22 所示。

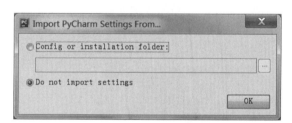

图 1-22　环境配置文件窗体

拖曳协议文本框的滚动条到文本框最下面,表明已经阅读完协议,此时 Continue 按钮为灰色不可用,如图 1-23 所示。当选择复选框后,显示为可用。单击 Continue 按钮,进入用户 UI 插件扩展安装界面(该步骤执行时,根据不同的机器,有可能会出现一个数据信息分享页面,直接单击 Don't send 按钮即可),如图 1-24 所示。

单击 Skip Remaining and Set Defaults 按钮,跳过剩余设置,使用系统默认设置的开发环境进行配置,此时程序将进入欢迎界面,如图 1-25 所示。

PyCharm 开发环境的基本设置如下。

(1) 基本设置的路径:

[file]--[Settings]/[Default Settings]

(2) 修改主题:

[Appearance & Behavior]--[Appearance]

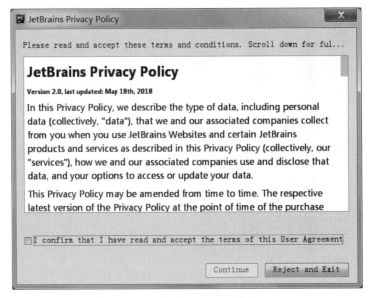

图 1-23　接受 PyCharm 协议

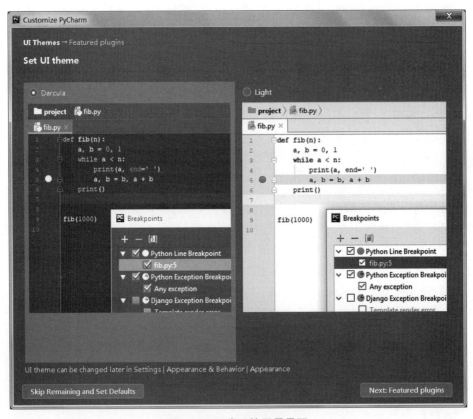

图 1-24　开发环境配置界面

图 1-25　PyCharm 欢迎界面

其中，
Theme：修改主题。
Name：修改主题字体。
Size：修改主题字号。
（3）修改代码文字格式：

`[Editor]--[Font]`

其中，
Font：修改字体。
Size：修改字号。
Line Spacing：修改行间距。

（4）更换 Python 解释器：在"文件"→"设置"→"项目：xxx"下找到 Project Interpreter，然后修改为需要的 Python 解释器。这个地方一定要注意的是：在选择 Python 解释器时，一定要选择 python.exe 文件，而不是 Python 的安装文件夹。

4. 利用 PyCharm 创建工程

进入 PyCharm 欢迎页，单击 Create New Project，创建一个新工程文件，如图 1-25 所示。

PyCharm 会自动为新工程文件设置一个存储路径。为了更好地管理工程，最好设置一个容易管理的存储路径，可以在存储路径输入框直接输入工程文件放置的存储路径，也可以通过单击右侧的存储路径选择按钮，打开路径选择对话框进行选择（存储路径不能为已经设置的 Python 存储路径），如图 1-26 所示。

注意：创建工程文件前，必须保证安装 Python，否则创建 PyCharm 工程文件时会出现"Interpreter field is empty."提示，Create 按钮不可用。

如果通过路径选择对话框设置安装路径，可以选择已经存在的文件夹作为存储路径，

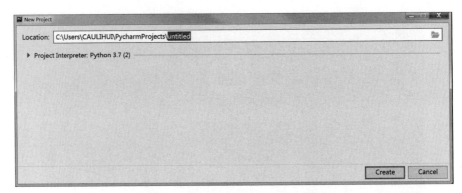

图 1-26　设置 Python 工程文件存储路径

如图 1-27 所示。也可以单击 New Folder 按钮，新建文件夹来存储工程文件。

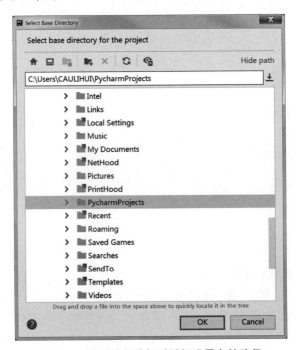

图 1-27　通过路径选择对话框设置存储路径

　　存储路径尽量不要设置到操作系统所在磁盘上，而应该尽量存放到容易找到的路径上。存储路径设置完成后，单击 OK 按钮创建工程文件。

　　要修改 PyCharm 软件窗口的颜色，单击菜单栏左上角的 File，选择 Settings，在弹出的 Settings 窗口中单击 Editor，选择 Color Scheme（默认 Scheme 有 6 种），可以选择 6 种样式中的一个，这里以 monokai 为例，单击 Apply 按钮，在弹出的确认对话框中单击 Yes 按钮，窗口的颜色变成黑色。

　　创建工程完成后，将进入如图 1-28 所示的工程列表。

　　程序初次启动时会显示"每日一贴"对话框，每次提供一个 PyCharm 功能的小贴士。

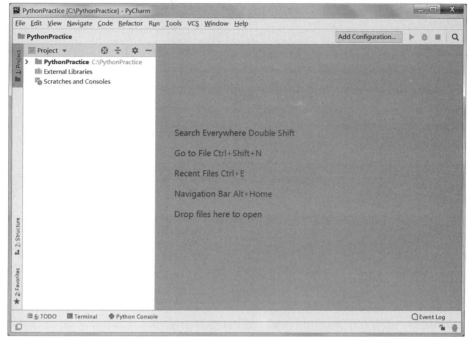

图 1-28　建立新文件夹作为存储路径

如果要关闭"每日一贴"功能,可以将显示"每日一贴"的复选框取消勾选,单击 Close 按钮即可,如图 1-29 所示。如果关闭"每日一贴"后,想要再次显示"每日一贴",可以在 PyCharm 开发环境的菜单中依次选择 Help→Tip of the Day 选项,启动"每日一贴"对话框。

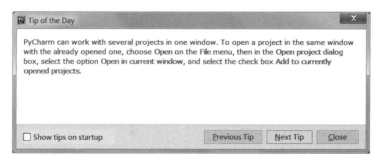

图 1-29　PyCharm 每日一贴

5. 编写"Hello Python"程序

(1) 右击新建好的 PythonPractice 项目,在弹出的快捷菜单中选择 New→Python File 选项(一定要选择 Python File 选项,这个至关重要,否则无法进行后续学习),如图 1-30 所示。

(2) 在新建文件对话框中输入要建立的 Python 文件名"HelloPython",如图 1-31 和图 1-32 所示。单击 OK 按钮,完成新建 Python 文件工作。

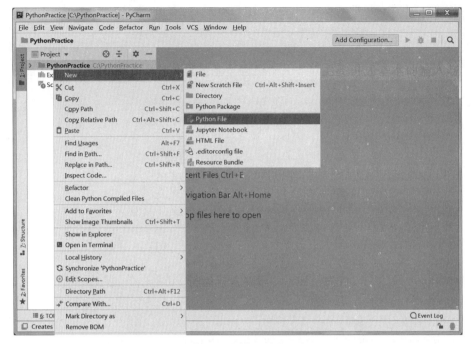

图 1-30　新建 Python 文件

图 1-31　未输入前的新建文件对话框

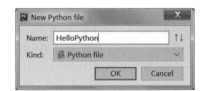

图 1-32　完成输入的新建文件对话框

（3）在新建文件的代码编辑区输入代码"print("Hello Python")"。输入完成后会发现代码下面有黄色小灯泡，如图 1-33 所示，这是编辑器对输入代码提供的建议，不用理会。选择 Run→Run 选项，运行程序，如图 1-34 所示。

单击 Run 主菜单，可以看到弹出的菜单中前两项菜单 Run（运行）和 Debug（调试）是灰色显示的不可触发状态。工具栏上的"运行""调试"等工具按钮也不可用，如图 1-34 所示。这是因为第一次运行程序，要先配置需要运行的程序。

（4）在弹出的菜单中选择 HelloPython，运行程序，如图 1-35 所示。

（5）如果程序代码没有错误，将显示运行结果，如图 1-36 所示。

注意，在编写程序时，有时代码下面还会弹出黄色的小灯泡，它是用来干什么的？程序没有错误，只是 PyCharm 对代码提出的一些改进建议或提醒，如添加注释、创建使用源等。显示黄色灯泡不会影响到代码的运行结果。

运行 Python 文件出现，报错"please select a valid interpreter"，原因是没有选择解释器。解决方法：更改 PyCharm 的设置，打开 Settings（Ctrl＋Alt＋S）对话框，在查找框中

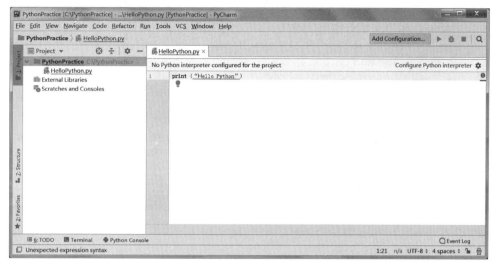

图 1-33　输入"Hello Python"代码

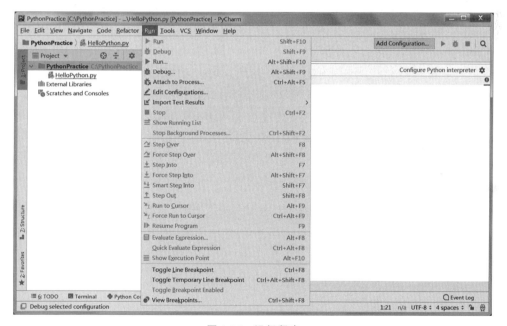

图 1-34　运行程序

输入"interpreter",选择一个项目解释器即可。

PyCharm 常用的快捷键如下。

格式化代码：Ctrl+Alt+L。

运行：Shift+Ctrl+F10。

复制行：Ctrl+D。

注释：Ctrl+/。

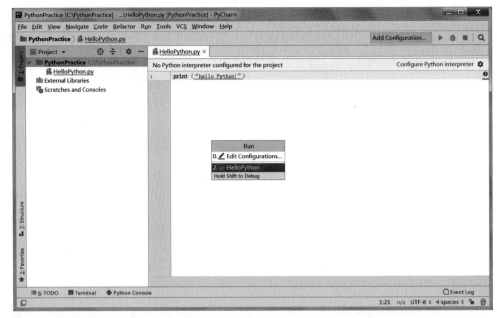

图 1-35　设置要运行的程序

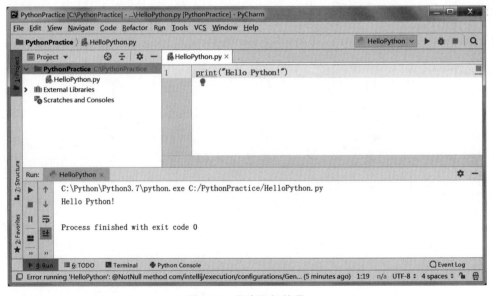

图 1-36　程序运行结果

6. PyCharm 配置问题（项目的解释器配置问题）

（1）设置背景颜色：打开 PyCharm→File→Settings→Editor→Color Scheme，选择右侧的下拉框，即可选择自己喜欢的风格，如图 1-37 所示。

（2）增加组件：打开 PyCharm→File→Settings→"Project：项目名"，然后在 Project Interpreter 中默认为项目路径，同时显示已经安装的组件，如图 1-38 所示。

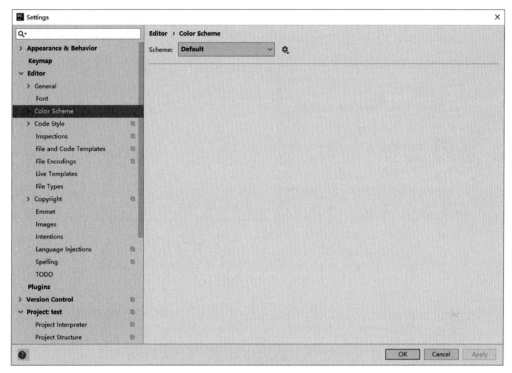

图 1-37　设置背景颜色

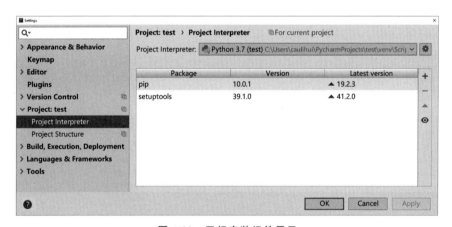

图 1-38　已经安装组件显示

通过"＋"按钮,调出如图 1-39 所示的界面。例如,在搜索框中输入"requests",选中后,单击下方的 Install Package 按钮进行安装,成功后将显示如图 1-40 所示界面。

7. 关闭程序或工程

关闭程序文件,可以单击程序文件选项卡上程序名称右侧的"关闭"按钮,也可以在菜单中选择 File→Close Project 选项,关闭工程。

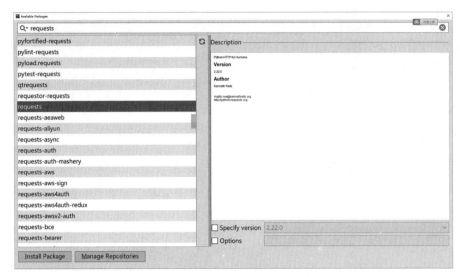

图 1-39　安装新组件

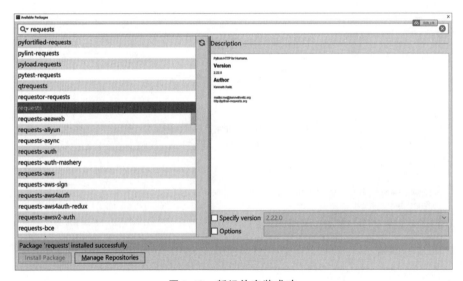

图 1-40　新组件安装成功

1.3　Linux 与 Mac OS 环境下的 Python 集成开发环境

1.3.1　Linux 环境下安装 Python 开发环境

1. 查看 Python 安装版本

默认情况下，Linux 会自带安装 Python 开发环境，可以运行 python --version 命令查看 Python 的安装版本，如图 1-41 所示。可以看到，Linux 中已经自带了 Python 2.7.5。

再次运行 Python 命令后，就可以使用 Python 命令窗口了（按 Ctrl＋D 组合键可退出

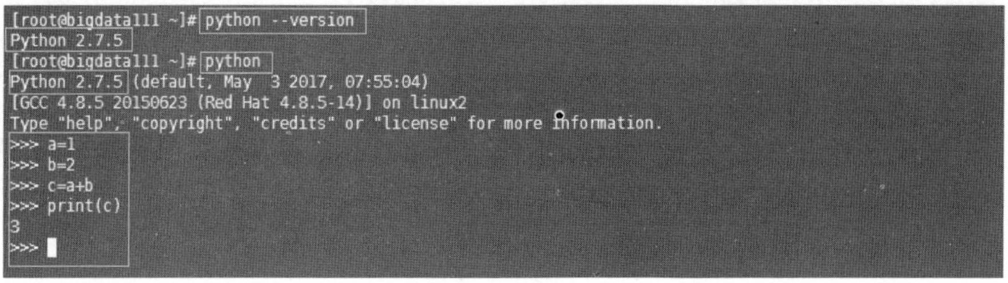

图 1-41　Linux 环境下查看 Python 版本

Python 命令窗口）。

2. 查看 Linux 默认安装的 Python 位置

通过 ls 命令查看 Linux 默认安装的 Python 位置，如图 1-42 所示。

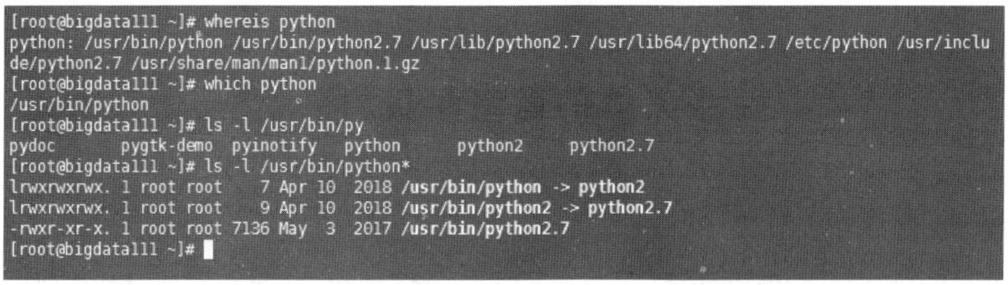

图 1-42　查看 Linux 默认安装的 Python 位置

可以看到，/usr/bin/python 和/usr/bin/python2 都是软链接，/usr/bin/python 指向/usr/bin/python2，而/usr/bin/python2 最终又指向/usr/bin/python2.7，所以运行 python、python2 或 python2.7 是一样的。

3. 安装 Python 3

Linux 自带的 Python 版本较老，所以需要自行安装 Python 3。

（1）下载安装包。进入网址 https://www.python.org/downloads/source/，找到对应版本（以 Python 3.6.5 为例）的安装包并下载（下载文件为 Python-3.6.5.tgz），如图 1-43 所示。

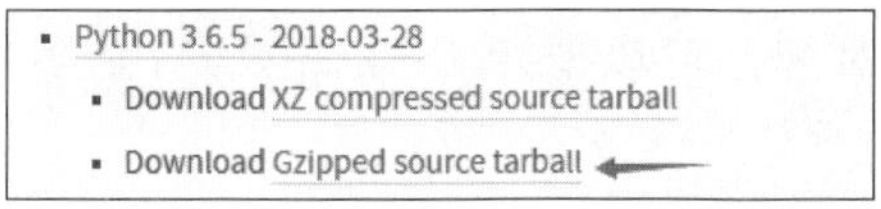

图 1-43　Python 下载页面

（2）解压安装包文件。执行 tar-zxvf Python-3.6.5.tgz 命令，将安装包文件解压到当前目录，如图 1-44 所示。

（3）准备编译环境。执行如下命令安装 Python 需要的依赖。

```
yum -y install zlib-devel bzip2-devel openssl-devel ncurses-devel sqlite-devel readline-devel tk-devel gcc make
```

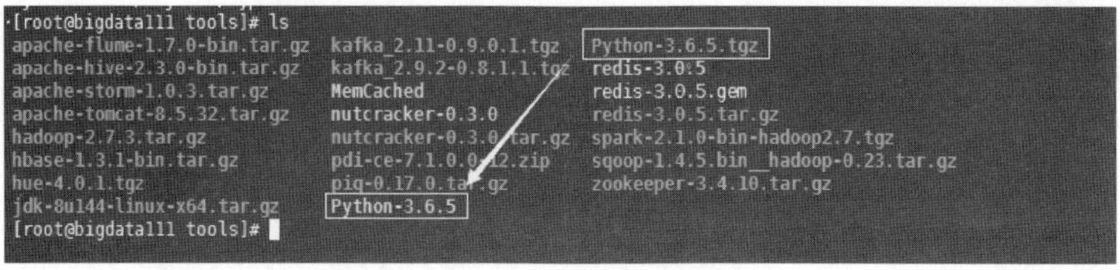

图 1-44　Python 安装包管理

（4）编译安装。执行 cd Python-3.6.5 命令进入解压后的 Python-3.6.5 目录下，依次执行如下三个命令。

```
./configure --prefix=/root/training/Python-3.6.5
make
make install
```

其中，--prefix 是 Python 的安装目录，同时安装了 setuptools 和 pip 工具。

（5）创建软链接。Linux 已经安装了 Python 2.7.5，不能将它删除，如果删除系统可能会出现问题。接下来只需要按照与 Python 2.7.5 相同的方式为 Python 3.6.5 创建一个软链接即可，这里把软链接放到/usr/local/bin 目录下，如图 1-45 所示。

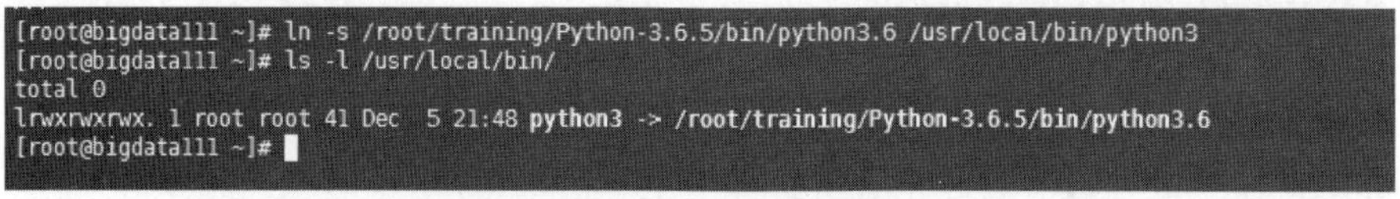

图 1-45　Python 创建一个软链接

此时，可以在命令窗口运行命令行 python3，如图 1-46 所示。

图 1-46　运行 python3 命令行

安装成功！当然，此时还是可以使用 Python 2.7.5 版本（运行 python、python2 或 python2.7 即可）。

（6）配置环境变量。执行 vi ~/.bash_profile 命令，打开配置文件，添加如下配置。

```
#配置 Python
export PYTHON_HOME=/root/training/Python-3.6.5
export PATH=$PYTHON_HOME/bin:$PATH
```

保存退出（命令为 wq），执行 source ~/.bash_profile 命令使配置生效。

至此，完成 Python 3 开发环境的安装。

1.3.2　Mac OS 环境下安装 Python 开发环境

在 Mac OS 操作系统中安装 Python 开发环境的步骤如下。

（1）通过命令行终端查看 Mac 自带的 Python 版本，可以看到是 2.7.10 版本。具体命令如下：

```
python
```

（2）查看 Python 3 的安装包，命令如下：

```
brew search python3
```

（3）安装 Python 3，命令如下：

```
brew install python3
```

可以看到 Python 3 的实际安装目录是/usr/local/Cellar/python3/3.7.2。

（4）打开配置文件并写入 Python 的外部环境变量，命令如下：

```
open ~/.bash_profile export PATH=${PATH}:/usr/local/Cellar/python3/3.7.2/bin
```

（5）把 Python 系统环境变量重命名为 python，命令如下：

```
alias python="/usr/local/Cellar/python3/3.7.2/bin/python3.7"
```

（6）让配置文件生效，命令如下：

```
source ~/.bash_profile
```

（7）使用 Python 命令查看当前安装的 Python 版本号，命令如下：

```
python
```

（8）使用 which python 命令查看此时 Python 的位置是否正确，若不正确则重复步骤（3）～（6）。

1.4　Python 程序运行原理

1.4.1　计算机程序设计语言分类

计算机程序设计语言通常可分为三类：机器语言、汇编语言和高级语言。不同程序设计语言的程序运行方式可能有所不同。

1. 机器语言

机器语言是由二进制 0、1 代码指令构成，不同的 CPU 具有不同的指令系统。机器语言程序难编写、难修改、难维护，需要用户直接对存储空间进行分配，编程效率极低。这种语言已经被渐渐淘汰了。

2. 汇编语言

汇编语言指令是机器指令的符号化，与机器指令存在着直接的对应关系，所以汇编语言同样存在着难学难用、容易出错、维护困难等缺点。但是汇编语言也有自己的优点：可直接访问系统接口，汇编程序翻译成的机器语言程序的效率高。从软件工程角度来看，只有在高级语言不能满足设计要求，或不具备支持某种特定功能的技术性能（如特殊的输入输出）时，才使用汇编语言。

3. 高级语言

高级语言是面向用户的、基本上独立于计算机种类和结构的语言。其最大的优点是：形式上接近于算术语言和自然语言，概念上接近于人们通常使用的概念。高级语言的一个命令可以代替几条、几十条甚至几百条汇编语言的指令。因此，高级语言易学易用，通用性强，应用广泛。

目前，广泛使用的 Python、Java、PHP、C、C++、C♯等语言均属于高级语言。

1.4.2　计算机程序的运行方式

机器语言编写的程序可以在计算机中直接运行，而汇编语言和高级语言编写的程序（通常称为源程序）则需要"翻译"成机器语言才能运行。源程序"翻译"的方式可分为解释方式和编译方式两种。

1. 解释方式

解释方式是指源程序进入计算机时，翻译程序逐条翻译程序指令，每翻译一条指令便立即执行。其特点是，运行时逐语句解释执行；其优点是，可以跨平台，开发效率高，例如JavaScript；其缺点是，运行效率低。

2. 编译方式

编译方式是指源程序输入计算机后，翻译程序首先将整个程序翻译成用机器语言表示的目标程序，然后计算机再执行该目标程序，获得计算结果。解释方式不会产生目标程序。其特点是，运行时，计算机可以直接执行，例如 C 语言；其优点是，运行速度快；其缺点是，不能跨平台，开发效率低。

1.4.3　Python 程序的运行方式

Python 是一种解释性的语言，但是这种说法是不严谨的，实际上，Python 在执行时，首先会将.py 文件中的源代码编译成 Python 的字节码，然后再由 Python 虚拟机（Python Virtual Machine）来执行这些编译好的字节码。这种机制的基本思想跟 Java、.NET 是一致的。然而，Python 虚拟机与 Java 或.NET 的虚拟机不同的是，Python 的虚拟机是一种更高级的虚拟机。这里的高级并不是通常意义上的高级，不是说 Python 的虚拟机比Java 或.NET 的功能更强大，而是说，与 Java 或.NET 相比，Python 的虚拟机距离真实机器的距离更远。或者可以这么说，Python 的虚拟机是一种抽象层次更高的虚拟机。

从计算机的角度看，Python 程序的运行过程包含两个步骤：解释器解释和虚拟机运行，如图 1-47 所示。

可将 Python 命令编写到一个源代码文件中，通过执行源代码文件运行程序。Python 程序源代码文件扩展名通常为.py。在执行时，首先由 Python 解释器将.py 文件中的源代码翻译成字节码，再由 Python 虚拟机逐条将字节码翻译成机器指令执行。

图 1-47 Python 程序运行过程

Python 程序的这种机制和 Java、.NET 类似。

Python 还可以通过交互方式运行。例如，在 UNIX/Linux、Mac、Windows 等系统的命令模式下运行 Python 交互环境，然后输入 Python 指令直接运行。

实际开发中，Python 常被称为胶水语言，这不是说它会把你的手指粘住，而是说它能够很轻松地把用其他语言制作的各种模块（尤其是 C/C++）轻松地连接在一起。常见的一种应用情形是，使用 Python 快速生成程序的原型（有时甚至是程序的最终界面），然后对其中有特别要求的部分，用更合适的语言改写，例如 3D 游戏中的图形渲染模块，对速度要求非常高，就可以用 C++ 重写。

1.4.4 Python 的解释器类型

Python 解释器是指实现 Python 语法的解释程序。Python 解释器和虚拟机都是 Python 系统的组成部分，在不同平台或系统中，Python 有不同的实现方式。Python 的解释器类型主要有 5 种：CPython、Jython、IronPython、PyPy 和 IPython。其他的 Python 实现方式有 Stackless Python、Psyco 即时编译器和 Shedskin C++ 转换器等。

不同的实现方式只是代表了 Python 程序的执行形式不同，Python 语言本身没有变化。或者说 Python 源程序可以在不同的 Python 实现方式中运行。

1. CPython

原始的、标准的 Python 实现方式通常称作 CPython，前缀 C 表示它是用可移植的 ANSI C 语言实现。通常，从 Python 官方网站下载的 Python 属于 CPython，不少 Mac OS 或 Linux 机器上预安装的 Python 也属于 CPython。

2. Jython

Jython 最早称为 JPython，是 Python 在 Java 环境中的实现方式。Jython 包含 Java 类，它将 Python 源程序翻译成 Java 字节码，并通过 Java 虚拟机运行。Jython 实现了 Python 与 Java 的无缝集成。利用 Jython，在 Python 中可访问所有 Java 类，从而用于开发 Web Applet 和 Servlet，创建基于 Java 的 GUI 应用。

3. IronPython

IronPython 是在微软的 .NET 平台上实现的 Python。IronPython 和 CPython 类似，提供了交互式命令行。在交互式命令行，可用 Python 访问所有 .NET 库。

4. PyPy

PyPy 是用 Python 实现的 Python 解释器。PyPy 比 CPython 更加灵活，易于使用和实验，以制定在不同情况下的实现方法。

5. IPython

IPython 是基于 CPython 的一个交互式解释器，也就是说，IPython 只是在交互方式上有所增强，但执行 Python 代码的功能和 CPython 是完全一样的，好比很多国产浏览器虽然外观不同，但内核其实都是调用了 IE。

1.4.5 Python 程序的可执行文件

Python 程序在开发结束后，有时需要将其打包为一个独立的可执行文件。Python 中将其称为冻结二进制文件（Frozen Binary）。冻结二进制文件是将程序的字节码、PVM 以及程序所需的 Python 支持文件等捆绑到一起形成的一个独立的文件包。在 Windows 系统中的冻结二进制文件就是一个 exe 文件。用户直接运行该文件包，即可启动 Python 程序，也无需额外的 Python 来运行程序。

常用的第三方冻结二进制文件生成工具有 py2exe 和 PyInstaller。

1. py2exe

py2exe 用于将 Python 程序打包为一个独立的 Windows 可执行程序，其官方网站为 http://www.py2exe.org/。

2. PyInstaller

PyInstaller 生成的可执行文件支持 Windows、Linux、Mac OS X、FreeBSD、Solaris 和 AIX 等系统，其官方网站为 http://www.pyinstaller.org。

1.4.6 Python 语言的文件类型

Python 语言常用的文件类型有三种。

1. 源代码文件

文件以.py 为扩展名，由 Python 程序解释，不需要编译。

2. 字节代码文件

文件以.pyc 为扩展名，是由.py 源文件编译成的二进制字节码文件，由 Python 加载执行，速度快，能够隐藏源码。可以通过以下代码将.py 文件转换成.pyc 文件。

```
import py_compile
py_compile.compile('文件名.py')
```

3. 优化代码文件

文件以.pyo 为扩展名，是优化编译后的程序，也是二进制文件，适用于嵌入式系统。可以通过以下代码将.py 文件转换成.pyo 文件。

```
importpy_compile
Python -o-m py_compile 文件名.py
```

小　　结

本章首先简单介绍了 Python 的发展历史、特点、应用领域，然后介绍了如何搭建 Python 的开发环境，接下来又介绍了使用两种方法来编写一个 Python 程序，最后介绍了如何使用 Python 自带的 IDLE，以及常用的第三方开发工具 PyCharm 的使用。

思考与练习

1. 简述 Python 语言的主要特点。
2. 简述 Python 语言的应用范围。
3. Python 语言有哪些解释器?
4. Python 程序运行方式有哪些?
5. 简述下载和安装 Python 的主要步骤。

第 2 章 Python 基本语法

本章将详细介绍 Python 的语法特点,然后介绍 Python 中的保留字、标识符、变量、基本数据类型及数据类型间的转换,以及通过输入和输出函数进行交互的方法,最后介绍运算符与表达式。

2.1 Python 程序设计的基本元素

Python 语言程序设计的基本元素包括:常量、变量、关键字、运算符、表达式、函数、语句、类、模块与包等。

1. 常量

常量是指初始化(第一次赋予值)后就保持固定不变的值。例如,1、3.14、'Hello!'、False,这 4 个分别是不同类型的常量。关于数据类型会在 2.4 节中详述。

在 Python 中没有命名常量,通常用一个不改变值的变量代替。例如,PI=3.14,通常用于定义圆周率常量 PI。

2. 变量

变量是指在运行过程中值可以被修改的量。变量的名称除必须符合标识符的构成规则外,要尽量遵循一些约定俗成的规范。

(1) 除了循环控制变量可以使用 i 或者 x 这样的简单字母外,其他变量最好使用有意义的名字,以提高程序的可读性。例如,表示平均分的变量应使用 average_score 或者 avg_score,而不建议用 as 或者 asd。直接用汉字命名也是可以的,但由于输入烦琐和编程环境对汉字兼容等因素,习惯上很少使用。

(2) 用英文名字时,多个单词之间为表示区隔,可以用下画线来连接不同单词,或者把每个单词的首字母大写。

(3) 用于表示固定不变的常量名称一般用全大写英文字母,例如,PI、MAX_SIZE。变量一般使用大小写混合的方式。

(4) 因为以下画线开头的变量在 Python 中有特殊含义,所以,自定义名称时一般不用下画线作为开头字符。应尽量避免变量名使用下列样式。

① 前后有下画线的变量名通常为系统变量,例如,_name_、_doc_。

② 以一个下画线开头的变量(如_abc)不能被 from…import * 语句从模块导入。

③ 以两个下画线开头、末尾无下画线的变量(如__abc)是类的本地变量。

(5) 要注意 Python 标识符是严格区分大小写字母的。也就是说,Score 和 score 会被认为是两个不同的名字。

3. 运算符

运算符表示常量与变量之间进行何种运算。Python 有丰富的运算符,例如,赋值、算术、比较、逻辑等。

表达式由常量、变量加运算符构成。一个表达式可能包含多种运算,与数学表达式在形式上很接近。例如,1+2、2*(x+y)、0<a<=10 等。

4. 函数

函数是相对独立的功能单位,可以执行一定的任务。其形式上类似数学函数,例如,math.sin(math.pi/2)。可以使用 Python 内核提供的各种内置(built-in)函数,也可以使用标准模块(例如数学库 math)中的函数,还可以自定义函数。

5. 语句

语句是由表达式、函数调用组成的。例如,x=1、c=math.sqrt(a*a+b*b)、print('Hello worldl!')等。另外,各种控制结构也属于语句,例如,if 语句、for 语句。

6. 类

类是同一类事物的抽象。我们处理的数据都可以看作数据对象。Python 是面向对象的程序设计语言,它把一个事物的静态特征(属性)和动态行为(方法)封装在一个结构里,称为对象。例如,"王梅"这个学生对象有学号、姓名、专业等属性,也有选课、借阅图书等方法。类是相似对象的抽象,或者说是类型。例如,"王梅""金萍"都是 Student 类的对象,也可以说它们都是 Student 类型的。

7. 模块

模块是把一组相关的名称、函数、类或者是它们的组合组织到一个文件中。如果说模块是按照逻辑来组织 Python 代码的方法,那么文件便是物理层上组织模块的方法。因此一个文件被看作一个独立的模块,一个模块也可以被看作一个文件。模块的文件名就是模块的名字加上扩展名.py。

8. 包

包是由一系列模块组成的集合,包是一个有层次的文件目录结构,它定义了一个由模块和子包组成的 Python 应用程序执行环境。

2.2 Python 语法特点

Python 语言在使用过程中,尤其是在命名规范、代码缩进、编码规则以及注释等方面有自己的约定和特点。接下来详细介绍它的特殊之处。

2.2.1 命名规范

命名规范在编写代码中起到很重要的作用,虽然不遵循命名规范,程序也可以运行,但是使用命名规范可以更加直观地了解代码所代表的含义。

(1) 模块名尽量短小,并且全部使用小写字母,可以使用下画线分隔多个字母。例如,game_main、game_register 都是推荐使用的模块名称。

（2）包名尽量短小，并且全部使用小写字母，不推荐使用下画线。例如，com.crmsoft、comcrm、com.crm.vip 都是推荐使用的包名称，而 com_crmsoft 是不推荐的。

（3）类名采用单词首字母大写形式（即 Pascal 风格）。例如，定义一个借书类，可以命名为 BorrowBook。

（4）模块内部的类采用下画线"_"＋Pascal 风格的类名组成。例如，在 BorrowBook 类中的内部类，可以使用_BorrowBook 命名。

（5）函数、类的属性和方法的命名规则同模块类似，也是全部使用小写字母，多个单词间用下画线"_"分隔。

（6）常量命名时采用全部大写字母，可以使用下画线。

（7）使用单下画线"_"开头的模块变量或者函数是受保护的，在使用 from xxx import * 语句从模块中导入时这些变量或者函数不能被导入。

（8）使用双下画线"__"开头的实例变量或方法是类私有的。

特别提醒：使用单下画线开头的模块变量或函数是受保护的，在使用 import * from 语句时从模块中不能导入。使用双下画线开头的实例变量或方法是类私有的。这部分内容将在后续章节中详细介绍。

2.2.2 代码缩进

Python 不像其他程序设计语言（如 Java 或者 C 语言）采用大括号"{}"分隔代码块，而是采用代码缩进和冒号"："区分代码之间的层次。

缩进可以使用空格键或者 Tab 键实现。使用空格键时，通常情况下采用 4 个空格作为一个缩进量，而使用 Tab 键时，则采用一个 Tab 键作为一个缩进量。通常情况下建议采用空格进行缩进。

在 Python 中，对于类定义、函数定义、流程控制语句，以及异常处理语句等，行尾的冒号和下一行的缩进表示一个代码块的开始，而缩进结束，则表示一个代码块的结束。

Python 对代码的缩进要求非常严格，同一个级别的代码块的缩进量必须相同。如果不采用合理的代码缩进，将抛出 SyntaxError 异常。例如，代码中有的缩进量是 4 个空格，还有的是 3 个空格，就会出现 SyntaxError 错误。

部分 Python 编辑器（如 IDLE、Spyder、NetBeans、Notepad++、PyCharm 等）能根据所输入的代码层次关系自动缩进代码，提高编码效率。

2.2.3 编码规范

Python 中采用 PEP 8 作为编码规范，其中，PEP 是 Python Enhancement Proposal 的缩写，即 Python 增强建议书，而"PEP 8"中的"8"表示版本号。PEP 8 是 Python 代码的样式指南。

Python 的书写格式有严格的要求，不按照格式书写有可能导致程序不能正确运行，例如，缩进是必须遵循代码块层次要求的。在《Google 开源项目风格指南》中，还列出了一些常见的书写格式基本规则建议，虽然并不影响程序执行结果，但良好的编程风格会显著提升程序的可读性。

1. 分号

不要在行尾添加分号";",也不要用分号将两条命令放在同一行。

2. 长语句行

除非遇到长的导入模块语句或者注释里的 URL,建议每行不宜超过 80 个字符。

对于超长语句,允许但不提倡使用反斜杠连接行,建议在需要的地方使用圆括号来连接行。例如,判断一个年份是否为闰年(判断方法):

```
#推荐写法:圆括号连接行
year=2000
if (year %4 ==0 and year %100 !=0 or
    year %400 ==0):
    print(str(year) +" 是闰年")
#不推荐写法:反斜杠连接行
year=2000
if (year %4 ==0 and year %100 !=0 or \
    year %400 ==0):
    print(str(year) +" 是闰年")
```

如果一个文本字符串在一行放不下,可以使用圆括号来实现隐式行连接:

```
str=("Life is like a box of chocolates,"
    "you never konw what you're going to get")
```

在注释中,即使超过 80 字符,也要将长的 URL 或导入长的模块语句放在同一行中。

3. 括号

不建议使用不必要的括号。除非用于实现行连接,否则不要在返回语句或条件语句中使用括号。

4. 空行

顶级定义之间空两行。变量定义、类定义以及函数定义之间,可以空两行。

类内部的方法定义之间、类定义与第一个方法之间,建议空一行。

函数或方法中,如果有必要,可以空一行。

5. 空格

对于赋值(=)、比较(==、<、>、!=、<>、<=、>=、in、not in、is、is not)、布尔(and、or、not)等运算符,在运算符两边各加上一个空格,可以使代码更清晰。而对于算术运算符,可以按照自己的习惯决定,但建议运算符两侧保持一致。例如:

```
a ==1
```

不建议在逗号、分号、冒号前面加空格,但建议在它们后面加空格(除了在行尾之外)。例如:

```
if a ==1:
```

参数列表、索引或切片的左括号前不要加空格。

当等号用于表示关键字参数或默认参数值时,不建议在其两侧使用空格。

不建议用空格来垂直对齐多行间的标记,因为这会成为维护的负担(适用于:、#、=等)。

6. 文档字符串

文档字符串是 Python 语言独特的注释方式。文档字符串是包、模块、类或函数中的第一条语句。文档字符串可以通过对象的 _ _doc_ _ 成员被自动提取。

书写文档字符串时,在其前、后使用三重双引号""""""或三重单引号"'''"。

一个规范的文档字符串应该首先是一行概述,接着是一个空行,然后是文档字符串剩下的部分,并且应该与文档字符串的第一行的第一个引号对齐。

文档字符串通常用于提供在线帮助信息。

7. 模块导入

每个 import 语句只导入一个模块,尽量避免一次导入多个模块。

8. 异常处理

适当使用异常处理结构提高程序容错性,但不能过多依赖异常处理结构,适当的显式判断还是必要的。

2.2.4 注释规则

注释是指在代码中对代码功能进行解释说明的标注性文字,如同电商平台上产品信息说明的标签一样,让他人了解代码实现的功能,从而更好地阅读代码。注释的内容将被 Python 解释器忽略,并不会在执行结果中体现出来。

在 Python 中,通常包括 3 种类型的注释,分别是单行注释、多行注释和中文编码声明注释。

1. 单行注释

在 Python 中,使用"#"作为单行注释的符号。从符号"#"开始直到换行为止,"#"后面所有的内容都作为注释的内容,并被 Python 编译器忽略。

语法:

```
#注释内容
```

单行注释可以放在要注释代码的前一行,也可以放在要注释代码的右侧。例如,下面的两种注释形式都是正确的。

第一种形式:

```
#要求输入出生年份,必须是4位数字的,如1978
birthyear=input("请输入您的出生年份:")
```

第二种形式:

```
birthyear=input("请输入您的出生年份:")  #要求输入出生年份,必须是4位数字的,如1978
```

说明:在添加注释时,一定要有意义,即注释能充分解释代码的功能及用途。注释可以出现在代码的任意位置,但是不能分隔关键字和标识符。

2. 多行注释

在 Python 中,并没有一个单独的多行注释标记,而是将包含在一对三引号('''…''')或者("""…""")之间的代码都称为多行注释。解释器将忽略这样的代码。由于这样的代码可以分为多行编写,所以也作为多行注释。

语法格式如下:

```
'''
注释内容 1
注释内容 2
…
'''
```

或者

```
"""
注释内容 1
注释内容 2
…
"""
```

多行注释通常用来为 Python 文件、模块、类或者函数等添加版权、功能等信息,例如,下面的代码将使用多行注释为程序添加功能、开发者、版权、开发日期等信息。多行注释也经常用来解释代码中重要的函数、参数等信息,以便于后续开发者维护代码。多行注释其实可以采用单行代码多行书写的方式实现。

【例 2-1】 多行注释示例。

```
'''
程序功能:输入出生年份,计算年龄
开发者:李辉
版权所有:计算中心
开发日期:2020 年 05 月
'''
"""
程序功能:输入出生年份,计算年龄
开发者:李辉
版权所有:计算中心
开发日期:2020 年 05 月
"""
```

3. 中文编码声明注释

在 Python 中编写代码的时候,如果用到指定字符编码类型的中文编码,需要在文件开头加上中文声明注释,这样可以在程序中指定字符编码类型的中文编码,不至于出现代码错误。所以说,中文注释很重要。

Python 3.x 提供的中文注释声明语法格式如下:

```
#-*-coding:编码-*-
```

或者

```
#coding=编码
```

例如,保存文件编码格式为 UTF-8,可以使用下面的中文编码声明注释。

```
#-*-coding:utf-8-*-
```

一个优秀的程序员,为代码加注释是必须要做的工作。但要确保注释的内容都是重要的事情,看一眼就知道是干什么的,无用的代码是不需要加注释的。在上面的代码中,"-*-"没有特殊的作用,只是为了美观才加上的,所以上面的代码也可以使用"coding：utf-8"代替。

2.3 标识符与变量、常量

2.3.1 标识符与保留字

1. 保留字

保留字是 Python 语言中已经被赋予特定意义的一些单词,开发程序时,不可以把这些保留字作为变量、函数、类、模块和其他对象的名称来使用。Python 中的保留字可以通过在 IDLE 中输入以下两行代码查看。

【例 2-2】 通过 keyword 查看 Python 中的保留字。

```
import keyword
print(keyword.kwlist)
```

运行结果：

```
['False', 'None', 'True', 'and', 'as', 'assert', 'break', 'class', 'continue',
 'def', 'del', 'elif', 'else', 'except', 'finally', 'for', 'from', 'global',
 'if', 'import', 'in', 'is', 'lambda', 'nonlocal', 'not', 'or', 'pass', 'raise',
 'return', 'try', 'while', 'with', 'yield']
```

Python 中所有保留字是区分字母大小写的。例如,True、if 是保留字,但是 TURE、IF 就不属于保留字。

如果在开发程序时,使用 Python 中的保留字作为模块、类、函数或者变量等的名称,则会提示"invalid syntax"的错误信息。

2. 标识符

现实生活中,每种事物都有自己的名称,从而与其他事物区分开。例如,每种交通工具都用一个名称来标识。在 Python 语言中,同样也需要对程序中各个元素命名加以区分,这种用来标识变量、函数、类等元素的符号称为标识符,通俗地讲就是名字。

Python 合法的标识符必须遵守以下规则。

(1) 由一串字符组成,必须以下画线(_)或字母开头,后面接任意数量的下画线、字母

(a～z,A～Z)或数字(0～9)。Python 3.x 支持 Unicode 字符,所以汉字等各种非英文字符也可以作为变量名。例如,_abs、r_1、X、var1、FirstName、高度等,都是合法的标识符。

注意:在 Python 语言中允许使用汉字作为标识符,如"我的大学 = "中国农业大学"",在程序运行时并不会出错误,但建议读者尽量不要使用汉字作为标识符。

(2) 在 Python 中,标识符中的字母是严格区分大小写的,两个同样的单词,如果大小写格式不一样,所代表的意义是完全不同的。例如,Sum 和 sum 是两个不同的标识符。

(3) 禁止使用 Python 保留字(或称关键字)。关键字也称为"保留字",是被语言保留起来具有特殊含义的词,不能再用于起名字。

(4) Python 中以下画线开头的标识符有特殊意义,一般应避免使用相似的标识符。

① 以单下画线开头的标识符(_width)表示不能直接访问的类属性。另外,也不能通过"from xxx import *"导入。

② 以双下画线开头的标识符(如__add)表示类的私有成员。

③ 以双下画线开头和结尾的是 Python 里专用的标识,例如,"__init__()"表示构造函数。

注意:

(1) 开头字符不能是数字。

(2) 标识符中唯一能使用的标点符号只有下画线,不能含有其他标点符号(包括空格、括号、引号、逗号、斜线、反斜线、冒号、句号、问号等)以及@、%和$等特殊字符。例如,stu-score、First Name、2 班平均分等都是不合法的标识符。

2.3.2 变量的定义与赋值

在 Python 中,变量严格意义上应该称为"名字",也可以理解为标签。当把一个值赋给一个名字时(如把值"不忘初心"赋给 strslogan),strslogan 就称为变量。在大多数编程语言中,都称之为"把值存储在变量中"。意思是在计算机内存中的某个位置,程序执行时字符串序列"不忘初心"已经存在于计算机的内存中。程序员不需要准确地知道它们到底在哪里,只需要告诉 Python 的编译器,字符串序列的名字是 strslogan,然后就可以通过这个名字来引用这个字符串序列了。

结合生活中的实际例子可以这样理解,定义和使用变量的过程就像快递员取快递一样,内存就像一个巨大的货物架,在 Python 中定义变量就如同给快递盒子贴标签。快递存放在货物架上,上面附着写有客户名字的标签。当客户来取快递时,并不需知道它们存放在这个大型货架的具体位置,只需要提供自己的名字,快递员就会把快递交给客户。变量也一样,不需要准确地知道信息存储在内存中的位置,只需要记住存储变量时所用的名字,使用这个名字就可以了,然后就能够取到快递。

1. 变量的赋值和存储

在 Python 中,不需要先声明变量名及其类型,直接赋值即可创建各种类型的变量。但是变量的命名并不是任意的,应遵循以下 4 条规则。

(1) 变量名必须是一个有效的标识符。

(2) 变量名不能使用 Python 中的保留字。

(3) 慎用小写字母 l 和大写字母 O。

(4) 应选择有意义的单词作为变量名，即见名知意。

为变量赋值可以通过等号（＝）来实现，其语法格式为：

变量名=变量值

例如：

myvalue =123

变量必须定义之后才能访问。Python 中的变量比较灵活，同一个变量名称可以先后被赋予不同类型的值，定义为不同的变量对象参与计算。

这样创建的变量就是数值型的变量。如果直接为变量赋予一个字符串值，那么该变量即为字符串类型。例如，下面的语句：

myvalue="学习强国"

在 Python 中，允许同时为多个变量赋值，例如 a＝b＝c＝1，表示创建一个整型对象，三个变量被分配到相同的内存空间上。还可以为多个对象指定多个变量，例如：

a,b,c=11,23,'python'

在 Python 语言中，数据表示为对象。对象本质上是一个内存块，拥有特定的值，支持特定类型的运算操作。在 Python 3 中，一切皆为对象。Python 语言中的每个对象由标识（identity）、类型（type）和值（value）标识。其中，

(1) 标识用于唯一地表示一个对象，通常对应对象在计算机内存中的位置，换句话说，变量是存放变量位置的标识符。使用内置函数 id(obj)可以返回对象 obj 的标识。

变量赋值对于内存的使用情况如下。

给变量 fruit_01 赋值"苹果"，代码如下：

fruit_01 ='苹果'

其内存的分配情况如图 2-1 所示。

给变量 fruit_01 赋值"苹果"，变量 fruit_02 赋值"香蕉"，代码如下：

fruit_01 ='苹果'
fruit_02 ='香蕉'

其内存的分配情况如图 2-2 所示。

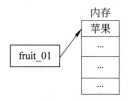

图 2-1　变量赋值内存分配情况（1）

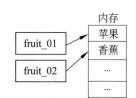

图 2-2　变量赋值内存分配情况（2）

给变量 fruit_01 赋值"苹果",变量 fruit_02 的值等于 fruit_01,代码如下:

fruit_01 = '苹果'
fruit_02 = fruit_01

其内存的分配情况如图 2-3 所示。

(2) 类型用于标识对象所属的数据类型(类),数据类型用于限定对象的取值范围以及允许执行的处理操作。使用内置函数 type(obj)可以返回对象 obj 所属的数据类型。

(3) 值用于表示对象的数据类型的值。使用内置函数 print(obj)可以返回对象 obj 的值。

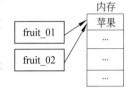

图 2-3 变量赋值内存分配情况(3)

Python 是一种动态类型的语言,也就是说,变量的类型可以随时变化。在 Python 语言中,使用内置函数 type()可以返回变量类型。

【例 2-3】 使用内置函数 type()、id()和 print()查看对象。

```
myvalue = "学习强国"
print(id(myvalue))
print(type(myvalue))
print(myvalue)
myvalue = 123
print(id(myvalue))
print(type(myvalue))
print(myvalue)
```

显示结果:

```
35995344
<class 'str'>
学习强国
8791221138064
<class 'int'>
123
```

上述例子中,创建变量 myvalue,并赋值为字符串"学习强国",然后输出该变量的类型,可以看到该变量为字符串类型,再将变量赋值为数值 123,并输出该变量的类型,可以看到该变量为整型。

Python 也是一种强类型语言,每个变量指向的对象均属于某个数据类型,即支持该类型运行的操作运算。当允许多个变量指向同一个值时,使用内置函数 id()可以返回变量所指的内存地址。例如,将两个变量都赋值为数字 2048,再分别应用内置函数 id()获取变量的内存地址,将得到相同的结果。

【例 2-4】 两个变量赋同样的值,验证指向的地址。

game=number=2048

```
print(id(game))
print(id(number))
```

运行结果：

```
5240240
5240240
```

特别提醒，不同的机器，运行时显示的 id 的值有可能不同。

使用 del 命令可以删除一个对象（包括变量、函数等），删除之后就不能再访问这个对象了，因为它已经不存在了。当然，也可以通过再次赋值重新定义 x 变量。

变量是否存在，取决于变量是否占据一定的内存空间。当定义变量时，操作系统将内存空间分配给变量，该变量就存在了。当使用 del 命令删除变量后，操作系统释放了变量的内存空间，该变量也就不存在了。

当对象绑定给变量时，计数增加 1，当变量解除绑定时，计数减少 1。待计数为 0 时，对象自动释放。Python 具有垃圾回收机制，当一个对象的内存空间不再使用（引用计数为 0）后，这个内存空间就会被自动释放。所以 Python 不会像 C 那样发生内存泄漏而导致内存不足甚至系统死机的现象。Python 的垃圾空间回收是系统自动完成的，而 del 命令相当于程序主动地进行空间释放，将其归还给操作系统。

Python 的变量实质是引用，其逻辑如图 2-4 所示。

图 2-4 变量引用的逻辑示意图

Python 变量可以通过赋值来修改变量的"值"，但并不是原地址修改。例如，变量 x 先被赋值为 1，然后又被赋值为 1.5 之后的逻辑如图 2-5 所示。

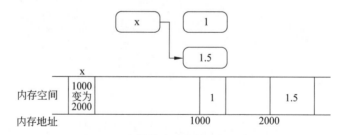

图 2-5 变量修改赋值的逻辑示意图

由图 2-5 可见，并不是 x 的值由 1 变成了 1.5，而是另外开辟了一个地址空间存储对象，让 x 指向它。变量的值并不是直接存储在变量里，而是以"值"对象的形式存储在内存某地址中。我们可以说变量指向那个"值"对象。因此，Python 变量里存放的实际是"值"对象的位置信息（内存地址）。这种通过地址间接访问对象数据的方式，称为引用。

使用 id() 函数可以确切地知道变量引用的内存地址，使用运算符 is 可以判断两个变量是否引用同一个对象。

【例 2-5】 运算符 is 可以判断两个变量是否引用同一个对象。

```
a=3
b=3
print(a is b)
str1='hello'
str2='hello'
print(str1 is str2)
```

运行结果：

```
True
True
```

显然，a 和 b 都赋值为相同的小整数或者短字符串时，两个变量所引用的是同一个对象。这也被称为"驻留机制"。这是 Python 为提高效率所做的优化，节省了频繁创建和销毁对象的时间，也节省了存储空间。但是，当两个变量赋值为相同的大整数或者长字符串时，默认引用的是两个不同的对象，不过可以利用变量之间的赋值，来让两个变量引用相同的对象。

2. 变量值的比较和应用判断

在 Python 语言中，通过"＝＝"运算符可以判断两个变量指向的对象值是否相同；通过 is 运算符可以判断两个变量是否指向同一对象。

2.3.3 常量的定义

常量就是程序运行过程中值不能改变的量，例如，现实生活中的居民身份证号码、数学运算中的周率等，这些都是不会发生改变的，它们都可以定义为常量。

在 Python 中，并没有提供定义常量的保留字。不过在 PEP 8 规范中规定了常量由大写字母和下画线组成，但是在实际项目中，常量首次赋值后，还是可以被其他代码修改的，例如，PI＝3.14。

2.4 基本数据类型

在内存存储的数据可以有多种类型。例如，一个人的姓名可以用字符型存储，年龄可以使用数值型存储，而婚否可以使用布尔类型存储。这些都是 Python 中提供的基本数据类型。

2.4.1 数值类型

在程序开发时，经常使用数字记录游戏的得分、网站的销售数据和网站的访问量等信息。在 Python 中，提供了数值类型（Numeric Type）用于保存这些数值，并且它们是不可改变的数据类型。如果修改数值类型变量的值，那么会先把该值存放到内容中，然后修改变量让其指向新的内存地址。

在Python中,数值类型主要包括3种数据类型:整数(int)、浮点数(float)、复数(complex)。使用内置函数 type(object)可以返回 object 的数据类型。内置函数 isinstance(obj,class)可以用来测试对象 obj 是否为指定类型 class 的实例。

【例2-6】 内置函数 isinstance()测定对象是否为指定类型的实例。

```
n=10
print(isinstance(n,int))
```

运行结果:

True

1. 整数

整数用来表示整数数值,即没有小数部分的数值,如 200、0、-173。在 Python 中,整数包括正整数、负整数和 0,并且它的位数是任意的(Python 的整数没有长度限制,当超过计算机自身的计算功能时,会自动转用高精度计算),如果要指定一个非常大的整数,只需要写出其所有位数即可。整数类型包括十进制整数、八进制整数、十六进制整数和二进制整数。

(1) 十进制整数。十进制整数的表现形式大家都很熟悉,例如,10、-9。

(2) 八进制整数。由 0~7 组成,进位规则是"逢八进一",并且以 0o 开头的数,如 0o23(转换成十进制数为 19)。在 Python 3.x 中,八进制数必须以 0o 或 0O 开头。

(3) 十六进制整数。由 0~9 和 A~F 组成,进位规则是"逢十六进一",并且以 0x/0X 开头的数,如 0x27(转换成十进制数为 39)、0X1b(转换成十进制数为 27)。

注意:在 Python 中,有小整数对象池和大整数对象池(对象池即缓存的机制)。

(1) 小整数对象池。由于数值较小的整数对象在内存中会很频繁地使用,如果每次都向内存申请空间、请求释放,会严重影响 Python 的性能。好在整数对象属于不可变对象,可以被共享而不会因被修改导致问题,所以为小整数对象划定一个范围,即小整数对象池,在 Python 运行时初始化并创建范围内的所有整数,这个范围内的整数对象是被共享的,即一次创建,多次共享引用。

Python 对小整数的定义是[-5,256],这些整数对象是提前建立好的,不会被垃圾回收。在一个 Python 的程序中,无论这个整数处于 LEGB(Python 变量作用域的规则,L 即 Local(function),表示函数内的名字空间;E 即 Enclosing function locals,表示外部嵌套函数的名字空间(例如 closure);G 即 Global(module),表示函数定义所在模块(文件)的名字空间;B 即 Builtin(Python),表示 Python 内置模块的名字空间)中的哪个位置,所有位于这个范围内的整数使用的都是同一个对象。同理,单个字母也是这样的。

(2) 大整数对象池。终端是每次执行一次,所以每次的大整数都重新创建,而在 PyCharm 中,每次运行是所有代码都加载到内存中,属于一个整体,所以这个时候会有一个大整数对象池,即处于一个代码块的大整数是同一个对象。

【例2-7】 在 IDLE(Python 3.7 64-bit)环境中验证小、大整数对象池。

a =86

```
b = 86
print(id(a),id(b))
a = 886
b = 886
print(id(a),id(b))
```

运行结果：

```
8791212486128 8791212486128
49998576 49998544
```

注意：每个计算机的此值可能会有所不同。

2. 浮点数

浮点数是带小数的数字，由整数部分和小数部分组成，主要用于处理包括小数的数，如4.、.5、−2.7315e2。其中，4.相当于4.0，.5相当于0.5，−2.7315e2是科学记数法（浮点数也可以使用科学记数法表示），相当于$-2.7315×10^2$，即−273.15。

"浮点"(floating-point)是相对于"定点"(fixed-point)而言的，即小数点不再固定于某个位置，而是可以浮动的。在数据存储长度有限的情况下，采用浮点表示方法，有利于在数值变动范围很大或者数值很接近0时，仍能保证一定长度的有效数字。

与整数不同，浮点数存在上限和下限。计算结果超出上限和下限的范围时会导致溢出错误。例如：

```
>>>print(100.0**100)
1e+200
>>>print(100.0**1000)
Traceback (most recent call last):
  File "<pyshell#1>", line 1, in <module>
    print(100.0**1000)
OverflowError: (34, 'Result too large')
```

注意：浮点数只能以十进制数形式书写。

需要说明的是，在使用浮点数进行计算时，可能会出现小数位数不确定的情况。计算机不一定能够精确地表示程序中书写或计算的实数，有以下两个原因。

（1）因为存储有限，计算机不能精确显示无限小数，会产生误差。

（2）计算机内部采用二进制数表示，但是，不是所有的十进制实数都可以用二进制数精确表示。

3. 复数

Python中的复数与数学中的复数的形式完全一致，都是由实部和虚部组成，并且使用j或J表示虚部。当表示一个复数时，可以将其实部和虚部相加，例如，一个复数，实部为3.14，虚部为12j，则这个复数为3.14+12j。复数是Python内置的数据类型，使用1j表示−1的平方根。复数对象有两个属性——real和imag，用于查看实部和虚部。

2.4.2 布尔类型

布尔类型(Bool Type)主要用来表示真或假的值。在Python中，标识符True和

False 被解释为布尔值。另外,Python 中的布尔值可以转换为数值,其中,True 表示 1,False 表示 0。Python 中的布尔类型的值可以进行数值运算,例如,"False+1"的结果为 1。但不建议对布尔类型的值进行数值运算。

在 Python 中,所有的对象都可以进行真值测试。其中,只有下面列出的几种情况得到的值为假,其他对象在 if 或者 while 语句中都表现为真。

(1) False 或 None。

(2) 数值中的零,包括 0、0.0、虚数 0。

(3) 空序列,包括空字符串、空元组、空列表、空字典。

(4) 自定义对象的实例,该对象的__bool__方法返回 False,或__len__方法返回 0。

2.4.3 NoneType 类型

在 Python 中,有一个特殊的常量 None(N 必须大写)。和 False 不同,它不表示 0,也不表示空字符串,而表示没有值,也就是空值。这里的空值并不代表空对象,即 None 和 []、""不同。

None 有自己的数据类型,可以在 IDLE 中使用 type() 函数查看它的类型,执行代码 type(None),结果为<class 'NoneType'>。由此可以看到,它属于 NoneType 类型。

需要注意的是,None 是 NoneType 数据类型的唯一值(其他编程语言可能称这个值为 null 或 undefined),也就是说,不能再创建其他 NoneType 类型的变量,但是可以将 None 赋值给任何变量。如果希望变量中存储的东西不与任何其他值混淆,就可以使用 None。

2.4.4 数据类型转换

Python 是强类型语言。当一个变量被赋值为一个对象后,这个对象的类型就固定了,不能隐式转换成另一种类型。当运算需要时,必须使用显式的变量类型转换。例如,input()函数所获得的输入值总是字符串,有时需要将其转换为数值类型,方能进行算术运算。例如:

```
score = int(input('请输入一个整数的成绩: '))
```

变量的类型转换并不是对变量原地进行修改,而是产生一个新的预期类型的对象。

Python 以转换目标类型名称提供类型转换内置函数。

(1) float()函数:将其他类型数据转换为浮点数。

(2) str()函数:将其他类型数据转换为字符串。

(3) int()函数:将其他类型数据转换为整型。

(4) round()函数:将浮点型数值圆整为整型。所谓的圆整计算总是"四舍",但并不一定总是"五入"。因为总是逢五向上圆整会带来计算概率的偏差。所以,Python 采用的是"银行家圆整":将小数部分为.5 的数字圆整到最接近的偶数,即"四舍六入五留双"。

(5) bool()函数:将其他类型数据转换为布尔类型。

(6) chr()和 ord()函数:进行整数和字符之间的相互转换;chr()将一个整数按

ASCII 码转换为对应的字符,ord()是 chr()的逆运算,把字符转换成对应的 ASCII 码或 Unicode 值。

(7) eval()函数:将字符串中的数据转换成 Python 表达式原本类型。

【例 2-8】 数据类型转换常见函数应用示例。

```
str1 = '3.14'
f = float(str1)
print(type(f))

a = 100
str1 = str(a)
print(type(str1))

str2 = '1234'
n = int(str2)
print(type(n))

n = 1
b = bool(n)
print(type(b))

n = 0
b = bool(n)
print(type(b))

str1 = '10'
print(type(eval(str1)))

c = 'a'
n = ord(c)
print(n)

n = 65
c = chr(n)
print(n)

f = 3.16
n = round(f)
print(n)
```

运行结果:

```
<class 'float'>
<class 'str'>
<class 'int'>
```

```
<class 'bool'>
<class 'bool'>
<class 'int'>
97
65
3
```

在进行数据类型转换时,如果把一个非数字字符串转换为整型,将产生错误。

【例 2-9】 模拟超市抹零结账行为。要求:先将各个商品金额累加,计算出商品总金额,并转换为字符串输出,然后再应用 int()函数将浮点型的变量转换为整型,从而实现抹零,并转换为字符串输出。

```
money_total = 23.2+7.9+8.7+32.65
money_total_str = str(money_total)
print("商品总额为:"+money_total_str)
money_real = int(money_total)
money_real_str = str(money_real)
print("实收金额为:"+money_real_str)
```

2.4.5 对象和引用

1. 对象

在 Python 中定义的数据一般称为对象(Object)。计算机中的数据是按块存储,可以简单地把计算机的内存空间视为等分为多个格子的储物柜,并按照顺序为格子编码,当有对象被定义时,Python 将对象的数值放到储物柜的某个格子中,并在格子上贴上带编号的标签,由此完成了对象的定义。

上述过程中,标签可视为"对象名(name)",存储到格子中的内容视为对象的"值(value)",而对象所在的格子的编号则可视为对象在内存中的地址,Python 中将对象的内存地址称为"身份编号(id)"。值和身份编号是 Python 中对象的重要特性,此外,对象还有一个特性:类型(type),类型决定了对象在"储物柜"中占据"格子"的数量。

Python 对象的身份可唯一表示一个变量,任何对象的身份编号都可以使用 Python 的内建函数 id()获取,例如:

```
num = 8
print(id(num))
```

运行结果:

```
8791092094000
```

注意:不同的计算机,每次运行的值不一样。

2. 引用

Python 对象的身份 id 是只读的,用户不能直接更改对象的身份 id。Python 中部分对象的值也是不可以改变的,值不能被改变的对象称为不可变对象,Python 的数值类型就是不可变对象。

往往大家对上述的说法会产生疑问,在对一个已经定义好的数值类型对象重新赋值时,明明可以操作成功,也不报错,例如:

```
num_01 = 6
num_01 = 8
print(num_01)
```

运行结果:

8

由上述运行结果可以看出,对象 num_01 的值也确实从 6 改为 8,为什么说数值类型是不可改变的?这与 Python 中变量的赋值方式有关。实际上,上述操作改变的并非对象 num_01 的值,而是对象 num_01 的引用。

Python 中的赋值是通过引用实现的。当用户在定义对象时,解释器对象的值放入内存地址,并将该内存块地址的引用赋给对象,经此过程,对象名便等同于内存地址的别名,用户可以通过变量名获取对象的值。在对对象进行修改时,解释器实际上会将新数值放入新内存地址,再将新内存地址的引用赋给待修改对象。

```
num_01 = 6
print(id(num_01))
num_01 = 8
print(id(num_01))
```

由上述运行结果可以看出,重新赋值后对象的身份地址发生了改变。

在 Python 中的身份运算符为 is 和 is not,用于判断两个对象是否相同。Python 中对象的唯一标识即为身份,因此身份运算符的运算过程即对象身份的比较过程。

2.4.6 字符串类型

字符串就是符号或者数值的一个连续序列,用来表示文本的数据类型,可以是计算机所能表示的一切字符的集合。在 Python 中,字符串属于不可变序列,通常使用单引号" ' '"、双引号" " ""、三引号" ' ' '"或" """ """"括起来。这三种引号形式在语义上没有差别,只是在形式上有些差别。其中,单引号和双引号中的字符序列必须在一行上,而三引号内的字符序列可以分布在连续的多行上。

注意:Python 中没有字符的概念,即使只有一个字母,也属于字符串类型。

1. 字符串

字符串(String)是由字符(例如,字母、数字、汉字和符号)组成的序列,如'Python is wonderful!'、'16300240001'、'李二毛'、' '等。其中,' '表示空字符串。字符串和数字一样,都是不可变对象。所谓不可变,是指不能原地修改对象的内容,例如,"人生苦短"。

2. 字符串界定符

字符串界定符用来区分字符串和其他词法单位,有以下三种形式。

(1) 单引号,如' '、'1+1=2'、'He said "how are you?"'。当字符串中含有双引号时,最

好使用单引号作为界定符,即单引号内的双引号不算结束符。

(2) 双引号,如""、"中国"、"It's my book."。当字符串中含有单引号时,最好使用双引号作为界定符,即双引号内的单引号不算结束符。

(3) 三引号,可以是连续三个单引号,也可以是连续三个双引号,如'''Hello'''、'''您好'''。其常用于多行字符串,可以包含单双引号,可见即所得,常常作为文档注释。跟普通的注释相比,使用三引号标注的注释会作为函数的一个默认属性,可以通过"函数名._doc_"进行访问。

字符串开始和结尾使用的引号形式必须一致。另外,当需要表示复杂的字符串时,还可以进行引号的嵌套,规则为在单引号表示的字符串中可以嵌套双引号,但是不允许嵌套单引号;使用双引号表示的字符串中,允许嵌入单引号,但不允许包含双引号。

3. 转义符

Python 中的字符串还支持转义字符。转义字符是指使用反斜杠"\"对一些特殊字符进行转义,即改变原有字符含义的特殊字符。常用的转义字符如表 2-1 所示。

表 2-1　常见的转义符

转义字符	描　　述
\\	反斜杠符号
\'	单引号
\"	双引号
\a	响铃
\b	退格
\n	换行
\t	横向制表符
\v	纵向制表符
\r	回车
\f	换页
\ooo	八进制数 ooo 代表的字符,例如,\012 代表换行,因为八进制数 012 就是十进制数 10,而 10 是换行符的编码
\xxhh	十六进制数 hh 代表的字符,例如,\x0a 也代表换行
\other	其他的字符以普通格式输出

以下是使用转义符的两个例子。

(1) 转义字符"\n"的应用。

```
s = 'Hello\nJack\nGood\nMorning'
print(s)
```

运行结果:

```
Hello
Jack
Good
Morning
```

（2）使用制表符分隔字符串。

```
s2 = '商品名\t单价\t数量\t总价'
s3 = '苹果\t9\t\t8\t\t72'
print(s2)
print(s3)
```

运行结果：

商品名   单价   数量   总价
　苹果   9   8   72

4．原始字符串

原始字符串用于显示字符串原来的意思，不让转义字符生效。这就要用 r 或 R 来定义原始字符串，例如：

```
r" C:\PythonPractice\nHelloPython.py"
```

5．字符串的索引

字符串中的每个字符所处的位置都是固定的，有顺序的。字符串的每个字符都对应着一个位置编号，它是从 0 开始的，然后依次递增 1，这个位置编号就是索引或者下标。字符串的索引分为正向索引（从左向右的顺序排列，如图 2-6 所示）和反向索引（从右向左排列，如图 2-7 所示）。

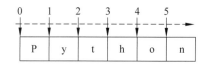
图 2-6　字符串的索引（正向）

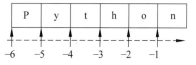
图 2-7　字符串的索引（反向）

字符串中的字符是根据索引标记的，如果希望获取字符串的任意字符，可以使用索引来获取。其语法格式为：

字符串[索引]

需要注意的是，当使用索引访问字符串值的时候，索引值的范围不能越界，否则程序会报索引越界的异常。

与 C 语言不同的是，Python 中的字符串是不能改变的。如果希望对某个索引位置赋值，就会导致错误。当对字符串做追加、修改、截取等操作时，Python 会在内存中新建一个字符串。

2.5 基本输入和输出

数据的输入与输出操作是计算机最基本的操作。本节主要讲述基本的输入与输出。基本输入是指从键盘上输入数据的操作，基本输出是指在屏幕上显示输出结果的操作。

常用的输入与输出设备有很多，例如，摄像机、扫描仪、话筒、键盘等都是输入设备，然后经过计算机解码后在显示器或打印机等终端进行输出显示。而基本的输入和输出是指我们平时从键盘上输入字符，然后在屏幕上显示。

通常，一个程序都会有输入/输出，Python 可以用 input() 函数进行输入，用 print() 函数进行输出。

2.5.1 基于 input() 函数输入

输入语句可以在程序运行时从输入设备获得数据。标准输入设备就是键盘。在 Python 中，可以通过 input() 函数取键盘输入数据。一般格式为：

```
variable=input(<提示字符串>)
```

input() 函数首先输出提示字符串，然后等待用户键盘输入，直到用户按回车键结束，函数最后返回用户输入的字符串(不包括最后的回车符)，保存于变量中，系统继续执行 input() 函数后面的语句。例如：

```
name=input('请输入您的专业:')
```

系统会弹出字符串"请输入您的专业："，等待用户输入，用户输入相应的内容并回车，输入内容将保存到 name 变量中。

在 Python 3.x 中，无论输入的是数字还是字符都将被作为字符串读取。如果想要接收数值，需要把接收到的字符串进行类型转换。例如，想要接收整型的数字并保存到变量 num 中，可以使用下面的代码：

```
num=int(input("请输入您的应收金额:"))
```

因此，如果需要将输入的字符串转换为其他类型(如整型、浮点型等)，调用对应的转换函数即可。

【例 2-10】 根据输入的年份，计算年龄大小。

实现根据输入的年份(4 位数字，如 1981)计算目前的年龄，程序中使用 input() 函数输入年份，使用 datetime 模块获取当前年份，然后用获取的年份减去输入的年份，就是计算的年龄。

```
import datetime
birthyear=input("请输入您的出生年份:")
nowyear=datetime.datetime.now().year
age=nowyear-int(birthyear)
print("您的年龄为: "+str(age)+"岁")
```

运行程序,提示输入出生年份,出生年份必须是 4 位,如 1981。输入年份,如输入 1978,回车,运行结果如下:

请输入您的出生年份:1978
您的年龄为: 41 岁

在 Python 中,其输入主要有以下特点。
(1) 当程序执行到 input 时,等待用户输入,输入完成之后才继续向下执行。
(2) 在 Python 中,input 接收用户输入后,一般存储到变量中,方便使用。
(3) 在 Python 中,input 会把接收到的任意用户输入的数据都当作字符串处理。

2.5.2 基于 print()函数输出

1. print()函数的基本语法

在 Python 中,使用内置的 print()函数可以将结果输出到 IDLE 或者标准控制台上。一般格式为:

```
print(<输出值 1>[,<输出值 2>,…, <输出值 n>, sep=',', end='\n'])
```

通过 print()函数可以将多个输出值转换为字符串并且输出,这些值之间以 sep 分隔,最后以 end 结束。sep 默认为空格,end 默认为换行。其中,输出内容可以是数字和字符串(字符串需要使用引号括起来),此类内容将直接输出,也可以是包含运算符的表达式,此类内容将计算结果输出。

在 Python 中,默认情况下,一条 print()语句输出后会自动换行,如果想要一次输出多个内容,而且不换行,可以将要输出的内容使用英文半角的逗号分隔。

【例 2-11】 输出语句示例。

```
print('abc',123)
print('abc',123,sep=',')
```

运行结果:

```
abc 123
abc,123
```

上述两行输出是两个 print()函数执行的结果。输出结果'abc 123',是由本例代码第 1 条语句 print('abc',123)输出的。可以看出,两个输出项之间自动添加了空格,这是因为 print()函数的参数 sep 默认值为空格。如果希望输出项之间是逗号,则可以采用第二种输出方式。

2. print()函数的格式化输出

Python 的 print()函数中还可以使用字符串格式化控制输出形式。
在 Python 中,要实现格式化字符串,可以使用"%"操作符。语法格式如下:

```
'%[-][+][0][m][n]格式化字符'%exp
```

参数说明:

- 一：可选参数，用于指定左对齐，正数前方无符号，负数前面加负号。
- ＋：可选参数，用于指定右对齐，正数前方加正号，负数前方加负号。
- 0：可选参数，表示右对齐，正数前方无符号，负数前方加负号，用0填充空白处（一般与m参数一起使用）。
- m：可选参数，表示占有宽度。
- n：可选参数，表示小数点后保留的位数。
- 格式化字符：用于指定类型。
- exp：要转换的项。如果要指定的项有多个，需要通过元组的形式进行指定，但不能使用列表。

在实际开发中，数值类型有多种显示方式，例如，货币形式、百分比形式等，使用format()方法可以将数值格式化为不同的形式。

常见格式字符见表2-2。

表2-2 常见格式字符

格式字符	含义	示例
％s	输出字符串	'Gradeis％s'％'A-'返回'GradeisA-'
％d	输出整数	'Scoreis％d'％90 返回'Scoreis90'
％c	输出字符 chr(num)	'％c'％65 返回'A'
％[width][.precision]f	输出浮点数，长度为 width，小数点后 precision 位。width 默认为 0，precision 默认为 6	'％f'％1.23456 返回'1.234560' '％.4f'％1.23456 返回'1.2346' '％7.3f'％1.23456 返回' 1.235' '％4.3f'％1.23456 返回'1.235'
％o	以无符号的八进制数格式输出	'％o'％10 返回'12'
％x 或％X	以无符号的十六进制数格式输出	'％x'％10 返回'a'
％e 或％E	以科学记数法格式输出	'％e'％10 返回'1.000000e＋01'

例如，语句：

print('我的名字是％s'％'李二毛')

执行后的输出结果为：

我的名字是李二毛

即％s的位置使用"李二毛"代替。

如果需要在字符串中通过格式化字符输出多个值，则将每个对应值存放在一对圆括号()中，值与值之间使用英文逗号隔开。例如：

print('A ％s has ％d legs'％('monkey',4))

运行结果：

A monkey has 4 legs

表 2-3 中列出了一些格式化辅助指令,可进一步规范输出的格式。

表 2-3 格式化辅助指令

符号	作 用
m	定义输出的宽度,如果变量值的输出宽度超过 m,则按实际宽度输出
-	在指定的宽度内输出值左对齐(默认为右对齐)
+	在输出的正数前面显示"+"号(默认为不输出"+"号)
#	在输出的八进制数前面添加'0o',在输出的十六进制数前面添加'0x'或'0X'
0	在指定的宽度内输出值时,左边的空格位置以 0 填充
.n	对于浮点数,指输出时小数点后保留的位数(四舍五入);对于字符串,指输出字符串的前 n 位

m.n 格式常用于浮点数格式、科学记数法格式以及字符串格式的输出。对于前两种格式而言,%m.nf、%m.nx 或%m.nX 指输出的总宽度为 m(可以省略),小数点后面保留 n 位(四舍五入)。如果变量值的总宽度超出 m,则按实际输出。%m.ns 指输出字符串的总宽度为 m,输出前 n 个字符,前面补 m－n 个空格。

Python 3 还支持用格式化字符串的函数 str.format() 进行字符串格式化。该函数在形式上相当于通过{}来代替%,但功能更加强大。

format 函数还可以用接收参数的方式对字符串进行格式化,参数位置可以不按显示顺序,参数也可以不用或者用多次。

【例 2-12】 格式化输出字符串示例。

```
print('%.2f' %3.1415)
print('%5.2f' %3.1415)
print('{0}的年龄是{1}'.format('李二毛', 2))
print('{name}的年龄是{age}'.format(age=2, name='李二毛'))
```

运行结果:

```
3.14
 3.14
李二毛的年龄是 2
李二毛的年龄是 2
```

3. f-strings 格式化输出

f-strings 是 Python 3.6 开始加入标准库的格式化输出新的写法,这个格式化输出比之前的%s 或者 format 效率高并且更加简化,非常好用,以后再用格式化输出选它绝对没错。

【例 2-13】 使用 f-strings 格式化输出。

```
name = '毛毛'
```

```
age = 3
sex = '男'
msg_f = f'我的名字叫:{name},我今年{age}岁,我是{sex}生'
msg_F = F'我的名字叫:{name},我今年{age}岁,我是{sex}生'
print(msg_f)
print(msg_F)
```

运行结果:

我的名字叫:毛毛,我今年 3 岁,我是男生
我的名字叫:毛毛,我今年 3 岁,我是男生

【例 2-14】 结合表达式,使用 f-strings 格式化输出。

```
name = 'maomao'
age = 3
sex = '男'
res = f'我的名字叫:{name.upper()},我今年{age +1}岁,我是{sex}生'
print(res)
```

运行结果:

我的名字叫:MAOMAO,我今年 4 岁,我是男生
字符串对象的 format() 方法的详细使用将会在后续章节讲述。

4. print()函数输出到文件

使用 print()函数,不但可以将内容输出到屏幕,还可以输出到指定文件。

【例 2-15】 将一个字符串"生活就像一盒巧克力 你永远不知道下一颗是什么味道。"输出到 c:\pythonpractice\data.txt 中。

```
fp=open(r'c:\pythonpractice\data.txt','a+')                    #打开文件
print("生活就像一盒巧克力 你永远不知道下一颗是什么味道。",file=fp)    #输出到文件
fp.close()                                                      #关闭文件
```

执行上面的代码后,将在 c:\pythonpractice\ 目录下生成一个名称为"data.txt"的文件,该文件的内容为文字"生活就像一盒巧克力 你永远不知道下一颗是什么味道。",如图 2-8 所示。

图 2-8 data.txt 文件的内容

5. 输出 ASCII 码字符

在编程时,输入的符号可以使用 ASCII 码的形式输入。ASCII 码最早只有 127 个字

母被编码到计算机里,也就是英文大小写字母、数字和一些符号,这个编码表被称为 ASCII 编码,例如,大写字母 A 的编码是 65,小写字母 a 的编码是 97。通过 ASCII 码表示字符,需要使用 chr()函数进行转换。例如,print(chr(65))显示内容为 A。如果字符显示 ASCII 值,需要使用 ord 函数进行转换。例如,print(('a')),显示内容为 97。

【例 2-16】 编写程序,实现在键盘输入相应字母、数字或符号,输出其 ASCII 的状态值,即十进制的数字值。例如,输入 B,则输出显示为 66;输入 *,则输出显示为 42。

```
c=input("请输入单个字符:")
print(c +"的 ASCII 码为", ord(c))
```

运行结果:

请输入单个字符:a
a 的 ASCII 码为 97

2.6 常见的运算符与表达式

2.6.1 运算符与表达式概述

1. 运算符

运算符是一些特殊的符号,主要用于数学计算、比较大小和逻辑运算等。Python 的运算符主要包括算术运算符、赋值运算符、比较(关系)运算符、逻辑运算符和位运算符。

按照运算所需要的操作数目,可以分为单目、双目、三目运算符。

(1) 单目运算符只需要一个操作数。例如,单目减(-)、逻辑非(not)。

(2) 双目运算符需要两个操作数。Python 中大多数运算符是双目运算符。

(3) 三目运算符需要三个操作数。条件运算是三目运算符,例如,b if a else c。

运算符具有不同的优先级。我们熟知的"先乘除后加减"就是优先级的体现。只不过 Python 运算符种类很多,优先级也分成高低不同的多个层次。当一个表达式中有多个运算符时,按优先级从高到低依次运算。

运算符还具有不同的结合性:左结合或右结合。当一个表达式中有多个运算符,且优先级都相同时,就根据结合性来判断运算的先后顺序。

(1) 左结合就是自左至右依次计算。Python 运算符大多是左结合的。

(2) 右结合就是自右至左依次计算。所有的单目运算符和圆括号()是右结合的。实际上,圆括号是自右向左依次运算的,即内层的圆括号更优先,从内向外运算。

以上所说的通过优先级、结合性来决定运算次序,只在没有圆括号的情况下成立。使用圆括号可以改变运算符的运算次序。

2. 表达式

使用运算符将不同类型的数据按照一定的规则连接起来的式子,称为表达式。例如,使用算术运算符连接起来的式子称为算术表达式,使用逻辑运算符连接起来的式子称为逻辑表达式。

表达式由运算符和参与运算的数(操作数)组成。操作数可以是常量、变量,可以是函数的返回值。

按照运算符的种类,表达式可以分成:算术表达式、关系表达式、逻辑表达式、测试表达式等。

多种运算符混合运算形成复合表达式,按照运算符的优先级和结合性依次进行运算。当存在圆括号时,运算次序会发生变化。

很多运算对操作数的类型有要求,例如,加法"+"要求两个操作数类型一致,当操作数类型不一致时,可能发生隐式类型转换。例如:

```
a=True
b=10
print(a+b)
```

运行结果:

```
11
```

差别较大的数据类型之间可能不会进行隐式类型转换,需要进行显式类型转换。例如:

```
str1='10'
n=20
str1+n
Traceback (most recent call last):
File "<stdin>", line 1, in <module>
TypeError: must be str, not int
int(str1)+n
30
```

2.6.2 算术运算符与表达式

算术运算符号是处理四则运算的符号,在数字的处理中应用得最多。常用的算术运算符如表 2-4 所示。

表 2-4 Python 的算术运算符

运算符	描述	实例
+	加法	5+2 返回 7;5.5+2.0 返回 7.5
-	减法	5-2 返回 3;5.5-2.0 返回 3.5
*	乘法	5*2 返回 10;5.5*2.0 返回 11.0
/	浮点除法	5/2 返回 2.5;5.5/2.0 返回 2.75
//	整除运算,返回商	5//2 返回 2;5.5//2.0 返回 2.0
%	整除运算,返回余数,也叫取模	5%2 返回 1;5.5%2.0 返回 1.5
**	幂运算	5**2 返回 25;5.5**2.0 返回 30.25

在算术运算符中,使用"%"求余,如果除数(第二个操作数)是负数,那么取得的结果也是一个负值。使用除法(/或//)运算符和求余运算符时,除数不能为 0,否则将会出现异常。

注意:在 Python 中不支持 C 语言中的自增 1(++)和自减 1(--)运算符,这是因为+和-也是单目运算符,Python 会将--n 理解为-(-n)从而得到 n,同样,++n 的结果也是 n。

在 Python 中,"*"运算符还可以用于字符串中,计算结果就是字符串重复指定次数的结果。例如,print("@" * 10),将输出 10 个@字符。而"+"运算符也可以用于字符串的连接。

算术运算符可以直接对数字进行运算,也可以对变量进行运算。

在 Python 中进行数学计算时,与数学中运算符优先级是一致的。先乘除后加减,同级运算符是从左至右计算,可以使用"()"调整计算的优先级。混合运算优先级顺序:()高于**,高于 * 、/、//、%,高于+、-。

在相同类型之间的数据运算,算术运算符优先级由高到最低顺序排列如下。

第一级:**。

第二级:*,/,%,//。

第三级:+,-。

如果是不同类型之间的数据运算,会发生隐式类型转换。转换规则是:低类型向高类型转换。可以进行算术运算的各种数据类型,从低到高排列为:bool<int<float<complex。

【例 2-17】 计算学生三门计算机类课的成绩平均分。要求:某同学有三门课程成绩分别为:数据库原理 89 分,Python 程序设计 96 分,Web 技术 90 分。编程实现计算三门课程的平均分。

```
database_grade =89
python_grade =96
web_grade =90
avg =(database_grade +python_grade +web_grade) / 3
print("三门计算机类课程平均成绩为:" +str(avg) +"分")
```

运行结果:

三门计算机类课程平均成绩为:91.66666666666667 分

常用的 Python 数学运算类的内置函数见表 2-5。

表 2-5 常用的 Python 数学运算类的内置函数

函 数 名	描 述	实 例
abs	绝对值	abs(-5)返回 5;abs(-5.0)返回 5.0
divmod	取模,返回商和余数	divmod(5,2)返回(2,1)
pow	乘方	pow(5,2)返回 25;pow(5.0,2.0)返回 25.0

续表

函 数 名	描 述	实 例
round	四舍五入取整	round(1.5)返回 2；round(2.5)返回 2
sum	可迭代对象求和	sum([1,2,3,4])返回 10
max	求最大值	max(3,1,5,2,4)返回 5
min	求最小值	min(3,1,5,2,4)返回 1

math 模块中的函数见表 2-6。

表 2-6　math 模块中的函数

函 数 名	描 述	实 例
fabs	绝对值，返回 float	fabs(-5)返回 5.0
ceil	大于等于 x 的最小整数	ceil(2.2)返回 3；ceil(-5.5)返回-5
floor	小于等于 x 的最大整数	floor(2.2)返回 2；floor(-5.5)返回-6
trunc	截取为最接近 0 的整数	trunc(2.2)返回 2；trunc(-5.5)返回-5
factonal	整数的阶乘	factonal(5)返回 120
sqrt	平方根	sqrt(5)返回 2.23606797749979
exp	以 e 为底的指数运算	exp(2)返回 7.38905609893065
log	对数	log(math.e)返回 1.0；log(8,2)返回 3.0

math 模块中还定义了以下两个常量。

（1）math.pi：数学常量 π，math.pi=3.141592653589793。

（2）math.e：数学常量 e，math.e=2.718281828459045。

使用 math 模块前要先导入，使用函数时要在函数名前面加上"math."。例如：

math.log(10)

如果要频繁使用某单一模块中的函数，为避免每次写模块名的麻烦，也可以按下面方式导入：

from 模块 import 函数

这样，就可以像内置函数那样来使用模块函数了。但是多个模块中可能有同名函数，如果都按这种方式导入，会产生名字冲突的问题。

2.6.3　赋值运算符与表达式

赋值运算符主要用来为变量赋值。使用时，可以直接把基本赋值运算符"="右边的值赋给左边的变量，也可以进行某些运算后再赋值给左边的变量。Python 中常用的赋值运算符如表 2-7 所示。

表 2-7　算术复合赋值运算符

运算符	描 述	实 例
+=	加法赋值运算符	a+=b 等价于 a=a+b
-=	减法赋值运算符	a-=b 等价于 a=a-b
*=	乘法赋值运算符	a*=b 等价于 a=a*b
/=	浮点除法赋值运算符	a/=b 等价于 a=a/b
//=	整除赋值运算符	a//=b 等价于 a=a//b
%=	取模赋值运算符	a%=b 等价于 a=a%b
**=	幂赋值运算符	a**=b 等价于 a=a**b

1. 赋值运算符

赋值运算符用"＝"表示,一般有以下三种形式。

变量名　＝表达式(或变量值)
变量名 1＝变量名 2＝表达式(或变量值)
变量名 1,变量名 2　＝表达式 1(或变量值 1),表达式 2(或变量值 2)

其左边只能是变量,而不能是常量或表达式。例如,5＝x 或 5＝2＋3 都是错误的。

注意,Python 的赋值运算是没有返回值的。也就是说,赋值没有运算结果,变量的值被改变了。

混淆"＝"和"＝＝"是编程中最常见的错误之一。"＝"是赋值运算符,"＝＝"是比较运算符。

程序语句中的 y＝x 不是数学中的方程等式,不代表 y 恒等于 x。赋值是一个瞬间动作。

【例 2-18】 输入两个数,交换两个变量的值。

```
str_number01 =input("请输入第一个变量:")
str_number02 =input("请输入第二个变量:")
#方式 1:利用临时变量交换
temp =str_number01
str_number01 =str_number02
str_number02 =temp
#方式 2:原地交换
str_number01, str_number02 =str_number02, str_number01
print("变量一是:" +str_number01)
print("变量二是:" +str_number02)
```

2. 复合赋值运算符

复合赋值是运算操作与赋值操作的组合。所有复合赋值运算符的优先级和赋值运算符的一样。其中,+=(加等于)、-=(减等于)、*=(乘等于)、/=(除等于)、%=(取余等于)、**=(幂等于)、/=(整除等于)为算术复合运算符(见表 2-7)。

2.6.4 关系运算符与表达式

关系运算符也称为比较运算符。用于对两个数值型或字符串型数据、变量或表达式的结果进行大小、真假等比较，返回一个"真"或"假"的布尔值。

如果比较结果为真，则返回 True，如果为假，则返回 False。比较运算符通常用在条件语句中作为判断的依据，如表 2-8 所示。

表 2-8 关系运算符

运算符	描述	实例
>	大于	5＞2 返回 True；'5'＞'12'返回 True
>=	大于或等于	'a'＞'A'返回 True；'ab'＞='a'返回 True
<	小于	5＜2 返回 False；'5'＜'12'返回 False
<=	小于或等于	'a'＜='A'返回 False；'ab'＜='a'返回 False
==	等于	5==2 返回 False；'5'=='5' 返回 False
!=	不等于	5!=2 返回 True；'5'!='5' 返回 True
is	等于	5==2 返回 False；'5'=='5' 返回 False
is not	不等于	5!=2 返回 True；'5'!='5' 返回 True

一定要注意比较是否相等要用双等号"=="，而不是"="，这是初学者常犯的错误。在比较过程中，遵循以下规则。

（1）若两个操作数是数值型，则按大小进行比较。

（2）若两个操作数是字符串型，则按"字典顺序"进行比较，即：首先取两个字符串的第一个字符进行比较，较大的字符所在字符串更大；如果相同，则再取两个字符串的第二个字符进行比较，以此类推。结果有三种情况：第一种，某次比较分出胜负，较大的字符所在字符串更大；第二种，始终不分胜负，并且两个字符串同时取完所有字符，那么这两个字符串相等；第三种，在分出胜负前，一个字符串已经取完所有字符，那么这个较短的字符串较小。第三种情况也可以认为是空字符和其他字符比较，空字符总是最小。

常用字符的大小关系为：空字符<空格<'0'~'9'<'A'~'Z'<'a'~'z'<汉字。可以利用 ord（字符）查看字符的 Unicode 码，相反，可以利用 chr(Unicode 码)查看对应的字符。

浮点数比较是否相等时要注意：因为有精度误差，所以可能产生本应相等但比较结果却不相等的情况。

可以用两个浮点数的差距小于一个极小值来判定是否"应该相等"，这个"极小值"可以根据需要自行指定。例如：

```
from math import fabs
precision=0.000001
f1=3.1415926
f2=3.1415927
if fabs(f1-f2)<=precision :
```

```
    print('f1=f2')
else:
    print('f1!=f2')
```

注意：复数不能比较大小,只能比较是否相等。

在 Python 中,当需要判断一个变量是否介于两个值之间时,可以采用"值 1<变量<值 2"的形式,如"0<a<10"。Python 允许 x<y<z 这样的链式比较,相当于 x<y and y<z。也可以用 x<y>z,相当于 x<y and y>z。

所有关系运算符的优先级相同。

"is"和"=="操作符的区别是,"is"是用来比较两个对象是否是同一个对象,而"=="是用来比较两个对象的值是否相等。Python 中的变量有三个属性：name、id 和 value,其中,name 是变量的名字,id 是内存地址,value 是变量的值。is 运算符则是通过 id 来判断的,如果 id 是一样的返回 True,否则就返回 False。

Python 对小的整数和字符串做了处理,不管是使用==操作符还是 is 操作符进行比较,最终的结果都是 True。

【例 2-19】 is 与==应用示例。

```
word_01 = 'abc'
word_02 = 'abc'
print(word_01 ==word_02)
print(word_01 is word_02)
```

运行结果：

```
True
True
```

2.6.5 逻辑运算符与表达式

判断闰年的标准是：年份能被 4 整除且不能整除 100 或能整除 400,这里就用到了逻辑关系。Python 中也提供了这样的逻辑运算符来进行逻辑运算((year %4 ==0 and year % 100 !=0) or year % 400 ==0)。逻辑运算符是对真和假两种布尔值进行运算,运算后的结果仍是一个布尔值,Python 中的逻辑运算符主要包括 and(逻辑与)、or(逻辑或)、not(逻辑非)。

逻辑运算符见表 2-9。

表 2-9 逻辑运算符

运算符	描述	例子
and	逻辑与运算符。只有两个操作数都为真,结果才为真	True and True 返回 True
or	逻辑或运算符。只要有一个操作数为真,结果就为真	False or False 返回 False
not	逻辑非运算符。单目运算,反转操作数的逻辑状态	not True 返回 False

or 是一个短路运算符,如果左操作数为 True,则跳过右操作数的计算,直接得出结果为 True。只有在左操作数为 False 时才会计算右操作数的值。

and 也是一个短路运算符,如果左操作数为 False,则跳过右操作数的计算,直接得出结果为 False。只有在左操作数为 True 时,才会计算右操作数的值。

短路运算可以节省不必要的计算时间,而且 Python 会按照"最贪婪"的方式进行短路,以至于看上去违反了优先级次序。例如:

```
a=1
b=2
c=3
print(a==1 or b==2 and c==3)
```

在这个例子中,b==2 and c==3 整个被短路,并不会因为优先级高而先计算 and。证明方法是,把上面的例子改写成下面的形式。

```
def equal(a,b):
    print('equal',a,b)
    return a==b
a=1
b=2
c=3
print(equal(a,1) or equal(b,2) and equal(c,3))
```

运行结果:

```
equal 1 1
True
```

后面两个函数 equal() 并没有被执行,说明 equal(b,2) and equal(c,3) 全都被短路了。

逻辑运算符的优先级,按照从低到高的顺序排列为:or<and<not。

2.6.6 条件(三目)运算符

运算符(三元、三目运算符)语法:

语句 1 if 条件表达式 else 语句 2

执行流程:条件运算符在执行时,会先对条件表达式进行求值判断。如果判断结果为 True,则执行语句 1,并返回执行结果;如果判断结果为 False,则执行语句 2,并返回执行结果。例如:

```
x = '正数' if c > 0 else '非正数'
```

【例 2-20】 有两个变量,比较大小。如果变量 1 大于变量 2,执行变量 1-变量 2;否则变量 2-变量 1。

```
aa =10
```

```
bb = 6
cc = aa - bb if aa > bb else bb - aa
print(cc)
```

运行结果：

4

2.6.7 位运算符

位运算符是把数字看作二进制数来进行计算的，因此，需要先将要执行运算的数据转换为二进制，然后才能执行运算。Python 中的位运算符有位与（&）、位或（|）、位异或（^）、位取反（~）、左移位（<<）和右移位（>>）运算符。

1. "位与"运算

"位与"运算的运算符为"&"，它的运算法则是：两个操作数据的二进制表示，只有对应位都是 1 时，结果位才是 1，否则为 0。如果两个操作数的精度不同，则结果的精度与精度高的操作数相同。

2. "位或"运算

"位或"运算的运算符为"|"，它的运算法则是：两个操作数据的二进制表示，只有对应位都是 0，结果位才是 0，否则为 1。如果两个操作数的精度不同，则结果的精度与精度高的操作数相同。

3. "位异或"运算

"位异或"运算的运算符是"^"，它的运算法则是：当两个操作数的二进制表示相同（同时为 0 或同时为 1）时，结果为 0，否则为 1。若两个操作数的精度不同，则结果数的精度与精度高的操作数相同。

4. "位取反"运算

位取反运算也称为"位非"运算，运算符为"~"。"位取反"运算就是将操作数中对应的二进制数 1 修改为 0，0 修改为 1。

5. 左移位运算符<<

左移位运算符<<是将一个二进制操作数向左移动指定的位数，左边（高位端）溢出的位被丢弃，右边（低位端）的空位用 0 补充。左移位运算相当于乘以 2 的 n 次幂。

6. 右移位运算符>>

右移位运算符>>是将一个二进制操作数向右移动指定的位数，右边（低位端）溢出的位被丢弃，而在填充左边（高位端）的空位时，如果最高位是 0（正数），左侧空位填入 0；如果最高位是 1（负数），左侧空位填入 1。右移位运算相当于除以 2 的 n 次幂。

2.6.8 运算符的优先级

运算符的优先级，是指在应用中哪一个运算符先计算，哪一个后计算，与数学中的四则运算应遵循的"先乘除，后加减"是一个道理。Python 运算符的运算规则是：优先级高的运算先执行，优先级低的运算后执行，同一优先级的操作按照从左到右的顺序进行。也可以像四则运算那样使用小括号,括号内的运算最先执行。

常见运算符的优先级,按照从低到高的顺序排列(同一行优先级相同)总结如下。

逻辑运算符:or。

逻辑运算符:and。

逻辑运算符:not。

成员测试:in、not in。

同一性测试:is、is not。

比较:<、<=、>、>=、!=、==。

按位或:|。

按位异或:^。

按位与:&。

移位:<<、>>。

加法与减法:+、-。

乘法、除法与取余:*、/、%。

正负号:+x、-x。

表达式结果类型由操作数和运算符共同决定。

(1) 关系、逻辑和测试运算的结果一定是逻辑值。

(2) 字符串进行连接(+)和重复(*)的结果还是字符串。

(3) 两个整型操作数进行算术运算的结果大多还是整型的。浮点除法(/)的结果是浮点型的。

(4) 幂运算的结果可能是整型的也可能是浮点型的,例如,5**-2 返回 0.04。

(5) 浮点型操作数进行算术运算的结果还是浮点型的。

在编写程序时应尽量使用括号"()"来限定运算次序,以免运算次序发生错误。

小　　结

首先对 Python 的语法特点进行了介绍,主要包括注释、代码缩进和编码规范,然后介绍了 Python 中的保留字、标识符,以及如何定义变量,接下来又介绍了 Python 中的基本数据类型,最后又介绍了基本输入和输出函数的使用。

接下来主要介绍了 Python 中的运算符和表达式。同其他语言类似,最常用的运算符有算术运算符、赋值运算符、比较运算符、逻辑运算符、条件运算符和位运算符。另外,如果在一个表达式中需要同时使用多个运算符,那么必须考虑运算符的优先级,优先级高的要比优先级低的先被执行。

思考与练习

1. 录入学生信息(姓名、年龄、性别、成绩),在一行输出:

我的姓名是:xxx,年龄是:xxx,性别是:xxx,成绩是:xxx

2. 输入一个商品单价、商品数量、收到的金额,计算应该找回多少钱。

3. 输入一个总秒数,计算几小时零几分钟零几秒钟。

4. 古代的称一斤为 16 两,输入两个数,换算出是现代的几斤零几两。

5. 输入一个 4 位整数,例如 1234,计算每位数相加和,例如 1+2+3+4=10。

6. 输入年份,判断是否为闰年(条件 1:年份能被 4 整除,但是不能被 100 整除;条件 2:年份能被 400 整除)。如果是显示 true,否则显示 false。

7. 输入三个数,利用条件运算符获取三个值中的最大值,并输出。

8. 计算汽车平均油耗及费用。小梅最近的轿车里程表显示百公里的油耗比平常低很多,他怀疑数据不准,想编写一个程序,输入加油的钱数以及加油后运行的公里数,算出车辆的油耗,再输入一年运行的公里数,可以计算出一年的用油钱数(假设一年中 95#汽油的价格始终为 8 元)。

9. 华氏温度转换成摄氏温度。我们国家采用的是摄氏温度进行表示,而西欧、英国、美国等其他英语国家普遍使用华氏温度进行表示。将华氏温度换算为摄氏温度的公式为 C=(F−32)×5/9,将摄氏温度换算为华氏温度的公式为 F=(C×9/5)+32。请编写一个程序,将用户输入的华氏温度转换成摄氏温度(保留整数)。

第 3 章 Python 的基本流程控制

流程控制对于任何一门编程语言来说都是非常重要的,因为它提供了控制程序如何执行的方法。如果没有流程控制,整个程序都将按照从上至下的顺序来执行,而不能根据用户的需求决定程序执行的顺序。本章将对 Python 中的选择结构、循环结构、跳转等流程控制语句进行介绍。

3.1 基本语句及顺序结构

语句是 Python 程序的过程构造块,用于定义函数、定义类、创建对象、变量赋值、调用函数、控制分支、创建循环等。Python 语句分为简单语句和复合语句。简单语句包括表达式语句、赋值语句、assert 语句、pass 语句、return 语句、break 语句、continue 语句、import 语句等。复合语句包括 if 语句、while 语句、for 语句、try 语句、函数定义、类定义等。

计算机在解决某个具体问题时,主要有 3 种情形,分别是顺序执行所有的语句、选择执行部分语句和循环执行部分语句。对应程序设计中的 3 种基本结构是顺序结构、选择结构和循环结构。

3.1.1 基本语句

1. 赋值语句

使用赋值号(=)将右边的值(表达式)赋给左边变量的语句称为赋值语句。例如:

```
name='李福'
age=18
score=82.5
value=3+2j
```

上述 4 条赋值语句分别实现:为变量 name 赋值一个字符串,为变量 age 赋值一个整数,为变量 score 赋值一个浮点数,为变量 value 赋值一个复数。

2. 复合型赋值语句

复合赋值语句是使用复合运算符(包括算术复合运算符和位复合运算符)的赋值语句,包括序列赋值、多目标赋值和复合赋值等。

(1) 序列赋值,例如:

```
x,y=10,20
```

序列赋值可以为多个变量分别赋予不同的值,变量之间用英文逗号隔开。实际上是利用元组和序列解包实现的。例如:

```
a,b,c,d,e='hello'
```

上述语句的功能是分别将 5 个字符依次赋值给 5 个变量,a 的值为"h",b 的值为"e",以此类推。又如:

```
name,age,addr,tel=['李四',20,'北京','18601001234']
```

上述语句的功能是分别将右侧的 4 个值赋值给左边的 4 个变量,name 的值为"李四",age 的值为 20,以此类推。

Python 可以通过序列赋值语句实现两个变量值的交换。例如:

```
math=80
English=75
math,English =English,math
```

执行以上两条语句之后,math 与 English 的值发生了互换,math 的值为 75,English 的值为 80。

(2) 多目标赋值。多目标赋值就是将同一个值赋值给多个变量。例如:

```
x=y=z=20
```

多目标赋值通常只用于赋予数值或字符串这种不可变类型,如果欲赋予可变类型(如列表类型),则可能会出现问题。

(3) 复合赋值。
- +=加法赋值运算符:c+=a 等效于 c=c+a。
- -=减法赋值运算符:c-=a 等效于 c=c-a。
- *=乘法赋值运算符:c*=a 等效于 c=c*a。
- /=除法赋值运算符:c/=a 等效于 c=c/a。
- %=取模赋值运算符:c%=a 等效于 c=c%a。
- **=幂赋值运算符:c**=a 等效于 c=c**a。
- //=取整除赋值运算符:c//=a 等效于 c=c//a。

Python 语句涉及许多程序构造要素,将在本书后续章节陆续阐述。

3.1.2 顺序结构

程序工作的一般流程为:数据输入、运算处理、结果输出。顺序结构是指为了解决某些实际问题,自上而下依次执行各条语句,其流程如图 3-1 所示。

图 3-1　顺序结构流程图

下面通过几个例子学习使用顺序结构解决各种常见问题。

【例 3-1】 编写程序,从键盘输入语文、数学、英语三门功课的成绩,计算并输出平均成绩,要求平均成绩小数点后保留1位。

分析:程序的执行流程为:输入三门功课成绩、计算平均成绩、输出平均成绩。输入时使用转换函数将字符串转换为浮点数,输出时采用格式输出方式控制小数点的位数。

```python
chinese=float(input("请输入您的语文成绩:"))
math=float(input("请输入您的数学成绩:"))
english=float(input("请输入您的英语成绩:"))
average=(chinese+math+english)/3
print("您的平均成绩为:%.1f" %average)
```

运行结果:

```
请输入您的语文成绩:80
请输入您的数学成绩:87
请输入您的英语成绩:98
您的平均成绩为:88.3
```

【例 3-2】 编写程序,从键盘输入圆的半径,计算并输出圆的周长和面积。

分析:在计算圆的周长和面积时需要使用 π 的值,Python 的 math 模块中包含常量 pi,通过导入 math 模块可以直接使用该值,然后使用周长和面积公式进行计算即可。

```python
import math
radius=float(input("请输入圆的半径:"))
circumference=2*math.pi*radius
area=math.pi*radius*radius
print("圆的周长为:%.2f" %circumference)
print("圆的面积为:%.2f" %area)
```

运行结果:

```
请输入圆的半径:5
圆的周长为:31.42
圆的面积为:78.54
```

3.2 选择结构

分支结构可以分为单分支结构和多分支结构,用于解决生活中形形色色的选择问题。例如,驾驶员理论考试科目中,成绩达到90分的为合格。

选择结构语句,也称为条件判断语句,即按照条件选择执行不同的代码片段。Python 中选择语句主要有3种形式,分别为 if 语句、if…else 语句和 if…elif…else 多分支语句。

在其他语言中(例如,C、C++、Java 等),选择语句还包括 switch 语句,也可以实现多重选择。但是,在Python中却没有switch语句,所以实现多重选择的功能时,只能使用if…elif…else多分支语句或者if语句的嵌套。

3.2.1 if语句

Python中使用if保留字来组成选择语句。if语句仅处理条件成立的情况,其流程如图3-2所示。从图中可以看出,当表达式的值为真时,执行相应的语句块(一条或多条语句);当表达式的值为假时,直接跳出if语句,执行其后面的语句。语法格式:

if 表达式:
　　语句块

其中,表达式可以是一个单纯的布尔值或变量,也可以是比较表达式或逻辑表达式(例如,a>band a!=c),如果表达式为真,则执行"语句块";如果表达式为假,就跳过"语句块",继续执行后面的语句,这种形式的if语句相当于汉语里的关联词语"如果……就……"。

关键字if与表达式之间用空格隔开,表达式后接英文冒号,语句块中的全部语句均缩进4个空格,如图3-3所示。

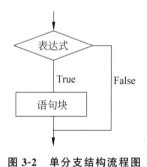

图3-2　单分支结构流程图　　　　图3-3　单分支结构书写格式

if 表达式:
　　语句块

【例3-3】　输入姓名和年龄,判断是否成年。

```
name=input("请输入您的姓名:")
age=int(input("请输入您的年龄:"))
if age>=18:
    print(name,"已经成年")
    print("符合驾照考试规定")
```

运行结果:

请输入您的姓名:李福
请输入您的年龄:20
李福已经成年
符合驾照考试规定

使用if语句时,如果只有一条语句,语句块可以直接写到":"的右侧,例如,"if a>b: max = a",但是为了程序代码的可读性,建议不要这么做。

if 语句使用过程中的常见错误如下。

（1）if 语句后面未加冒号。

（2）使用 if 语句时，如果在符合条件时，需要执行多个语句，但是在第二个输出语句的位置没有缩进。

3.2.2　if…else 语句

生活中经常遇到只能二选一的条件，例如，大学毕业是直接就业还是考研深造。Python 中提供了 if…else 语句解决类似问题，其语法格式如下：

```
if 表达式:
    语句块 1
else:
    语句块 2
```

使用 if…else 语句时，表达式可以是一个单纯的布尔值或变量，也可以是比较表达式或逻辑表达式，如果满足条件，则执行 if 后面的语句块，否则执行 else 后面的语句块，这种形式的选择语句相当于汉语里的关联词语"如果……否则……"。

【例 3-4】　询问年龄，如果年龄大于或等于 18 岁，输出"恭喜！你成年了。"，如果小于 18 岁，输出"要年满 18 岁才成年,你还差 * 岁"。

```
age = int(input("你的年龄是:"))
if age >= 18:
    print("恭喜!你成年了。")
else:
    diff = str(18 - age)
    print("要年满 18 岁才成年,你还差 " + diff + " 岁")
```

运行结果：

```
第一种情况:
你的年龄是:20
恭喜!你成年了。
第二种情况:
你的年龄是:15
要年满 18 岁才成年,你还差 3 岁
```

【例 3-5】　编写程序，从键盘输入三条边的边长，判断是否能够构成一个三角形。如果能，则提示可以构成三角形；如果不能，则提示不能构成三角形。

分析：组成三角形的条件是任意两边之和大于第三边，如果条件成立，则能构成三角形；当条件表达式中的多个条件必须全部成立时，条件之间可用 and 运算符连接起来。

```
side1 = float(input("请输入三角形第一条边:"))
side2 = float(input("请输入三角形第二条边:"))
side3 = float(input("请输入三角形第三条边:"))
if (side1 + side2 > side3) and (side2 + side3 > side1)
```

```
                and (side1 +side3 >side2):
        print(side1,side2,side3,"可以构成三角形")
    else:
        print(side1,side2,side3,"不能构成三角形")
```

运行结果：

请输入三角形第一条边:3
请输入三角形第二条边:4
请输入三角形第三条边:5
3.0 4.0 5.0 可以构成三角形

3.2.3　if…elif…else 语句

if…elif…else 语句主要用于处理多种条件的情况，从而解决现实生活中复杂的多重选择问题，其流程如图 3-4 所示。

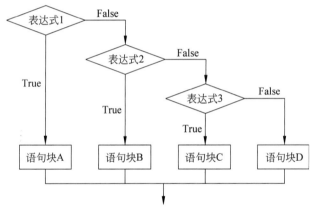

图 3-4　多分支结构流程图

使用 if…elif…else 语句时，表达式可以是一个单纯的布尔值或变量，也可以是比较表达式或逻辑表达式，如果表达式为真，执行语句；而如果表达式为假，则跳过该语句，进行下一个 elif 的判断；只有在所有表达式都为假的情况下，才会执行 else 中的语句。

如果表达式 1 的值为真，则执行相应的语句块 A；如果表达式 1 的值为假，则继续判断表达式 2 的值，如果表达式 2 的值为真，则执行语句块 B；如果表达式 2 的值也为假，则继续判断表达式 3 的值；以此类推，直到所有的表达式都不满足（条件表达式的个数为 1 个或多个）为止，然后执行 else 后面的语句块。

书写格式：关键字 if 与表达式 1 之间用空格隔开，表达式 1 后接英文冒号；所有关键字 elif 均与关键字 if 左对齐，elif 与后面的各个表达式之间用空格隔开，表达式后接英文冒号；关键字 else 与关键字 if 左对齐，后接英文冒号；所有语句块左对齐，即所有语句块中的全部语句均缩进 4 个空格，如图 3-5 所示。

```
if 表达式 1:
    语句块 A
elif 表达式 2:
    语句块 B
elif 表达式 3:
    语句块 C
else:
    语句块 D
```

图 3-5　多分支结构书写格式

【例 3-6】 输入两个数,比较它们的大小并输出其中较大者。

```
x = int(input("请输入第一个整数: "))
y = int(input("请输入第二个整数: "))
if (x == y):
    print("两数相同!")
elif (x > y):
    print("较大数为:", x)
else:
    print("较大数为:", y)
```

运行结果:

请输入第一个整数:2
请输入第二个整数:3
较大数为:3

如果只考虑一种表达式成立或不成立的结果(即没有 elif 分支),则多分支的 if 结构转换为双分支的 if 结构。

在使用分支结构时,需要注意以下事项。

(1) 表达式可以是任意类型,如 5>3,x and y>z,3,0 等。其中,3 表示恒真(即 True),而 0 表示恒假(即 False)。

(2) 可以仅有 if 子句构成单分支结构,但是 else 子句必须与 if 子句配对,不能出现仅有 else 子句没有 if 子句的情况。

(3) 各语句块可以是一条或多条语句,如果是多条语句,则所有语句必须左对齐。

【例 3-7】 编写程序,判断中国合法工作年龄为 18~60 岁,即如果年龄小于 18 的情况为童工,不合法;如果年龄为 18~60 岁为合法工龄;大于 60 岁为法定退休年龄。

```
age = int(input('请输入您的年龄:'))
if age < 18:
    print(f'您的年龄是{age},童工一枚')
elif (age >= 18) and (age <= 60):
    print(f'您的年龄是{age},合法工龄')
elif age > 60:
    print(f'您的年龄是{age},可以退休')
```

运行结果:

请输入您的年龄:20
您的年龄是 20,合法工龄

【例 3-8】 编写程序,调用随机函数生成一个 1~100 的随机整数,从键盘输入数字进行猜谜,给出猜测结果(太大、太小、成功)的提示。

分析:通过引入 random 模块,可以调用其中的 randint(a, b)函数产生介于 a 和 b 之间的随机整数(即产生的随机数大于等于 a 且小于等于 b),然后从键盘输入一个数字与该随机数进行比较,并输出判断结果。

```
import random
randnumber=random.randint(1,100)
guess=int(input("请输入您的猜测:"))
if guess>randnumber:
    print("您的猜测太大")
elif guess<randnumber:
    print("您的猜测太小")
else:
    print("恭喜您猜对了")
```

运行结果:

请输入您的猜测:20
您的猜测太小

3.2.4 分支语句嵌套

当有多个条件需要满足并且条件之间有递进关系时,可以使用分支语句的嵌套。其中,if 子句、elif 子句以及 else 子句中都可以嵌套 if 语句或者 if…elif…else 子句。

书写格式:嵌套的 if 语句要求以锯齿形缩进格式书写,以便分清层次关系。

【例 3-9】 我国的婚姻法规定,男性 22 岁为合法结婚年龄,女性 20 岁为合法结婚年龄。因此如果要判断一个人是否到了合法结婚年龄,首先需要使用双分支结构判断性别,再用递进的双分支结构判断年龄,并输出判断结果。

```
sex=input("请输入您的性别(M或者F):")
age=int(input("请输入您的年龄(1~22):"))
if sex=='M':
    if age>=22:
        print("到达合法结婚年龄")
    else:
        print("未到合法结婚年龄")
else:
    if age>=20:
        print("到达合法结婚年龄")
    else:
        print("未到合法结婚年龄")
```

运行结果:

请输入您的性别(M或者F):F
请输入您的年龄(1~20):28
到达合法结婚年龄

【例 3-10】 编写程序,从键盘输入用户名和密码,要求先判断用户名再判断密码,如果用户名不正确,则直接提示用户名输入有误;如果用户名正确,则进一步判断密码,并给出判断结果的提示。

分析:因为要求先判断用户名再判断密码,所以本程序的一种做法是使用 if 语句的嵌套,外层 if 语句用于判断用户名,用户名正确时进入内层 if 语句判断密码并给出判断结果,如果用户名不正确,则直接给出错误提示。

```
username=input("请输入您的用户名:")
password=input("请输入您的密码:")
if username=="admin":
    if password=="123456":
        print("输入正确,恭喜进入!")
    else:
        print("密码有误,请重试!")
else:
    print("用户名有误,请重试!")
```

运行结果:

请输入您的用户名:admin
请输入您的密码:123456
输入正确,恭喜进入!

【例 3-11】 编写程序,开发一个小型计算器,从键盘输入两个数字和一个运算符,根据运算符(+、-、*、/)进行相应的数学运算,如果不是这 4 种运算符,则给出错误提示。

分析:因为需要根据 4 种运算符号的类别执行相应的运算,所以使用多分支 if…elif…else 语句;对于除法运算而言,由于除数不能为 0,因此需要使用嵌套的 if 语句来判断除数是否为 0,并执行相应的运算。

```
first=float(input("请输入第一个数字:"))
second=float(input("请输入第二个数字:"))
sign=input("请输入运算符号:")
if sign=='+':
    print("两数之和为:",first+second)
elif sign=='-':
    print("两数之差为:",first-second)
elif sign=='*':
    print("两数之积为:",first*second)
elif sign=='/':
    if second!=0:
        print("两数之商为:",first/second)
    else:
        print("除数为 0 错误!")
else:
    print("符号输入有误!")
```

运行结果:

请输入第一个数字:2
请输入第二个数字:3
请输入运算符号:+
两数之和为:5.0

if 选择语句可以有多种嵌套方式,开发程序时可以根据自身需要选择合适的嵌套方式,但一定要严格控制好不同级别代码块的缩进量。

3.3 循环结构

循环问题渗透在日常生活的方方面面,例如,学生上学,每天从宿舍到教室,往返于这两个点。类似这样反复做同一件事的情况,称为循环。

循环主要有两种类型:重复一定次数的循环,称为计次循环,如 for 循环;一直重复,直到条件不满足时才结束的循环,称为条件循环,只要条件为真,这种循环会一直持续下去,如 while 循环。

3.3.1 while 语句

while 循环是通过一个条件来控制是否要继续反复执行循环体中的语句。while 语句用于在满足循环条件时重复执行某件事情,其流程如图 3-6 所示。

从图中可以看出,当表达式的值为真时,执行相应的语句块(循环体),然后再判断表达式的值,如果为真,则继续执行语句块;当表达式的值为假时,检查其后面是否有 else 子句(因为可选,所以流程图未画出),如果有,则执行 else 子句;如果没有,则直接跳出 while 语句,执行其下面的语句。

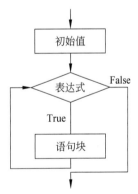

图 3-6　while 循环结构流程图

语法格式:

while 条件表达式:
　　循环体

循环体是指一组被重复执行的语句。

【例 3-12】 将"不忘初心"输出 3 次。

```
i=1
while i<=3:
    print("不忘初心")
    i=i+1
```

运行结果:

不忘初心

不忘初心
不忘初心

在使用 while 语句时,需要注意以下事项。

(1) 与 if 语句类似,while 语句的表达式可以是任意类型,如 x!=y,x>3 or x<5,−5 等。

(2) 循环体中的语句块有可能一次也不执行,例 3-12 中若初始值 i=4,则语句块不会执行。

(3) 语句块可以是一条或多条语句,例 3-12 中 while 子句的语句块为两条语句,else 子句中的语句块为一条语句。

(4) 程序中需要包含使循环结束的语句,例 3-12 中若缺少语句 i=i+1,则程序无法终止。

在 while 循环中,如果表达式的值恒真,循环将一直执行下去,无法靠自身终止,从而产生死循环。例如:

```
while 1:
    print("Python 是一门编程语言")
```

书写程序时,有时要尽量避免死循环,但是在某些特定场合中死循环却具有十分重要的作用,如嵌入式编程、网络编程中等。

【例 3-13】 编写程序,用下列公式计算 π 的近似值,直到最后一项的绝对值小于 10^{-6} 为止。

$$\frac{\pi}{4} \approx 1 - \frac{1}{3} + \frac{1}{5} - \frac{1}{7} + \frac{1}{9} - \cdots$$

分析:观察 π 的计算公式可知,循环变量的初始值为 1,循环条件为循环变量的绝对值大于等于 10^{-6},循环变量值的变化规律如上式所示,每项的分母比前一项增加 2,符号与前一项相反。

```
import math
n=1                              #变量自增值
t=1                              #每项值
total=0                          #π/4 的值
flag=1                           #标记位
while math.fabs(t)>=1e-6:        #当每项值的绝对值大于 1e-6 时进行计算
    total=total+t
    flag=-flag
    n=n+2
    t=flag*1.0/n
print("π=%f" %(total*4))
```

运行结果:

π=3.141591

【例3-14】 取款机输入密码模拟。一般在取款机上取款时需要输入6位银行卡密码,接下来模拟一个简单的取款机(只有1位密码),每次要求用户输入1位数字密码,密码正确则输出"密码输入正确,正进入系统!";如果输入错误,输出"密码输入错误,您已经输入 * 次",密码连续输入错误6次后输出"您的卡将被锁死,请和发卡行联系"。

分析:每次输入1个字符,默认密码为0,连续输入6次错误后提醒并退出。

```
password=0
i=1
while i<7:
    num=input("请输入一位数字密码:")
    num=int(num)
    if num==password:
        print("密码输入正确,正进入系统!")
        i=7
    else:
        print("密码输入错误,您已经输错",i,"次")
        i+=1
if i==7:
    print("您的卡将被锁死,请和发卡行联系!")
```

运行结果:

```
请输入一位数字密码:6
密码输入错误,您已经输错 1 次
请输入一位数字密码:2
密码输入错误,您已经输错 2 次
请输入一位数字密码:0
密码输入正确,正进入系统!
```

3.3.2 for 语句和 range()内建函数

for 循环语句是一个计次循环,通常适用于枚举或遍历序列,以及迭代对象中的元素。一般应用在循环次数已知的情况下。基本语法如下:

```
for 迭代变量 in 对象:
    循环体
```

其中,迭代变量用于保存读取出的值;对象为要遍历或迭代的对象,该对象可以是任何有序的序列对象,如字符串、列表和元组等;循环体为一组被重复执行的语句。

1. 进行数值循环

在使用 for 循环时,最基本的应用就是进行数值循环。循环可以帮助人们解决很多重复的输入或计算问题。利用数值循环输出3遍"不忘初心",代码如下:

```
for i in [1,2,3]:
    print("不忘初心")
```

【例 3-15】 利用数值循环输出列表的值,如输出["pku","tsinghua","fudan","sjtu","nju","zju","ustc"]中的值。

```
for i in ["pku","tsinghua","fudan","sjtu","nju","zju","ustc",
         "hit",xjtu"]:
    print(i)
```

运行结果:

```
pku
tsinghua
fudan
sjtu
nju
zju
ustc
```

利用列表可以输出一些简单重复的内容,但如果循环次数过多,如要实现从1到100的累加,可以使用range()函数。

range()函数是Python内置的函数,用于生成一系列连续的整数,多用于for循环语句中。其语法格式如下:

```
range(start, end, step)
```

参数说明:

- start:用于指定计数的起始值,可以省略,如果省略,默认值为0。
- end:用于指定计数的结束值(但不包括该值,如range(7)得到的值为0~6,不包括7),不能省略。当range()函数中只有一个参数时,即表示指定计数的结束值。
- step:用于指定步长,即两个数之间的间隔可以省略,如果省略则表示步长为1。例如,range(1,7)将得到1、2、3、4、5、6。

若指定 step 为0,则抛出 ValueError 异常。

当 step 为正时,range 的值由公式:r[i]=start+step*i,而 i>=0 并且 r[i]<stop。

当 step 为负时,range 的值由公式:r[i]=start+step*i,而 i>=0 并且 r[i]>stop。

在使用 range()函数时,如果只有一个参数,那么表示指定的是 end;如果是两个参数,则表示指定的是 start 和 end;只有三个参数都存在时,最后一个才表示步长。

【例 3-16】 计算 1+2+3+4+…+100 的结果。

```
print("计算 1+2+3+4+…+100 的结果为:")
result=0
for i in range(1,101,1):
    result +=i
print(result)
```

运行结果:

计算 1+2+3+4+…+100 的结果为:

5050

2. 遍历字符串

使用 for 循环语句除了可以循环数值，还可以逐个遍历字符串。

【例 3-17】 以遍历方式计算出"黑化肥发灰会挥发；灰化肥挥发会发黑"中"发"在字符串中出现的次数。

```
word = '黑化肥发灰会挥发；灰化肥挥发会发黑'
sum = 0
for letter in word:
    if letter == '发':
        sum += 1
print(sum)
```

运行结果：

4

【例 3-18】 编写程序，解决以下问题。

4 个人中有一人做了好事，已知有 3 个人说了真话，根据下面的对话判断是谁做的好事。

A 说：不是我；

B 说：是 C；

C 说：是 D；

D 说：C 胡说。

分析：做好事的人是 4 个人其中之一，因此可以将 4 个人的编号存入列表中，然后使用 for 循环依次判断；有 3 个人说了真话，将编号依次代入，使用 if 语句判断是否满足"3 人说真话"（3 个逻辑表达式的值为真）的条件，如果满足，则输出结果。

```
for iNum in ['A', 'B', 'C', 'D']:
    if (iNum != 'A') + (iNum == 'C') + (iNum == 'D') + (iNum != 'D') == 3:
        print(iNum, "做了好事！")
```

运行结果：

C 做了好事！

3. 迭代对象

从理论上来说，循环对象和 for 循环调用之间还有一个中间层，该层将循环对象转换为可迭代对象。这一转换通过使用 iter() 函数实现。但从逻辑层面上常常可以忽略这一层，所以循环对象和可迭代对象常常相互指代对方。

后续章节所要讲述的列表、元组、字符串、集合等都是可迭代对象。可迭代对象指的是可以返回一个迭代器的对象，如果不清楚哪个是可迭代对象，可以通过 Python 内建的 iter() 函数测试。例如 print(iter(range(1,100,1)))，运行后显示：<range_iterator object at 0x000000000209F750>，即 iter() 函数为 range 返回了 range_iterator 对象。

3.3.3 循环语句嵌套

在 Python 中,允许在一个循环体中嵌入另一个循环,这称为循环嵌套。在 Python 中,for 循环和 while 循环都可以进行循环嵌套。

为了解决复杂的问题,可以使用循环语句的嵌套,嵌套层数不限,但是循环的内外层之间不能交叉。其中,双层循环是一种常用的循环嵌套,循环的总次数等于内外层次数之积。例如:

```
for i in range(1,3):
    for j in range(1,4):
        print (i*j,end=" ")
```

当外层循环变量 i 的值为 1 时,内层循环 j 的值从 1 开始,输出 i*j 的值并依次递增,因此输出"1 2 3",内层循环执行结束;然后回到外层循环,i 的值递增为 2,内层循环变量 i 的值重新从 1 开始,输出 i*j 的值,并依次递增,输出"2 4 6"。因此,程序的运行结果为"1 2 3 2 4 6"。

【例 3-19】 编写程序,使用双重循环输出九九乘法表。

分析:由于需要输出 9 行 9 列的二维数据,因此需要使用双重循环,外层循环用于控制行数,内层循环用于控制列数。为了规范输出格式,可以使用 print 语句的格式控制输出方式。其中,"\t"的作用是跳到下一个制表位。

```
for i in range(1,10):
    for j in range(1,i+1):
        d=i * j
        print('%d*%d=%-2d'%(j,i,d),end = ' ')
    print()
```

运行结果:

```
1*1=1
1*2=2  2*2=4
1*3=3  2*3=6  3*3=9
1*4=4  2*4=8  3*4=12 4*4=16
1*5=5  2*5=10 3*5=15 4*5=20 5*5=25
1*6=6  2*6=12 3*6=18 4*6=24 5*6=30 6*6=36
1*7=7  2*7=14 3*7=21 4*7=28 5*7=35 6*7=42 7*7=49
1*8=8  2*8=16 3*8=24 4*8=32 5*8=40 6*8=48 7*8=56 8*8=64
1*9=9  2*9=18 3*9=27 4*9=36 5*9=45 6*9=54 7*9=63 8*9=72 9*9=81
```

【例 3-20】 编写程序,使用双重循环输出如图 3-7 所示三角形图案。

分析:观察可知图形包含 5 行,因此外层循环执行 5 次;每行的内容由三部分组成:第一部分为输出空格,第二部分为输出星号,第三部分为输出回车,分别通过两个 for 循环和一条 print 语句实现。

```
        *
       ***
      *****
     *******
    *********
```

图 3-7 三角形图案

```
for i in range(1,6):
    for j in range(5-i):
        print(" ",end=" ")
    for j in range(1,2*i):
        print("*",end=" ")
print("\n")
```

3.4 转移和中断语句

当循环条件一直满足时,程序将会一直执行下去。如果希望在中间离开循环,也就是 for 循环结束计数之前,或者 while 循环找到结束条件之前,有以下两种途径。

(1) 使用 break 语句完全终止循环。
(2) 使用 continue 语句直接跳到下一次循环。

3.4.1 break 语句

break 语句可以终止当前的循环,包括 while 和 for 在内的所有控制语句。以独自一人沿着操场跑步为例,原计划跑 10 圈。可是在跑到第 3 圈的时候,遇到自己的女神或者男神,于是果断停下来,终止跑步,这就相当于使用了 break 语句提前终止了循环。

break 语句的语法比较简单,只需要在相应的 while 或 for 语句中加入即可。break 语句一般会结合 if 语句进行搭配使用,表示在某种条件下跳出循环。如果使用嵌套循环,break 语句将跳出最内层的循环。

1. 在 while 语句中使用 break 语句

一般语法格式:

while 条件表达式 1:
　　执行代码
　　if 条件表达式 2:
　　　　break

其中,条件表达式 2 用于判断何时调用 break 语句跳出循环。

【例 3-21】 输出字母或数字的 ASCII 值。编写一个程序,用户输入字母和数字时,输出该字母或数字的 ASCII 值。当用户输入非数字或字母(如特殊符号"@""*"等)时,退出程序。(数字 0~9 的 ASCII 值为 48~57,字母 A~Z,a~z 的 ASCII 值为 65~90,97~122。)

分析:通过 ord()函数判断字符的 ASCII 码值,如果输入字母或数字,输出 ASCII 值。如果遇到 7,退出。

```
strnum="0"
while ord(strnum) !=55:                #输入数字 7,输出 7 的 ASCII 码值,然后退出程序
    strnum =input("请输入一个字母或数字:")
    if len(strnum) ==1:
```

```
            if ord(strnum) in range(65,91) or ord(strnum) in range(97,123)
                    or ord(strnum) in range(48,58):
                print(ord(strnum))
            else:
                print("输入字符不合法,退出程序!")
                break
    else:
        print("输入长度超过一个字符,请重新输入")
        strnum="0"
```

2. 在 for 语句中使用 break 语句

一般语法格式：

```
for 迭代变量 in 对象:
    if 条件表达式:
        break
```

其中,条件表达式用于判断何时调用 break 语句跳出循环。

【例 3-22】 输入一个整数,判断是否为素数。只能被 1 和自身整除的数字为素数。例如输入 9,判断 9 能否被 2~8 整除,如果能,说明不是素数;如果都不能,说明是素数。

```
number=int(input("请输入整数:"))    #9    2~8

if number<2:
    print("不是素数")
else:
    for i in range(2, number):
        if number%i==0:
            print("不是素数")
            break             #如果有结论了,就不需要再和后面的数字比较了
        else:
            print("是素数")
```

3. 半路循环

前面介绍过死循环的概念,在死循环程序中,通过添加 break 语句终止程序的执行,称为半路循环。

【例 3-23】 通过输入一行字符,演示半路循环的使用。

```
number=1
while 1:
    print("Python是一门编程语言")
    if number>=5:
        break
    number=number+1
```

运行结果：

```
Python是一门编程语言
Python是一门编程语言
Python是一门编程语言
Python是一门编程语言
Python是一门编程语言
```

3.4.2 continue 语句

continue 语句的作用没有 break 语句强大,它只能终止本次循环而提前进入到下一次循环中。仍然以独自一人沿着操场跑步为例,原计划跑步 10 圈。当跑到第 2 圈一半的时候,遇到自己的女神或者男神也在跑步,于是果断停下来,跑回起点等待,制造一次完美邂逅,然后从第 3 圈开始继续。

continue 语句的语法比较简单,只需要在相应的 while 或 for 语句中加入即可。continue 语句一般会结合 if 语句进行搭配使用,表示在某种条件下,跳过当前循环的剩余语句,然后继续进行下一轮循环。如果使用嵌套循环,continue 语句将只跳过最内层循环中的剩余语句。

1. 在 while 语句中使用 continue 语句

一般语法结构:

```
while 条件表达式 1
    执行代码
if 条件表达式 2
    continue
```

其中,条件表达式 2 用于判断何时调用 continue 语句跳出循环,开始下一次循环。

【例 3-24】 编写重复猜数游戏。要求:如果没有猜对,提示大了或小了;如果猜对了,提示正确,并显示猜了多少次。

```
import random
#生成随机数(包含两端)
random_number = random.randint(1, 100)

count = 0
while True:
    count += 1
    input_number = int(input("请输入:"))
    if input_number > random_number:
        print("大了")
    elif input_number < random_number:
        print("小了")
    else:
        print("正确,猜了"+str(count)+"次")
        break
```

运行结果：

请输入:68
小了
请输入:98
大了
请输入:

由于是随机产生的数,每次运行的判断是不同的。

2. 在 for 语句中使用 continue 语句

一般语法结构：

```
for 迭代变量 in 对象:
    if 条件表达式:
        continue
```

其中,条件表达式用于判断何时调用 continue 语句跳出循环。

【例 3-25】 编写程序,从键盘输入一段文字,如果其中包括"色"字(可能出现 0 次、1 次或者多次),则输出时过滤掉该字,其他内容原样输出。

分析：从键盘输入一段文字,可以使用 for 循环依次取出其中的每个字,然后通过 if 语句进行判断,如果有"色"字,则使用 continue 语句跳出本次循环(不输出该字),进入下一轮循环条件的判断。

```
sentence=input("请输入一段文字:")
for word in sentence:
    if word=="色":
        continue
    print(word,end="")
```

运行结果：

请输入一段文字:谈虎色变
谈虎变

【例 3-26】 编写程序,从键盘输入密码,如果密码长度小于 6,则要求重新输入。如果长度等于 6,则判断密码是否正确,如果正确则中断循环,否则提示错误并要求继续输入。

分析：因为程序没有执行次数规定,所以循环条件设置为恒真,首先判断输入长度,如果输入长度过短,则直接使用 continue 语句中断本轮循环并进入下一轮输入；如果输入长度正确,则进行密码判断,如果正确,则使用 break 语句中断循环,否则提示错误并进入下一轮输入。

```
while 1:
    password=input("请输入密码:")
    if len(password)<6:
        print("长度为 6 位,请重试!")
```

```
            continue
        if password=="123456":
            print("恭喜您,密码正确!")
            break
        else:
            print("密码有误,请重试!")
```

运行结果:

```
请输入密码:123
长度为6位,请重试!
请输入密码:123456
恭喜您,密码正确!
```

【例3-27】 逢7拍腿游戏。几个朋友一起玩"逢7拍腿"游戏,即从1开始依次数数,当数到7(包括尾数是7的情况)或7的倍数时,则不说出该数,而是拍一下腿。现在编写程序,计算从1数到99,一共要拍多少次腿?(前提是每个人都没有出错的情况下。)

解题思路:通过在for循环中使用continue语句实现"逢7拍腿"游戏,即计算从1数到100(不包括100),一共要拍多少次腿。

```
total=99
for num in range(1,100):
    if num%7==0:
        continue
    else:
        strnum=str(num)
        if strnum.endswith('7'):      #判断是否以7结束
            continue
        total-=1
print("从1数到99共拍腿",total,"次")
```

运行结果:

```
从1数到99共拍腿 22 次
```

3.4.3 pass语句

在Python中还有一个pass语句,表示空语句。它不做任何事情,一般起到占位作用。

【例3-28】 在应用for循环输出10~20(不包括20)的偶数时,在不是偶数时,使用pass语句占个位置,方便以后对不是偶数的数进行处理。

```
for i in range(10,20):
    if i%2==0:
        print(i,end=' ')
    else:
```

```
        pass
```

运行结果：

```
10 12 14 16 18
```

3.5 while…else 与 for…else 语句

与别的编程语言不一样的是 Python 还支持这样的语法：while…else 与 for…else 语句。当 while…else 和 for…else 中有 break 或者 return 的时候，会跳出 while 块，又因为 while 和 else 是一个整体，所以就跳出 else，不执行 else，所以只要没有 break 或者 return，不管 while 是否执行，都会执行 else 语句(continue 也是可以执行 else)。

3.5.1 while…else 语句

while…else 有点儿类似于 if…else，在 Python 中，while 只要遇到了 else，就意味着这个条件已经不在 while 循环中了。

【例 3-29】 编写程序，随机产生骰子的一面(数字 1~6)，给用户三次猜测机会，程序给出猜测提示(偏大或偏小)。如果某次猜测正确，则提示正确并中断循环；如果三次均猜错，则提示机会用完。

分析：使用随机函数产生随机整数，设置循环初值为 1，循环次数为 3，在循环体中输入猜测并进行判断，如果密码正确则使用 break 语句中断当前循环。

```
import random
point=random.randint(1,6)
count=1
while count<=3:
    guess=int(input("请输入您的猜测:"))
    if guess>point:
        print("您的猜测偏大")
    elif guess<point:
        print("您的猜测偏小")
    else:
        print("恭喜您猜对了")
        break
    count=count+1
else:
    print("很遗憾,三次全猜错了!")
```

运行结果：

请输入您的猜测:23
您的猜测偏大
请输入您的猜测:1

您的猜测偏小
请输入您的猜测:3
您的猜测偏小
很遗憾,三次全猜错了!

3.5.2 for…else 语句

在 Python 中的 for 循环之后还可以有 else 子句,作用是如果 for 循环中的 if 条件一直不满足,则最后就执行 else 语句。在 for 循环中加了 break 语句后,循环会在 if 条件满足时退出,后面的 else 语句不执行。

【例 3-30】 for…else 语句应用示例。猜年龄游戏,通过输入一个年龄,然后判断是猜大了还是猜小了。若猜错超过 3 次,提示"对不起,次数到了!"。

```
age_old_boy = 60
for i in range(3):
    guess_age = int(input("请输入年龄:"))
    if guess_age == age_old_boy:
        print("猜对了!")
        break
    elif guess_age > age_old_boy:
        print("猜大了!")
    else:
        print("猜小了!")
else:
    print("对不起,次数到了!")
```

运行结果:

```
请输入年龄:28
猜小了!
请输入年龄:56
猜小了!
对不起,次数到了!
```

3.6　循环与选择结构的应用案例

借助用 for 循环实现 ATM 系统登录。首先,输入用户名和密码,然后判断用户名和密码是否正确(username='admin',userpwd='abc'),其中,登录仅有 3 次机会,超过 3 次会报错,并提示吞卡。

用户登录情况有 3 种:
用户名错误(此时便无须判断密码是否正确)　--登录失败
用户名正确密码错误　--登录失败
用户名正确密码正确　--登录成功

具体实现:
```python
print('欢迎使用ATM系统'.center(20,'*'))
#记录登录次数
count = 0
for i in range(3):
    #接收用户输入的用户名和密码
    print("请输入用户名和密码:")
    username = input('用户名:')
    userpwd = input('密码:')
    #每输入一次登录次数便加1
    count += 1
    #判断用户名是否正确
    if username == 'admin':
        #判断密码是否正确
        if userpwd == 'abc':
            print('登录系统成功!')
            #登录成功则退出系统
            break
        else:
            print('登录失败,密码错误!')
            #总的次数为3,剩余次数即为(3-登录次数)
            print('你还有%s次机会' %(3-count))
    else:
        print('登录失败,该用户不存在!')
        print('你还有%s次机会' %(3-count))
else:
    print('很抱歉,已吞卡。请联系管理员。')
```

运行结果:

```
*****欢迎使用ATM系统******
请输入用户名和密码:
用户名:admin
密码:123
登录失败,密码错误!
你还有2次机会
请输入用户名和密码:
用户名:root
密码:abc
登录失败,该用户不存在!
你还有1次机会
请输入用户名和密码:
用户名:admin
密码:abc
登录系统成功!
```

小　　结

本章详细介绍了选择结构语句、循环结构语句、break 和 continue 跳转语句以及 pass 语句的概念及用法。在程序中,语句是程序完成一次操作的基本单位,而流程控制语句是用于控制语句的执行顺序。要重点掌握 if 语句、while 语句和 for 语句的用法。

思考与练习

1. 有一个三位整数,请逆序输出它的各位数字。例如,123 输出为 321。

2. 设计一个温度换算器,实现华氏度、摄氏度、开氏度之间的相互转换。其中,摄氏度＝(华氏度－32)/1.8;华氏度＝摄氏度×1.8＋32;开氏度＝摄氏度＋273.15。

3. 输入一个整数,判断如果是奇数则显示奇数,否则显示偶数。

4. 输入一个整数,如果是整数则打印"正数";如果是负数则打印"负数";如果是零则打印"零"。

5. 输入出生年和月,然后计算出接下来的生日距离今天还有多少天。

6. 输入一个年份,如果是闰年则显示闰年,否则显示平年。

7. 设计一个收款程序,如果金额不足,提示还差多少钱;如果金额够,提示应找回多少钱。其中,如果总金额到达 100 元,打 9 折。

8. 输入一个季度,首先判断是否为 1～4,然后判断该季度有哪几个月份,并显示该季度中的月份。

9. 输入一个月份,首先判断是否为 1～12,然后判断返回该月份的天数。

10. 输入两个整数,一个作为开始值,一个作为结束值,然后输出中间的数字。

11. 编写随机加法考试程序。要求是随机产生两个数字,相加结果,总共 10 道题。如果输入正确成绩累加 2 分,如果输入错误成绩扣除 5 分。

12. 应用 continue 语句,计算 1～100 能被 3 整除的整数和。

13. 编写一个程序,找出所有的水仙花数(所谓水仙花数,就是一个 3 位数等于各位数字的立方和)。

14. 爱因斯坦曾出过这样一道有趣的数学题:有一个长阶梯,若每步上 2 阶,最后剩 1 阶;若每步上 3 阶,最后剩 2 阶;若每步上 5 阶,最后剩 4 阶;若每步上 6 阶,最后剩 5 阶;只有每步上 7 阶,最后刚好一阶也不剩。请编程求解该阶梯至少有多少阶。

15. 设计一个验证用户密码程序,用户只有三次输入错误机会,不过如果用户输入的内容中包含"＊"则不计算在内。

第 4 章 Python 的 4 种典型序列结构

在数学里,序列也称为数列,是指按照一定顺序排列的一组数。而在程序设计中,序列是一种常用的数据存储方式,几乎每一种程序设计语言都提供了类似的数据结构。例如,C 语言或 Java 中的数组等。

在 Python 中序列是最基本的数据结构。它是一块用于存放多个值的连续内存空间。Python 中内置了 4 种常用的序列结构,分别是列表、元组、集合和字典。本章将详细介绍序列,以及列表和元组的使用方法。

4.1 序　　列

4.1.1 序列概述

序列是一块用于存放多个值的连续内存空间,并且按一定顺序排列,每一个值(称为元素)都分配一个数字,称为索引或位置。通过该索引可以取出相应的值。例如,可以把一家酒店看作一个序列,那么酒店里的每个房间都可以看作这个序列的元素;而房间号就相当于索引,可以通过房间号找到对应的房间。

4.1.2 序列的基本操作

1. 索引

列中的每一个元素都有一个编号,也称为索引。这个索引是从 0 开始递增的,即下标为 0 表示第一个元素,下标为 1 表示第 2 个元素,以此类推。"下标"又叫"索引",就是编号。例如火车座位号,按照座位号可快速找到对应的座位。同理,下标的作用即是通过下标快速找到对应的数据,如图 4-1 所示。

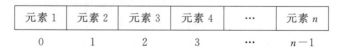

图 4-1　序列的正数索引

Python 比较神奇,它的索引可以是负数。这个索引从右向左计数,也就是从最后一个元素开始计数,即最后一个元素的索引值是 −1,倒数第二个元素的索引值为 −2,以此类推,如图 4-2 所示。

元素 1	元素 2	元素 3	元素 4	…	元素 n−1	元素 n
−n	−(n−1)	−(n−2)	−(n−3)	…	−2	−1

图 4-2 序列的负数索引

在采用负数作为索引值时,是从−1开始的,而不是从0开始,即最后一个元素的下标为−1,这是为了防止与第一个元素重合。

通过索引可以访问序列中的任何元素。

例如,定义一个包括9个元素的列表,要访问它的第三个元素和最后一个元素。

```
c=["pku","tsinghua","fudan","sjtu","nju","zju","ustc","hit","xjtu"]
print(c[2])
print(c[-1])
```

运行结果:

```
fudan
xjtu
```

2. 切片

切片是指对操作的对象截取其中一部分的操作,即从容器中取出相应的元素重新组成一个容器。切片操作是访问序列中元素的另一种方法,它可以访问一定范围内的元素。通过切片操作可以生成一个新的序列。

实现切片操作的语法格式如下:

sname[start : end : step]

参数说明:

- sname:表示序列的名称。
- start:表示切片的开始位置(包括该位置),如果不指定则默认为0。
- end:表示切片的截止位置(不包括该位置),如果不指定则默认为序列的长度。
- step:表示切片的步长,如果省略则默认为1,当省略该步长时,最后一个冒号也可以省略。步长值不能为0。

切片选取的区间属于左闭右开型,即从"起始"位开始,到"结束"位的前一位结束(不包括结束位本身)。根据步长的取值,可以分为如下两种情况。

(1) 步长大于0。按照从左到右的顺序,每隔"步长−1"(索引间的差值仍为步长值)个字符进行一次截取。此时,"起始"指向的位置应该在"结束"指向的位置的左边,否则返回值为空。

若程序使用下标太大的索引(即下标值大于字符串实际的长度)获取字符时,肯定会导致越界异常。但是,Python处理了那些没有意义(超出了本身的长度)的切片索引,一个多大的索引值将被字符串的实际长度所代替,如果上边界比下边界大时(即切片起始的值大于结束的值)则会返回空字符串。

(2) 步长小于0。按照从右到左的顺序,每隔"步长−1"(索引间的差值仍为步长值个字符进行一次截取。此时,"起始"指向的位置应该在"结束"指向的位置的右边,即起始位置的索引必须大于结束位置的索引,否则返回值为空。

利用下标的组合可截取原字符串的全部字符或部分字符。如果截取的是字符串的部分字符,则会开辟新的空间来临时存放这个截取后的字符串。

【例 4-1】 在 C9 高校联盟的列表中,通过切片获取第 2 个到第 6 个元素。

```
c=["pku","tsinghua","fudan","sjtu","nju","zju","ustc","hit","xjtu"]
print(c[1:6])
```

运行结果:

```
['tsinghua', 'fudan', 'sjtu', 'nju', 'zju']
```

在进行切片操作时,如果指定了步长,那么将按照该步长遍历序列的元素,否则将一个一个地遍历序列。如果想要复制整个序列,可以将 start 和 end 参数都省略,但是中间的冒号需要保留。

利用切片从中取出一部分使用的方法如下。

(1) 切片使用第一个元素和最后一个元素的索引,中间使用冒号分隔,并使用中括号[]括起来,形成切片。

(2) 如果从列表第一个元素开始,切片中第一个元素的索引可以省略,如 c[:9]。

(3) 如果切片到最后一个元素结束,切片中最后一个元素的索引可以省略,如 c[9:]。

(4) 切片可以使用 for 循环进行遍历。

3. 序列相加(连接)

在 Python 中支持两种相同类型的序列进行相加操作,即将两个序列进行连接,使用加(+)运算符实现。

【例 4-2】 将如下两个列表相加。

```
c1=["fudan","sjtu","nju","zju","ustc"]
c2=["pku","tsinghua","fudan","xjtu"]
print(c1+c2)
```

运行结果:

```
['fudan', 'sjtu', 'nju', 'zju', 'ustc', 'pku', 'tsinghua', 'fudan', 'xjtu']
```

从上面的输出结果中可以看出,两个列表被合为一个列表了。

在进行序列相加时,相同类型的序列是指,同为列表、元组或集合等,序列中的元素类型可以不同。但是不能是列表和元组相加,或者列表和字符串相加。

【例 4-3】 两个序列中的元素不同类型相加。

```
year=[1898,1911,1905,1896,1902,1897,1958,1920,1896]
c=["pku","tsinghua","fudan","sjtu","nju","zju","ustc","hit","xjtu"]
print(year+c)
```

运行结果:

```
[1898, 1911, 1905, 1896, 1902, 1897, 1958, 1920, 1896, 'pku', 'tsinghua', 'fudan',
'sjtu', 'nju', 'zju', 'ustc', 'hit', 'xjtu']
```

4．序列乘法

在 Python 中，使用数字 n 乘以一个序列会生成新的序列。新序列的内容为原来序列被重复 n 次的结果。

【例 4-4】 将一个序列乘以 3 生成一个新的序列并输出，从而达到"重要事情说三遍"的效果。

```
love=["我是爱你的"]
print(love * 3)
```

运行结果：

```
['我是爱你的','我是爱你的','我是爱你的']
```

在进行序列的乘法运算时，还可以实现初始化指定长度列表的功能。例如，下面的代码将创建一个长度为 5 的列表，列表的每个元素都是 None，表示什么都没有。

```
emptylist=[None] * 5
```

5．检查某个元素是否是序列的成员（元素）

在 Python 中，可以使用 in 关键字检查某个元素是否是序列的成员，即检查某个元素是否包含在该序列中。语法格式如下：

```
value in sequence
```

参数说明：
- value：表示要检查的元素。
- sequence：表示指定的序列。

【例 4-5】 检查名称为 c 的序列中是否包含元素"hit"。

```
c=["pku","tsinghua","fudan","sjtu","nju","zju","ustc","hit","xjtu"]
print("hit" in c)
```

运行结果：

```
True
```

在 Python 中，也可以使用 not in 关键字实现检查某个元素是否不包含在指定的序列中。

6．计算序列的长度、最大值和最小值

在 Python 中，提供了内置函数计算序列的长度、最大值和最小值。分别是：使用 len() 函数计算序列的长度，即返回序列包含多少个元素；使用 max() 函数返回序列中的最大元素；使用 min() 函数返回序列中的最小元素。

【例 4-6】 定义一个包括 9 个元素的列表，并通过 len() 函数计算列表的长度、最大元素、最小元素。

```
year=[1898,1911,1905,1896,1902,1897,1958,1920,1896]
```

```
print("在 year 序列的长度:",len(year),",","其中,最大值为:",max(year),"最小值为:",
min(year))
```

运行结果:

在 year 序列的长度:9,其中,最大值为:1958 最小值为:1896

除了上面介绍的 3 个内置函数,Python 还提供了如表 4-1 所示的内置函数。

表 4-1 Python 提供序列内置函数及其作用

内 置 函 数	功 能
list()	将序列转换为列表
str()	将序列转换为字符串
sum()	计算元素和
sorted()	对元素进行排序
reversed()	反向序列中的元素
enumerate()	将序列组合为一个索引序列,多用在 for 循环中
zip()	返回几个列表压缩成的新列表

4.2 列　　表

Python 中的列表是由一系列按特定顺序排列的元素组成的。它是 Python 中内置的可变序列。在形式上,列表的所有元素都放在一对中括号"[]"中,两个相邻元素间使用逗号","分隔。在内容上,可以将整数、实数、字符串、列表、元组等任何类型的内容放入到列表中,并且同一个列表中,元素的类型可以不同,因为它们之间没有任何关系。由此可见,Python 中的列表是非常灵活的,这一点与其他语言是不同的。

4.2.1 列表的创建与删除

1. 列表的创建与删除

使用赋值运算符直接创建列表。同其他类型的 Python 变量一样,创建列表时,也可以使用赋值运算符"="直接将一个列表赋值给变量,具体的语法格式如下:

```
listname=[元素 1,元素 2,元素 3,…,元素 n]
```

参数说明:

- listname:表示列表的名称,可以是任何符合 Python 命名规则的标识符。
- 元素 1、元素 2、元素 3、…、元素 n:表示列表中的元素,个数没有限制,并且只要是 Python 支持的数据类型就可以。

例如:

```
list1 = ['physics', 'chemistry', 1997, 2000]
list2 = [1, 2, 3, 4, 5]
```

```
list3 = ["a", "b", "c", "d"]
```

2. 创建空列表

在 Python 中也可以创建空列表,例如,要创建一个名称为 emptylist 的空列表,可以使用如下代码:

```
emptylist=[]
```

3. 创建数值列表

在 Python 中,数值列表很常用。例如,在考试系统中记录学生的成绩,或者在游戏中记录每个角色的位置,各个玩家的得分情况等都可应用数值列表。在 Python 中,可以使用 list() 函数直接将 range() 函数循环出来的结果转换为列表。

list() 函数的基本语法如下:

```
list(data)
```

参数说明:

- data:表示可以转换为列表的数据,其类型可以是 range 对象、字符串、元组或者其他可迭代类型的数据。

例如,创建一个 10~20(不包括 20)中所有偶数的列表,可以使用下面的代码:

```
list(range(10, 20, 2))
```

使用 list() 函数时,不仅能通过 range 对象创建列表,还可以通过其他对象创建列表。

4. 删除列表

对于已经创建的列表,不再使用时,可以使用 del 语句将其删除。语法格式如下:

```
del listname
```

参数说明:

- listname:要删除列表的名称。

del 语句在实际开发时,并不常用。因为 Python 自带的垃圾回收机制会自动销毁不用的列表,所以即使不手动将其删除,Python 也会自动将其回收。在删除列表前,一定要保证输入的列表名称是已经存在的,否则将出现错误。

4.2.2 列表元素的访问与遍历

1. 采用下标法访问列表元素

在 Python 中,如果想将列表的内容输出也比较简单,可以直接使用 print() 函数。在输出列表时,是包括左右两侧的中括号的。如果不想要输出全部的元素,也可以通过列表的索引获取指定的元素,即使用下标索引来访问列表中的值,同样也可以使用方括号的形式截取字符。在输出单个列表元素时,不包括中括号,如果是字符串,不包括左右的引号。

【例 4-7】 下标法访问列表元素示例。

```
list1 = ["高铁","扫码支付","共享单车","网购"];
list2 = ["pku","tsinghua","fudan","sjtu","nju","zju",
```

"ustc","hit","xjtu"];

print ("list1[0]: ", list1[0])
print ("list2[1:5]: ", list2[1:5])

运行结果：

list1[0]:　高铁
list2[1:5]:　['tsinghua', 'fudan', 'sjtu', 'nju']

2. 遍历列表

列表的循环遍历是指依次打印列表中的各个数据。在 Python 中遍历列表的方法有多种，下面介绍 5 种常用的方法。

（1）直接使用 for 循环实现。直接使用 for 循环遍历列表，只能输出元素的值。它的语法格式如下：

```
for item in listname
    输出语句
```

参数说明：

- item：用于保存获取到的元素值，要输出元素内容时，直接输出该变量即可。
- listname：列表名称。

【例 4-8】 用 for 语句输出对目前生活产生影响的四个方面：高铁、扫码支付、共享单车和网购。

```
modern = ["高铁","扫码支付","共享单车","网购"]
for item in modern:
    print(item)
```

运行结果：

高铁
扫码支付
共享单车
网购

（2）使用 for 循环和 enumerate() 函数实现。使用 for 循环和 enumerate() 函数可以实现同时输出索引值和元素内容的功能。它的语法格式如下：

```
for index,item in enumerate(listname)
    输出列表的 index 和 item
```

参数说明：

- index：用于保存元素的索引。
- item：用于保存获取到的元素值，要输出元素内容时，直接输出该变量即可。
- listname：列表名称。

enumerate() 函数用于将一个可遍历的数据对象（如列表、元组或字符串）组合为一个索引序列，同时列出数据和数据下标，一般用在 for 循环当中。其语法结构为：

```
enumerate(sequence, [start=0])
```

参数说明：

- sequence：一个序列、迭代器或其他支持迭代对象。
- start：下标起始位置。

【例 4-9】 请输出科技对生活改变的四个方面：高铁、扫码支付、共享单车和网购。

```
modern =["高铁","扫码支付","共享单车","网购"]
for index,item in enumerate(modern):
    print(index,item)
```

运行结果：

0 高铁
1 扫码支付
2 共享单车
3 网购

（3）利用 while 语句输出列表的各个元素。

【例 4-10】 用 while 语句输出对目前生活产生影响的四个方面：高铁、扫码支付、共享单车和网购。

```
modern =["高铁","扫码支付","共享单车","网购"]
i = 0
while i < len(modern):
    print(modern[i])
    i += 1
```

运行结果：

高铁
扫码支付
共享单车
网购

（4）利用索引遍历。

【例 4-11】 用索引输出对目前生活产生影响的四个方面：高铁、扫码支付、共享单车和网购。

```
modern =["高铁","扫码支付","共享单车","网购"]
for index in range(len(modern)):
    print(modern[index])
```

运行结果：

高铁
扫码支付
共享单车

网购

（5）利用iter()生成迭代器遍历。iter()方法的语法为：

```
iter(object[, sentinel])
```

参数说明：

- object：支持迭代的集合对象。
- sentinel：如果传递了第二个参数，则参数object必须是一个可调用的对象（如函数），此时，iter创建了一个迭代器对象，每次调用这个迭代器对象的__next__()方法时，都会调用object。

【例4-12】 用索引输出对目前生活产生影响的四个方面：高铁、扫码支付、共享单车和网购。

```
modern=["高铁","扫码支付","共享单车","网购"]
for val in iter(modern):
    print(val)
```

运行结果：

高铁
扫码支付
共享单车
网购

4.2.3 列表元素的常用操作

列表可以一次性存储多个数据，且可以为不同数据类型。由于列表可以一次性存储多个数据，可以对这些数据进行的操作有：增、删、改、查。增加、修改和删除列表元素也称为更新列表。在实际开发时，经常需要对列表进行更新。

1. 增加元素方法

在4.1.2节序列的基本操作中介绍了可以通过"＋"号将两个序列连接，通过该方法也可以实现为列表增加元素。但是这种方法的执行速度要比直接使用列表对象的append()方法慢，所以建议在实现增加元素时，使用列表对象的append()方法实现。

（1）append()方法。append()方法用于在列表末尾添加新的对象。语法格式为：

```
listname.append(obj)
```

参数说明：

- listname：要添加元素的列表名称。
- obj：要添加到列表末尾的对象。
- 返回值：该方法无返回值，但是会修改原来的列表。

【例4-13】 请输出科技对生活改变的四个方面：高铁、扫码支付、共享单车和网购。

```
modern=["高铁","扫码支付","共享单车","网购"]
```

```
modern.append("科技改变了生活方式")
print(modern)
```

运行结果：

['高铁', '扫码支付', '共享单车', '网购', '科技改变了生活方式']

由上述例子可以看出：

① 列表追加数据的时候，直接在原列表里面追加了指定数据，即修改了原列表，故列表为可变类型数据。

② 列表可包含任何数据类型的元素，单个列表中的元素无须全为同一类型。append()方法向列表的尾部添加一个新的元素。

③ 列表是以类的形式实现的。"创建"列表实际上是将一个类实例化。因此，列表有多种方法可以操作。

如果 append()追加的数据是一个序列，则追加整个序列到列表。

（2）extend()方法。extend()方法用于在列表末尾一次性追加另一个序列中的多个值(用新列表扩展原来的列表)，如果数据是一个序列，则将这个序列的数据逐一添加到列表。extend()方法语法为：

```
list.extend(seq)
```

参数说明：

- seq：元素列表，可以是列表、元组、集合、字典，若为字典，则仅会将键(key)作为元素依次添加至原列表的末尾。
- 返回值：该方法没有返回值，但会在已存在的列表中添加新的列表内容。

【例 4-14】 extend()方法的应用。

```
modern = ["高铁","扫码支付","共享单车","网购"]
modern.extend("科技改变未来")
print(modern)
```

运行结果：

['高铁', '扫码支付', '共享单车', '网购', '科', '技', '改', '变', '未', '来']

extend()方法也可以给列表添加不同数据类型。

【例 4-15】 extend()方法给列表添加不同数据类型示例。

```
#语言列表
language = ['French', 'English', 'German']
#列表
language_list = ['Spanish', 'Roman']
#元组
language_tuple = ('Canadian', 'Indian')
#集合
language_set = {'Chinese', 'Japanese'}
```

```
#添加列表元素到列表末尾
language.extend(language_list)
print('添加列表元素新列表: ', language)
#添加元组元素到列表末尾
language.extend(language_tuple)
print('添加元组元素新列表: ', language)
#添加集合元素到列表末尾
language.extend(language_set)
print('添加集合元素新列表: ', language)
```

运行结果：

```
添加列表元素新列表: ['French', 'English', 'German', 'Spanish', 'Roman']
添加元组元素新列表: ['French', 'English', 'German', 'Spanish', 'Roman', 'Canadian', 'Indian']
添加集合元素新列表: ['French', 'English', 'German', 'Spanish', 'Roman', 'Canadian', 'Indian', 'Chinese', 'Japanese']
```

(3) insert()方法。insert()方法用于将指定对象插入列表的指定位置。insert()方法语法为：

```
list.insert(index, obj)
```

参数说明：
- index：对象 obj 需要插入的索引位置。
- obj：要插入列表中的对象。
- 返回值：该方法没有返回值，但会在列表指定位置插入对象。

【例 4-16】 insert()方法应用示例。

```
name_list = ['Tom', 'Lily', 'Rose']
name_list.insert(1, 'Maomao')
print(name_list)
```

运行结果：

```
['Tom', 'Maomao', 'Lily', 'Rose']
```

2. 删除元素方法

删除元素主要有两种情况：一种是根据索引删除；另一种是根据元素值进行删除。下面分别进行介绍。

(1) 根据索引删除元素。删除列表中的指定元素和删除列表类似，也可以使用 del 语句实现。所不同的就是在指定列表名称时，换为列表元素。

【例 4-17】 定义一个保存 4 个元素的列表，删除最后一个元素。

```
modern = ["高铁","扫码支付","共享单车","网购"]
del modern[-1]
print(modern)
```

运行结果:

['高铁', '扫码支付', '共享单车']

(2) 根据元素值删除元素方法。如果想要删除一个不确定其位置的元素(即根据元素值删除),可以使用列表对象的 remove()方法实现。该方法没有返回值但是会移除列表中的某个值的第一个匹配项。

【例 4-18】 定义一个保存 4 个元素的列表,删除"共享单车"元素。

```
modern =["高铁","扫码支付","共享单车","网购"]
modern.remove("共享单车")
print(modern)
```

运行结果:

['高铁', '扫码支付', '网购']

使用列表对象的 remove()方法删除元素时,如果指定的元素不存在,将显示异常信息。所以在使用 remove()方法删除元素前,最好先判断该元素是否存在,改进后的代码如下:

```
modern =["高铁","扫码支付","共享单车","网购"]
pay="扫码支付"
if pay in modern :
    modern.remove(pay)
print(modern)
```

运行结果:

['高铁', '共享单车', '网购']

列表对象的 count()方法用于判断指定元素出现的次数,返回结果为 0 时,表示不存在该元素。

(3) pop()方法。pop()方法用于移除列表中的一个元素(默认最后一个元素),并且返回该元素的值。pop()方法语法为:

```
list.pop([index=-1])
```

参数说明:

- index:可选参数,要移除列表元素的索引值,不能超过列表总长度,默认为 index=-1,删除最后一个列表值。
- 返回值:该方法返回从列表中移除的元素对象。

【例 4-19】 pop()方法应用示例。

```
modern =["高铁","扫码支付","共享单车","网购"]
modern.pop()
print(modern)
modern.pop(1)
```

```
print(modern)
```

运行结果:

```
['高铁','扫码支付','共享单车']
['高铁','共享单车']
```

(4) clear()方法。clear()方法用于清空列表,类似于 del a[:]。clear()方法语法为:

```
list.clear()
```

【例 4-20】 clear()方法应用示例。

```
modern =["高铁","扫码支付","共享单车","网购"]
modern.clear()
print(modern)
```

运行结果:

```
[]
```

3. 修改元素方法

(1) 修改指定下标数据。修改列表中的元素只需要通过索引获取该元素,然后再为其重新赋值即可。例如,定义一个保存 3 个元素的列表,然后修改索引值为 2 的元素。

【例 4-21】 定义一个保存 4 个元素的列表,将第 3 个元素修改为"单车共享"。

```
modern =["高铁","扫码支付","共享单车","网购"]
modern[2]="单车共享"
print(modern)
```

运行结果:

```
['高铁','扫码支付','单车共享','网购']
```

(2) reverse()方法。reverse()方法用于反向列表中元素。reverse()方法语法为:

```
list.reverse()
```

- 返回值: 该方法没有返回值,但是会对列表的元素进行反向排序。

【例 4-22】 reverse()方法应用示例。

```
modern =["高铁","扫码支付","共享单车","网购"]
print(f'反置之前列表顺序:{modern}')
modern.reverse()
print(f'反置之后列表顺序:{modern}')
```

运行结果:

```
反置之前列表顺序:['高铁','扫码支付','共享单车','网购']
反置之后列表顺序:['网购','共享单车','扫码支付','高铁']
```

(3) copy()方法。copy()方法用于复制列表,类似于 a[:]。copy()方法语法为:

```
list.copy()
```

【例 4-23】 copy()方法应用示例。

```
modern =["高铁","扫码支付","共享单车","网购"]
new_list =modern.copy()
print(f'新列表:{modern}')
```

运行结果：

新列表:['高铁', '扫码支付', '共享单车', '网购']

4. 查找元素方法

(1) index()方法。index()方法用于从列表中找出某个值第一个匹配项的索引位置，即获取指定元素首次出现的下标。index()方法语法为：

```
list.index(x[, start[, end]])
```

参数说明：
- x：查找的对象。
- star：可选，查找的起始位置。
- end：可选，查找的结束位置。
- 返回值：该方法返回查找对象的索引位置，如果没有找到对象则抛出异常。

【例 4-24】 index()方法的应用。

```
modern =["高铁","扫码支付","共享单车","网购"]
pay="扫码支付"
num =modern.index(pay)
print(num)
```

运行结果：

1

(2) count()方法。count()方法用于统计某个元素在列表中出现的次数。count()方法语法为：

```
list.count(obj)
```

参数说明：
- obj：列表中统计的对象。
- 返回值：返回元素在列表中出现的次数。

【例 4-25】 count()方法的应用。

```
modern =["高铁","扫码支付","共享单车","网购"]
pay="扫码支付"
num =modern.count(pay)
print(num)
```

运行结果：

1

（3）len()方法。len()方法的功能是返回列表元素个数。len()方法语法为：

len(list)

参数说明：
- list：要计算元素个数的列表。
- 返回值：返回列表元素个数。

【例 4-26】 len()方法的应用。

```
modern = ["高铁","扫码支付","共享单车","网购"]
num = len(modern)
print(num)
```

运行结果：

4

（4）用 in 判断是否存在。通常可以用 in 判断指定数据是否在某个列表序列，如果在返回 True，否则返回 False。用 not in 可以判断指定数据不在某个列表序列，如果不在返回 True，否则返回 False。

【例 4-27】 注册邮箱，用户输入一个账号名，判断这个账号名是否存在，如果存在，提示用户，否则提示可以注册。

```
name_list = ['TOM', 'Lily', 'ROSE', 'admin']
name = input('请输入您的邮箱账号名:')
if name in name_list:
    #提示用户名已经存在
    print(f'您输入的名字是{name},此用户名已经存在')
else:
    #提示可以注册
    print(f'您输入的名字是{name},可以注册')
```

运行结果：

请输入您的邮箱账号名:tom
您输入的名字是tom,可以注册

4.2.4 列表元素的统计与排序

1. 列表元素的统计

Python 提供了 sum()函数用于统计数值列表中各元素的和。语法格式如下：

sum(listname[,start])

参数说明：

- listname：表示要统计的列表。
- start：表示统计结果是从哪个数开始（即将统计结果加上 start 所指定的数），是可选参数，如果没有指定，默认值为 0。

【例 4-28】 sum()方法的应用。

```
numlist =[0, 1, 4, 9, 16, 25, 36, 49, 64, 81]
total =sum(numlist)
print(total)
```

运行结果：

285

2. 列表元素的排序

Python 中提供了两种常用的对列表进行排序的方法。

(1) 使用列表对象的 sort()方法实现。列表对象提供了 sort()方法用于对原列表中的元素进行排序。排序后原列表中的元素顺序将发生改变。sort()方法的语法格式为：

```
listname.sort(key=None, reverse=False)
```

参数说明：

- listname：表示要进行排序的列表。
- key：表示从每个列表元素中提取一个比较键（例如，设置"key=str.lower"表示在排序时不区分字母大小写）。
- reverse：可选参数，如果将其值指定为 True，则表示降序排列，如果为 False，则表示升序排列。默认为升序排列。

【例 4-29】 用 sort()方法对列表排序。

```
c=["pku","tsinghua","fudan","sjtu","nju","zju","ustc","hit","xjtu"]
print("原列表:",c)
c.sort()
print("列表默认升序:",c)
c.sort(reverse =True)
print("原列表降序:",c)
```

运行结果：

```
原列表: ['pku', 'tsinghua', 'fudan', 'sjtu', 'nju', 'zju', 'ustc', 'hit', 'xjtu']
列表默认升序: ['fudan', 'hit', 'nju', 'pku', 'sjtu', 'tsinghua', 'ustc', 'xjtu', 'zju']
原列表降序: ['zju', 'xjtu', 'ustc', 'tsinghua', 'sjtu', 'pku', 'nju', 'hit', 'fudan']
```

使用 sort()方法进行数值列表的排序比较简单，但是使用 sort()方法对字符串行表进行排序时，采用的规则是先对大写字母进行排序，然后再对小写字母进行排序。如果想要对字符串行表进行排序（不区分大小写时），需要指定其 key 参数。例如，定义一个保存英文字符串的列表,然后应用 sort()方法对其进行升序排列:c.sort(key = str.lower)。

采用 sort()方法对列表进行排序时,对于中文支持不好。排序的结果与人们常用的音序排序法或者笔画排序法都不一致。如果需要实现对中文内容的列表排序,还需要重新编写相应的方法进行处理,不能直接使用 sort()方法。

(2)使用内置的 sorted()函数实现。在 Python 中,提供了一个内置的 sorted()函数,用于对列表进行排序。使用该函数进行排序后,原列表的元素顺序不变。sorted()函数的语法格式为:

```
sorted(listname, key=None, reverse=False)
```

参数说明:

- listname:表示要进行排序的列表名称。
- key:表示指定从每个元素中提取一个用于比较的键(例如,设置"key=str.lower"表示在排序时不区分字母大小写)。
- reverse:可选参数,如果将其值指定为 True,则表示降序排列,如果为 False,则表示升序排列。默认为升序排列。

【例 4-30】 用 sorted()方法对列表排序。

```
c=["pku","tsinghua","fudan","sjtu","nju","zju","ustc","hit","xjtu"]
c_as =sorted(c)
print("列表默认升序:", c_as)
c_de =sorted(c, reverse =True)
print("原列表降序:",c_de)
print("原列表:",c)
```

运行结果:

```
列表默认升序:['fudan', 'hit', 'nju', 'pku', 'sjtu', 'tsinghua', 'ustc', 'xjtu', 'zju']
原列表降序:['zju', 'xjtu', 'ustc', 'tsinghua', 'sjtu', 'pku', 'nju', 'hit', 'fudan']
原列表:['pku', 'tsinghua', 'fudan', 'sjtu', 'nju', 'zju', 'ustc', 'hit', 'xjtu']
```

(3)列表对象的 sort()方法和内置 sorted()函数的区别:列表对象的 sort()方法和内置 sorted()函数的作用基本相同,所不同的是,使用 sort()方法时,会改变原列表的元素排列顺序,但是使用 sorted()函数时,会建立一个原列表的副本,该副本为排序后的列表。

4.2.5 列表的嵌套

嵌套列表就是列表中包含列表。嵌套列表可以模拟出现实中的表格、矩阵、2D 游戏的地图(如植物大战僵尸的花园)、棋盘(如国际象棋、黑白棋)等。

【例 4-31】 实现 3×4 矩阵的转置行和列。

```
matrix =[[1,2,3,4],[5,6,7,8],[9,10,11,12]]
transposed=[]
```

```
for i in range(4):
    midden=[]
    for row in matrix:
        midden.append(row[i])
    transposed.append(midden)
print(transposed)
```

运行结果:

[[1, 5, 9], [2, 6, 10], [3, 7, 11], [4, 8, 12]]

4.3 列表的应用案例

借助列表的常用操作,为小学生设计 10 以内的算术练习,使它具有以下功能。
(1) 提供 5 道加、减、乘或除四种基本算术运算的题目。
(2) 练习者根据显示的题目输入自己的答案,程序自动判断输入的答案是否正确并显示出相应的信息。
(3) 统计共回答的题目数以及正确率。
具体实现:

```
import random

#定义用来记录总的答题数目和回答正确的数目
count = 0
right = 0
print("欢迎使用算术题测试系统".center(20,"*"))
#因为题目要求:提供 5 道题目
while count <5:
    #创建列表,用来记录加减乘除四大运算符
    op = ['+', '-', '*', '/']
    #随机生成 op 列表中的字符
    c = random.choice(op)
    #随机生成 0~10 的数字
    a = random.randint(0,10)
    #除数不能为 0
    b = random.randint(1,10)
    if (a <b) or (a%b !=0):
        continue
    print('%d %s %d = ' % (a,c,b))
    #默认输入的为字符串类型
    question = input('请输入您的答案:(q 退出)')
    #判断随机生成的运算符,并计算正确结果
    if c =='+':
        result =a +b
```

```python
        elif c == '-':
            result = a - b
        elif c == '*':
            result = a * b
        else:
            result = a // b

        #判断用户输入的结果是否正确,str表示强制转换为字符型
        if question == str(result):
            print('恭喜你,回答正确!')
            right += 1
            count += 1
        elif question == 'q':
            break
        else:
            print('回答错误,正确答案应为',result)
            count += 1
#计算正确率
if count == 0:
    percent = 0
else:
    percent = right / count

print('测试结束,共回答%d道题,回答正确个数为%d,正确率为%.2f%%' % (count, right,
    percent * 100))
```

运行结果:

```
****欢迎使用算术题测试系统*****
8 + 2 =
请输入您的答案:(q退出)10
恭喜你,回答正确!
2 * 1 =
请输入您的答案:(q退出)2
恭喜你,回答正确!
5 * 1 =
请输入您的答案:(q退出)5
恭喜你,回答正确!
7 / 7 =
请输入您的答案:(q退出)7
回答错误,正确答案应为 1
9 - 9 =
请输入您的答案:(q退出)0
恭喜你,回答正确!
测试结束,共回答5道题,回答正确个数为4,正确率为80.00%
```

4.4 元　　组

元组(tuple)是 Python 中另一种内置的存储有序数据的结构。元组与列表类似，也是由一系列按特定顺序排列的元素组成，可存储不同类型的数据，如字符串、数字甚至元组。然而，元组是不可改变的，创建后不能再做任何修改操作。

在形式上，元组的所有元素都放在一对"()"中，两个相邻元素间使用","分隔。在内容上，可以将整数、实数、字符串、列表、元组等任何类型的内容放入元组中，并且同一个元组中，元素的类型可以不同，因为它们之间没有任何关系。

因此，元组也被称为不可变的列表。元组的主要作用是作为参数传递给函数调用，或者在从函数调用那里获得参数时，保护其内容不被外部接口修改。通常情况下，元组用于保存程序中不可修改的内容。

4.4.1　元组的创建与删除

1. 使用赋值运算符直接创建元组

使用赋值运算符直接将一个元组赋值给变量。语法格式如下：

tuplename=(元素 1,元素 2,元素 3,…,元素 n)

参数说明：

- tuplename：表示元组的名称，可以是任何符合 Python 命名规则的标识符。
- 元素 1、元素 2、元素 3、…、元素 n：表示元组中的元素，个数没有限制，并且只要是 Python 支持的数据类型就可以。

例如：

studentname=("萌萌","见福先","郑熙婷","李丹丹","尚天翔")

创建元组的语法与创建列表的语法类似，只是创建列表时使用的是"[]"，而创建元组时使用的是"()"。

在 Python 中，虽然元组是使用一对小括号将所有的元素括起来。但是实际上，小括号并不是必需的，只要将一组值用逗号分隔开来，Python 就可以认为它是元组。例如：

studentname="萌萌","见福先","郑熙婷","李丹丹","尚天翔"

如果要创建的元组只包括一个元素，则需要在定义元组时，在元素的后面加一个","。例如：

studentname=("萌萌",)

在 Python 中，可以使用 type()函数测试变量的类型。

2. 创建空元组

在 Python 中也可以创建空元组，空元组可以应用在为函数传递一个空值或者返回空值时。例如，要创建一个名称为 emptytuple 的空元组：

```
emptytuple = ()
```

3. 创建数值元组

在 Python 中，可以使用 tuple()函数直接将 range()函数循环出来的结果转换为数值元组。tuple()函数的语法格式如下：

```
tuple(data)
```

参数说明：

- data：表示可以转换为元组的数据，其类型可以是 range 对象、字符串、元组或者其他可迭代类型的数据。

例如，创建一个 10~20（不包括 20）中所有偶数的元组：

```
tuple(range(10,20,2))
```

4. 删除元组

元组中的元素值是不允许删除的，但可以使用 del 语句来删除整个元组。对于已经创建的元组，不再使用时，可以使用 del 语句将其删除。语法格式为：

```
del tuplename
```

参数说明：

- tuplename：要删除元组的名称。

del 语句在实际开发时，并不常用。因为 Python 自带的垃圾回收机制会自动销毁不用的元组，所以即使不手动将其删除，Python 也会自动将其回收。

5. 整体修改元组元素

元组是不可变序列，所以不能对它的单个元素值进行修改。但是元组也不是完全不能修改，可以对元组进行重新赋值。

元组之间可以使用＋和＊，即允许元组进行组合连接和重复复制，运算后会生成一个新的元组。

【例 4-32】 整体修改元组元素。

```
ancient = ("古巴比伦","古埃及","古印度","中国")
ancient = ("古巴比伦","古埃及","古印度","中国","古希腊")
print(ancient)
```

运行结果：

```
('古巴比伦', '古埃及', '古印度', '中国', '古希腊')
```

另外，还可以对元组进行连接组合。在进行元组连接时，连接的内容必须都是元组。不能将元组和字符串或者列表进行连接。

在进行元组连接时，如果要连接的元组只有一个元素时，一定不要忘记后面的逗号。元组内的直接数据如果修改则立即报错，但是如果元组里面有列表，修改列表里面的数据则是支持的。

4.4.2 元组的常见操作

元组数据不支持修改,只支持查找。接下来介绍元组的查找操作。对元组进行查找操作的内建函数包括以下 4 种。

(1) len(tup):返回元组中元素的个数。

(2) max(tup):返回元组中元素最大的值。

(3) min(tup):返回元组中元素最小的值。

(4) tuple(seq):将列表转换为元组。

在 Python 中,如果想将元组的内容输出也比较简单,直接使用 print() 函数即可。

【例 4-33】 元组元素的整体输出。

```
modern = ( "萌萌",28,["高铁","扫码支付","共享单车","网购"])
print(modern)
```

运行结果:

('萌萌', 28, ['高铁', '扫码支付', '共享单车', '网购'])

从上面的执行结果中可以看出,在输出元组时,是包括左右两侧的小括号的。如果不想输出全部元素,也可以通过元组的索引获取指定的元素。

【例 4-34】 获取元组 modern 中索引为 0 的元素。

```
modern = ( "萌萌",28,["高铁","扫码支付","共享单车","网购"])
print(modern[0])
```

运行结果:

萌萌

从上面的执行结果中可以看出,在输出单个元组元素时,不包括小括号,如果是字符串,还不包括左右的引号。

另外,对于元组也可以采用切片方式获取指定的元素。

【例 4-35】 访问元组 modern 中前两个元素。

```
modern = ( "萌萌",28,["高铁","扫码支付","共享单车","网购"])
print(modern[:2])
```

运行结果:

('萌萌', 28)

同列表一样,元组可以使用 for 循环进行遍历,也可以使用 for 循环和 enumerate() 函数结合进行遍历。

【例 4-36】 使用 for 循环和 enumerate() 函数枚举元组元素。

```
goods = (("Apple",5),("Orange",1),("pear",2))
print("商品编号\t 商品名称\t 商品价格")
```

```
for index , value in enumerate(goods):
    print("%.3d\t\t%s\t\t%.2f" % (index,value[0],value[1]))
```

运行结果：

商品编号	商品名称	商品价格
000	Apple	5.00
001	Orange	1.00
002	pear	2.00

可使用 index()方法查找元组中的某个数据，如果数据存在则返回对应的下标，否则报错。语法和列表、字符串的 index()方法相同。

统计某个数据在当前元组出现的次数可用 count()方法。

【**例 4-37**】 通过 index()和 count()方法实现对元组元素查找和统计的应用示例。

```
t1 = ('Tom', 'Lily', 'Rose')
#1. 下标
print(t1[0])
#2. index()
print(t1.index('Tom'))
#3. count()
print(t1.count('Tom'))
print(t1.count('Maomao'))
#4. len()
print(len(t1))
```

运行结果：

```
Tom
0
1
0
3
```

4.4.3 元组与列表的区别与相互转换

1. 元组与列表的区别

元组和列表都属于序列，而且它们又都可以按照特定顺序存放一组元素，类型又不受限制，只要是 Python 支持的类型都可以。

列表和元组的区别主要体现在以下几个方面。

（1）列表属于可变序列，它的元素可以随时修改或者删除；而元组属于不可变序列，其中的元素不可以修改，除非整体替换。

（2）列表可以使用 append()、extend()、insert()、remove()和 pop()等方法实现添加和修改列表元素；而元组则没有这几个方法，因为不能向元组中添加和修改元素，同样也不能删除元素。

（3）列表可以使用切片访问和修改列表中的元素；元组也支持切片，但是它只支持通过切片访问元组中的元素，不支持修改。

（4）元组比列表的访问和处理速度快。所以如果只需要对其中的元素进行访问，而不进行任何修改，建议使用元组。

（5）列表不能作为字典的键，元组则可以。

2. 元组与列表的相互转换

元组与列表可以互相转换，Python 内置的 tuple()函数接收一个列表，可返回一个包含相同元素的元组。而 list()函数接收一个元组并返回一个列表。从元组与列表的性质来看，tuple()相当于冻结一个列表，而 list()相当于解冻一个元组。

4.4.4 元组的应用案例

结合元组的常见操作，模拟评委打分制度，评委打分标准：去掉一个最高分和一个最低分，求选手成绩的平均分。

```python
#定义元组
score = (98,85,97,68,78,86)
#排序
scores = sorted(score)
print("专家打分排序后的成绩:",scores)
#分离最大值和最小值,剥离出中间值
minscore, * middlescore,maxscore = scores
print("最低分:",minscore)
print("中间部分的分数:",middlescore)
print("最高分:",maxscore)
#中间值求平均值
average = sum(middlescore) / len(middlescore)
print('最终成绩为: %.2f' % average)
```

运行结果：

专家打分排序后的成绩: [68, 78, 85, 86, 97, 98]
最低分: 68
中间部分的分数: [78, 85, 86, 97]
最高分: 98
最终成绩为: 86.50

在上述示例中，sorted()函数是对元组进行升序排列。在对元组赋值时，* 表示多个值。通过对去掉最大值和最小值后求和，然后除以中间的专家数，求得选手分数。

4.5 字　　典

在许多应用中需要利用关键词查找对应信息，例如，通过学号来检索某学生的信息。其中，通过学号查找所对应学生的信息的方式称为"映射"。Python 语言的字典

(dictionary)类型就是一种映射。其他编程语言中也提供类似的结构,例如,散列表(hash)、关联数组等。

字典和列表类似,也是可变序列,不过与列表不同,它是无序的可变序列,保存的内容是以"键-值对"的形式存放的。这类似于《新华字典》,它可以把拼音和汉字关联起来。通过音节表可以快速找到想要的汉字。其中,《新华字典》里的音节表相当于键(key),而对应的汉字相当于值(value)。键是唯一的,而值可以有多个。

字典的主要特征如下。

(1)通过键而不是通过索引来读取。字典有时也称为关联数组或者散列表。它是通过键将一系列的值联系起来的,这样就可以通过键从字典中获取指定项,但不能通过索引来获取。

(2)字典是任意对象的无序集合。字典是无序的,各项是从左到右随机排序的,即保存在字典中的项没有特定的顺序。这样可以提高查找效率。

(3)字典是可变的,并且可以任意嵌套。字典可以在原处增长或者缩短(无须生成一份拷贝),并且它支持任意深度的嵌套(即它的值可以是列表或者其他的字典)。

(4)字典中的键必须唯一。不允许同一个键出现两次,如果出现两次,则后一个值会被记住。

(5)字典中的键必须不可变。字典中的键是不可变的,所以可以使用数字、字符串或者元组,但不能使用列表。

4.5.1 字典的创建

字典包含一个索引的集合,称为键(key)和值(value)的集合。一个键对应一个值。这种一一对应的关联称为键-值对(key-value pair),或称为项(item)。简单地说,字典就是用花括号包裹的键-值对的集合。每个键-值对用":"分隔,每对之间用","分隔,格式如下:

```
Dictionaryname ={key1 : value1, key2 : value2,…, keyn : valuen}
```

参数说明:

- key1,key2,…,keyn:表示元素的键,必须是唯一的,并且不可变,例如,可以是字符串、数字或者元组。
- value1,value2,…,valuen:表示元素的值,可以是任何数据类型,不是必须唯一。

【例 4-38】 新建并显示字典。

```
dictname ={'pku':'北京大学','tsinghua':'清华大学','fudan':'复旦大学',
          'sjtu':'上海交通大学'}
print(dictname)
```

运行结果:

{'pku': '北京大学', 'tsinghua': '清华大学', 'fudan': '复旦大学', 'sjtu': '上海交通大学'}

同列表和元组一样,也可以创建空字典。在 Python 中,可以使用下面两种方法创建空字典。

```
dictionary={}
```

或者

```
dictionary=dict()
```

Python的dict()方法除了可以创建一个空字典外，还可以通过已有数据快速创建字典。主要表现为以下两种形式。

1. 通过映像函数创建字典

语法格式：

```
dictionary=dict(zip(list1,list2))
```

参数说明：

- dictionary：表示字典名称。
- zip()函数：用于将多个列表或元组对应位置的元素组合为元组，并返回包含这些内容的zip对象。如果想得到元组，可以将zip对象使用tuple()函数转换为元组；如果想得到列表，则可以使用list()函数将其转换为列表。
- list1：表示一个列表，用于指定要生成字典的键。
- list2：表示一个列表，用于指定要生成字典的值。如果list1和list2的长度不同，则与最短的列表长度相同。

【例4-39】 定义两个各包括4个元素的列表，再应用dict()函数和zip()函数将前两个列表转换为对应的字典，并输出该字典。

```
cn=["北京大学","清华大学","复旦大学","上海交通大学"]
en=["pku","tsinghua","fudan","sjtu"]
dictname=dict(zip(en,cn))
print(dictname)
```

运行结果：

{'pku': '北京大学', 'tsinghua': '清华大学', 'fudan': '复旦大学', 'sjtu': '上海交通大学'}

2. 通过给定的"键-值对"创建字典

语法如下：

```
dictionary=dict(key1=value1,key2=value2,…,keyn=valuen)
```

参数说明：

- dictionary：表示字典名称。
- key1,key2,…,keyn：表示元素的键，必须是唯一的，并且不可变，例如，可以是字符串、数字或者元组。
- value1,value2,…,valuen：表示元素的值，可以是任何数据类型，不是必须唯一。

【例 4-40】 应用"键-值对"创建字典。

```
dictname =dict( cau ='中国农业大学',pku ='北京大学',tsinghua ='清华大学')
print(dictname)
```

运行结果：

{'cau': '中国农业大学', 'pku': '北京大学', 'tsinghua': '清华大学'}

在 Python 中，还可以使用 dict 对象的 fromkeys()方法创建值为空的字典，语法如下：

```
dictionary =dict.fromkeys(list1)
```

参数说明：

- dictionary：表示字典名称。
- list1：作为字典的键的列表。

4.5.2 字典元素的访问与遍历

1. 字典元素的访问

在 Python 中，如果想将字典的内容输出也比较简单，可以直接使用 print()函数。例如 print(dictname)。但是，在使用字典时，很少直接输出它的内容。一般需要根据指定的键得到相应的结果。

在 Python 中，访问字典的元素可以通过下标的方式实现，与列表和元组不同，这里的下标不是索引号，而是键。

在实际开发中，很可能不知道当前存在什么键，所以需要避免该异常的产生。具体的解决方法是使用 if 语句对不存在的情况进行处理，即给一个默认值。

【例 4-41】 字典元素的访问应用。

```
dictname =dict( cau ='中国农业大学',pku ='北京大学',tsinghua ='清华大学')
print("所在的大学是:",dictname["cau"] if "cau" in dictname else "此大学不存在")
```

运行结果：

中国农业大学

Python 中推荐的方法是使用字典对象的 get()方法获取指定键的值。
其语法格式如下：

```
dictname.get(key[,defualt])
```

参数说明：

- dictname：字典对象，即要从中获取值的字典。
- key：指定的键。
- default：可选项，用于当指定的键不存在时，返回一个默认值，如果省略，则返回 None。

为了解决在获取指定键的值时，因不存在该键而导致抛出异常，可以为 get()方法置默认值,这样当指定的键不存在时,得到的结果就是指定的默认值。

【例 4-42】 字典元素的 get()方法访问应用。

```
dictname =dict( cau ='中国农业大学',pku ='北京大学',tsinghua ='清华大学')
print("所在的大学是:",dictname.get("cau","此大学不存在"))
```

运行结果:

中国农业大学

2. 字典元素的遍历

字典是以"键-值对"的形式存储数据的,所以就可能需要对这些"键-值对"进行获取。Python 提供了遍历字典的方法,通过遍历可以获取字典中的全部"键-值对"。

使用字典对象的 items()方法可以获取字典的"键-值对"列表。其语法格式如下:

```
dictionary.items()
```

参数说明:

- dictionary:字典对象。
- 返回值:可遍历的"键-值对"元组列表。想要获取到具体的"键-值对",可以通过 for 循环遍历该元组列表。

【例 4-43】 定义一个字典,然后通过 items()方法获取"键-值对"的元组列表,并输出全部"键-值对""键""值"。

```
dictname =dict( cau ='中国农业大学',pku ='北京大学',tsinghua ='清华大学')
for item in dictname.items():        #输出键-值对
    print(item)
for key,value in dictname.items():   #获取每个元素的键和值
    print(key,"是",value,"单位网址域名一部分")
```

运行结果:

```
('cau', '中国农业大学')
('pku', '北京大学')
('tsinghua', '清华大学')
cau 是中国农业大学网址域名一部分
pku 是北京大学网址域名一部分
tsinghua 是清华大学网址域名一部分
```

在 Python 中,字典对象还提供了 values()和 keys()方法,用于返回字典的值和键列表,它们的使用方法同 items()方法类似,也需要通过 for 循环遍历该字典列表,获取对应的值和键。

4.5.3 字典元素的常见操作

1. 字典元素的增加

由于字典是可变序列,所以可以随时在其中增加"键-值对",这和列表类似。向字典

中添加元素的语法格式如下：

```
dictionary[key] =value
```

参数说明：

- dictionary：表示字典名称。
- key：表示要增加元素的键，必须是唯一的，并且不可变，例如，可以是字符串、数字或者元组。
- value：表示元素的值，可以是任何数据类型，不是必须唯一。

【例 4-44】 增加字典元素并显示。

```
dictname ={'pku':'北京大学','tsinghua':'清华大学','fudan':'复旦大学'}
dictname['sju']='上海交通大学'
print(dictname)
```

运行结果：

```
{'pku': '北京大学', 'tsinghua': '清华大学', 'fudan': '复旦大学', 'sjtu': '上海交通大学'}
```

注意：如果 key 存在则修改这个 key 对应的值；如果 key 不存在则新增此键-值对。

2. 字典元素的删除

同列表和元组一样，不再需要的字典也可以使用 del 命令删除。另外，如果只是想删除字典的全部元素，可以使用字典对象的 clear() 方法。执行 clear() 方法后，原字典将变为空字典。当删除一个不存在的键时，将抛出异常。可以先判断此元素是否存在，然后再删除。

（1）del()/del：删除字典或删除字典中指定键-值对。

【例 4-45】 字典元素的删除示例。

```
dict1 ={'name': 'Maomao', 'age': 2, 'gender': '男'}
del dict1['gender']
print(dict1)
```

运行结果：

```
{'name': 'Maomao', 'age': 2}
```

（2）clear()：清空字典。

【例 4-46】 字典元素的清空示例。

```
dict1 ={'name': 'Maomao', 'age': 2, 'gender': '男'}
dict1.clear()
print(dict1)
```

运行结果：

```
{}
```

（3）pop()：获取指定 key 对应的 value，并删除这个 key-value 对。

【例 4-47】 pop()方法的使用。

```
dictname =dict( cau ='中国农业大学',pku ='北京大学',tsinghua ='清华大学')
print(dictname.pop('tsinghua'))
print(dictname)
```

运行结果：

清华大学
{'cau': '中国农业大学', 'pku': '北京大学'}

3. 字典元素的修改

由于在字典中，"键"必须是唯一的，所以如果新添加元素的"键"与已经存在的"键"重复，那么将使用新的"值"替换原来该"键"的值，这也相当于修改字典的元素。

【例 4-48】 字典元素的修改。

```
dict1 ={'name': 'TOM', 'age': 20, 'gender': '男'}
dict1['name'] ='Maomao'
print(dict1)
dict1['id'] =110
print(dict1)
```

运行结果：

{'name': 'Maomao', 'age': 20, 'gender': '男'}
{'name': 'Maomao', 'age': 20, 'gender': '男', 'id': 110}

4. 字典元素的查找

如果当前查找的 key 存在，则返回对应的值；否则报错。字典元素的查找，可以通过如下两种方式查找。

(1) 通过键-值方式。前边已经讲述。
(2) 通过 get()、keys()、values()以及 items()函数方式查找。

【例 4-49】 字典元素的查找示例。

```
dict1 ={'name': 'Huayi', 'age': 7, 'gender': '男'}
print(dict1['name'])                #返回对应的值(key 存在),如果 key 值不存在,将报错
#get()函数查找字典元素
print(dict1.get('name'))
print(dict1.get('names'))           #如果 key 不存在,返回 None
print(dict1.get('names', 'Maomao'))
#keys()函数查找字典中所有的 key,返回可迭代对象
print(dict1.keys())
#values()函数查找字典中的所有 value,返回可迭代对象
print(dict1.values())
#items()函数查找字典中所有的键-值对,返回可迭代对象,里面的数据是元组,元组数据 1 是字
#典的 key,元组数据 2 是字典 key 对应的值
print(dict1.items())
```

运行结果：

```
Huayi
Huayi
None
Maomao
dict_keys(['name', 'age', 'gender'])
dict_values(['Huayi', 7, '男'])
dict_items([('name', 'Huayi'), ('age', 7), ('gender', '男')])
```

字典值可以没有限制地取任何 Python 对象，既可以是标准的对象，也可以是用户定义的，但键不行。

下面两个重要的点需要记住。

（1）不允许同一个键出现两次。创建时如果同一个键被赋值两次，后一个值会被记住。

（2）键必须不可变，所以可以用数、字符串或元组充当，所以列表就不能作为键。

4.5.4 字典的应用案例

某学校要进行全国计算机等级考试，在 Python 语言程序设计上机考核环节，需要随机生成 10 个计算机号，计算机编号以 6602020 开头，后面 3 位依次是（001,002,003,010）。请利用字典操作，生成计算机编号，并默认每个卡号的初始密码为"python"。其中，输出计算机编号和密码信息，格式如下：

```
计算机编号        登录密码
6602020001       python
```

具体实现：

```python
#定义计算机编号默认前7位
head = '6602020'
#生成按题目要求的10个卡号，并存入列表中
computerNo = []
for i in range(1,11):
    tail = '%.3d' %(i)
    num = head + tail
    computerNo.append(num)
#将编号存入字典
num_dict = {}
for i in computerNo:
    num_dict[i] = 'python'
#输出计算机编号和登录考试系统密码
print('计算机编号\t\t登录密码')
for key,value in num_dict.items():
    print('%s\t\t%s' %(key,value))
```

运行结果:

计算机编号	登录密码
6602020001	python
6602020002	python
6602020003	python
6602020004	python
6602020005	python
6602020006	python
6602020007	python
6602020008	python
6602020009	python
6602020010	python

4.6 集　　合

Python 中的集合(set)与数学中的集合概念类似,也是用于保存不重复的元素,有可变集合(set)和不可变集合(frozenset)两种。在形式上,集合的所有元素都放在一对大括号中,两个相邻元素间使用","分隔。集合最好的应用就是去重,因为集合中的每个元素都是唯一的。

集合是不重复元素的无序集,它兼具了列表和字典的一些性质。

集合有类似字典的特点:用花括号"{}"来定义,其元素是非序列类型的数据,也就是没有顺序,并且集合中的元素不可重复,也必须是不变对象,类似于字典中的键。集合的内部结构与字典很相似,区别是"只有键没有值"。

另一方面,集合也具有一些列表的特点:拥有一系列元素,并且可原处修改。由于集合是无序的,不记录元素位置或者插入点,因此不支持索引、切片或其他类序列(sequence-like)的操作。

在数学中,集合的定义是把一些能够确定的不同的对象看成一个整体,而这个整体就是由这些对象的全体构成的集合。集合通常用大括号"{}"或者大写的拉丁字母表示。集合最常用的操作就是创建集合,以及集合的增加、删除、交集、并集和差集等运算。

4.6.1 集合的创建

在 Python 中提供了两种创建集合的方法,一种是直接使用"{}"创建,另一种是通过 set()函数将列表、元组等可迭代对象转换为集合。一般推荐使用第二种方法。

1. 直接使用{}创建集合

在 Python 中,创建 set 集合也可以像列表、元组和字典一样,直接将集合赋值给变量,从而实现创建集合,即直接使用大括号"{}"创建。语法格式如下:

setname ={element1,element2,element3,…,elementn}

参数说明:

- setname:集合的名称,可以是任何符合 Python 命名规则的标识符。

- element1、element2、element3、…、elementn：集合中的元素，个数没有限制，并且只要是 Python 支持的数据类型就可以。

在创建集合时，如果输入了重复的元素，Python 会自动只保留一个。

【例 4-50】 定义并显示集合。

```
setname = {'北京大学','清华大学','复旦大学'}
print(setname)
```

运行结果：

```
{'复旦大学', '清华大学', '北京大学'}
```

注意，由于集合内部存储的元素是无序的，因此输出的顺序和原列表的顺序有可能是不同的。

2. 使用 set() 函数创建集合

在 Python 中，可以使用 set() 函数将列表、元组等其他可迭代对象转换为集合。set() 函数的语法格式如下：

```
setname = set(iteration)
```

参数说明：

- setname：表示集合名称。
- iteration：表示要转换为集合的可迭代对象，可以是列表、元组、range 对象等。另外，也可以是字符串，如果是字符串，返回的集合将是包含全部不重复字符的集合。

【例 4-51】 使用 set() 函数将字符串转换为集合。

```
setname = set("开放的中国农业大学欢迎您!")
print(setname)
```

运行结果：

```
{'业', '大', '迎', '开', '您', '国', '农', '欢', '学', '!', '放', '中', '的'}
```

在创建集合时，如果出现了重复元素，那么将只保留一个。

在创建空集合时，只能使用 set() 实现，而不能使用一对大括号"{}"实现，这是因为在 Python 中，直接使用一对大括号表示创建一个空字典。

4.6.2 集合元素的常见操作

集合是可变序列，所以在创建集合后，还可以对其添加或者删除元素。

1. 向集合中添加元素

(1) add() 方法。向集合中添加元素可以使用 add() 方法实现。语法格式如下：

```
setname.add(element)
```

参数说明：

- setname：表示要添加元素的集合。

- element:表示要添加的元素内容。这里只能使用字符串、数字及布尔类型的True 或者 False 等,不能使用列表、元组等可迭代对象。

(2) update()方法。update()方法是向集合追加的数据是序列,例如列表、元组、字典等,否则报错。

【例 4-52】 update()方法应用示例。

```
setname = set(['北京大学','清华大学','复旦大学'])
setname.update(['中国农业大学'])
print(setname)
```

运行结果:

{'清华大学', '北京大学', '复旦大学', '中国农业大学'}

2. 从集合中删除元素

在 Python 中,可以使用 del 命令删除整个集合,也可以使用集合的 discard()方法、pop()方法或者 remove()方法删除一个元素,或者使用集合对象的 clear()方法清空集合,即删除集合中的全部元素,使其变为空集合。discard()方法删除集合中的指定数据,如果数据不存在也不会报错。

【例 4-53】 向集合中添加、删除、清空元素,并显示。

```
setname = set(['北京大学','清华大学','复旦大学'])
setname.add('中国农业大学')                    #增加一个元素
print("增加一个集合元素:",setname)
setname.remove('中国农业大学')                 #移除指定元素
print("删除指定集合元素:",setname)
setname.pop()                                #随机移除一个元素
print("随机移除一个集合元素:",setname)
setname.clear()
print("清除所有集合元素:",setname)
```

运行结果:

增加一个集合元素:{'中国农业大学', '清华大学', '复旦大学', '北京大学'}
删除指定集合元素:{'清华大学', '复旦大学', '北京大学'}
随机移除一个集合元素:{'复旦大学', '北京大学'}
清除所有集合元素:set()

使用集合的 remove()方法时,如果指定的内容不存在,将抛出异常。所以在移除指定元素前,最好先判断其是否存在。要判断指定的内容是否存在,可以使用 in 关键字实现。pop()方法是随机删除集合中的某个数据,并返回这个数据。

3. 查找元素

在集合中用 in 判断数据在集合序列;not in 则是判断数据不在集合序列。

【例 4-54】 判断元素是否在集合中存在示例。

```
s1 = {10, 20, 30, 40, 50}
```

```
print(10 in s1)
print(10 not in s1)
```

运行结果：

```
True
False
```

4.6.3　集合的交集、并集和差集数学运算

集合最常用的操作就是进行交集、并集、差集和对称差集运算。进行交集运算时使用"&"符号；进行并集运算时使用"|"符号；进行差集运算时使用"－"符号。

【例 4-55】 对集合进行交集、并集和差集运算。

```
s1={'a','e','i','o','u'}
s2={'a','b','c','d','e'}
print(s1&s2)
print(s1|s2)
s3={'a','e'}
print(s1-s3)
```

运行结果：

```
{'e', 'a'}
{'e', 'i', 'b', 'o', 'c', 'a', 'd', 'u'}
{'o', 'u', 'i'}
```

集合是可修改的数据类型，但集合中的元素必须是不可修改的。换句话说，集合中元素只能是数值、字符串、元组之类。由于集合是可修改的，因此集合中的元素不能是集合。但是 Python 另外提供了 frozenset()函数，来创建不可修改的集合，可作为字典的 key，也可以作为其他集合的元素。

4.6.4　集合的应用案例

某公司人力资源部负责人想在单位做一项关于工作满意度问卷调查。为了保证样本选择的客观性，他将公司全体人员按顺序编号，先用计算机生成了 N 个 1～200 的随机整数（N≤200），N 是用户输入的，对于其中重复的数字，只保留一个，把其余相同的数字去掉，不同的数对应着不同的员工编号，然后再把这些数从小到大排序，按照排好的顺序去找员工做调查，请你协助人力资源部的负责人完成"去重"与排序工作。

```
import random
#接收用户输入
num = int(input('请输入需要选择的样本数:'))
#定义空集合;用集合便可以实现自动去重(集合里面的元素是不可重复的)
sampleNo = set([])
#生成 N 个 1~200 的随机整数
```

```
for i in range(num):
    num = random.randint(1,100)
    #add:添加元素
    sampleNo.add(num)
print("抽取的员工编号:",sampleNo)
#sorted:集合的排序
print("抽取的员工升序编号:",sorted(sampleNo))
```

运行结果：

请输入需要选择的样本数:10
抽取的员工编号：{2, 68, 71, 44, 17, 82, 51, 50, 61}
抽取的员工升序编号：[2, 17, 44, 50, 51, 61, 68, 71, 82]

本案例中，通过集合去重，即每生成一个随机数便将其加入到定义的空集合中，最后通过 sorted 函数可以对集合进行排序。

4.7 容器中的公共操作

4.7.1 运算符操作

在上述序列中，常常都会用到＋、＊、in 和 not in,接下来对各个运算符进行解释。

1."＋"运算符

"＋"运算符，主要用于字符串、列表、元组的合并操作。

【例 4-56】 "＋"对字符串、列表、元组的应用示例。

```
#字符串
str1 = 'aa'
str2 = 'bb'
str3 = str1 + str2
print(str3)
#列表
list1 = [1, 2]
list2 = [10, 20]
list3 = list1 + list2
print(list3)
#元组
t1 = (1, 2)
t2 = (10, 20)
t3 = t1 + t2
print(t3)
```

运行结果：

aabb
[1, 2, 10, 20]

(1, 2, 10, 20)

2. "*"运算符

"*"运算符,主要用于字符串、列表、元组的复制操作。

【例 4-57】 "*"对字符串、列表、元组的应用示例。

```
#字符串
print('=' * 10)
#列表
list1 = ['Python']
print(list1 * 3)
#元组
t1 = ('Love',)
print(t1 * 3)
```

运行结果:

```
==========
['Python', 'Python', 'Python']
('Love', 'Love', 'Love')
```

3. "in""not in"运算符

"in""not in"运算符,主要用于判断字符串、列表、元组、字典的元素是否存在。

【例 4-58】 "in""not in"对字符串、列表、元组、字典的应用示例。

```
str1 = 'abcd'
list1 = [10, 20, 30, 40]
t1 = (100, 200, 300, 400)
dict1 = {'name': 'Maomao', 'age': 2}
#字符 a 是否存在于字符串
print('a' in str1)
print('a' not in str1)
#数据 10 是否存在于列表
print(10 in list1)
print(10 not in list1)
#100 是否存在于元组
print(100 not in t1)
print(100 in t1)
#name 是否存在于字典
print('name' in dict1)
print('name' not in dict1)
print('name' in dict1.keys())
print('name' in dict1.values())
```

运行结果:

```
True
```

```
False
True
False
False
True
True
False
True
False
```

4.7.2 公共方法

在序列方法中,常用的公共方法有 len()方法、del 或 del()方法、max()和 min()方法、range(start,end,step)和 enumerate()方法。后面的两个方法已经在前边讲述,此处不再论述。

1. len()方法

len()方法可以统计字符串、列表、元组、字典容器中元素个数。

【例 4-59】 len()方法应用示例。

```
#字符串
str1 = 'abcdefg'
print(len(str1))
#列表
list1 = [10, 20, 30, 40]
print(len(list1))
#元组
t1 = (10, 20, 30, 40, 50)
print(len(t1))
#集合
s1 = {10, 20, 30}
print(len(s1))
#字典
dict1 = {'name': 'Rose', 'age': 18}
print(len(dict1))
```

运行结果:

```
7
4
5
3
2
```

2. del 或 del()方法

del 或 del()方法用于删除字符串、列表中的部分或全部元素。

【例 4-60】 del 或 del()方法应用示例。

```
#字符串
str1 = 'abcdefg'
del str1
print(str1)

#列表
list1 = [10, 20, 30, 40]
del(list1[0])
print(list1)
```

运行结果：

```
运行错误:NameError: name 'str1' is not defined
[20, 30, 40]
```

3. max()和 min()方法

max()和 min()方法分别返回容器中元素的最大值和最小值。

【例 4-61】 max()和 min()方法在字符串和列表中的应用。

```
str1 = 'abcdefg'
list1 = [10, 20, 30, 40, 50]
#max():最大值
print(max(str1))
print(max(list1))
#min():最小值
print(min(str1))
print(min(list1))
```

运行结果：

```
g
50
a
10
```

4.7.3 容器类型转换

在上述的各类容器中，可以通过 tuple()、list()和 set()进行相互转换。

1. tuple()方法

tuple()方法的作用是，将某个序列转换成元组。

【例 4-62】 tuple()方法应用示例。

```
list1 = [10, 20, 30, 40, 50, 20]
s1 = {100, 200, 300, 400, 500}
print(tuple(list1))
```

```
print(tuple(s1))
```

运行结果:

```
(10, 20, 30, 40, 50, 20)
(100, 200, 300, 400, 500)
```

2. list()方法

list()方法的作用是,将某个序列转换成列表。

【例 4-63】 list()方法应用示例。

```
t1 = ('a', 'b', 'c', 'd', 'e')
s1 = {100, 200, 300, 400, 500}
print(list(t1))
print(list(s1))
```

运行结果:

```
['a', 'b', 'c', 'd', 'e']
[100, 200, 300, 400, 500]
```

3. set()方法

set()方法的作用是,将某个序列转换成集合。

【例 4-64】 set()方法应用示例。

```
list1 = [10, 20, 30, 40, 50, 20]
t1 = ('a', 'b', 'c', 'd', 'e')
print(set(list1))
print(set(t1))
```

运行结果:

```
{40, 10, 50, 20, 30}
{'e', 'a', 'd', 'c', 'b'}
```

4.8 推导式与生成器推导式

推导式(又称解析式)是 Python 的一种独有特性。推导式是可以从一个数据序列构建另一个新的数据序列的结构体。Python 中共有三种推导式,在 Python 2 和 3 中都有支持:列表推导式、字典推导式、集合推导式。推导式的最大优势是化简代码,主要适合于创建或控制有规律的序列。

4.8.1 列表推导式

使用列表推导式可以快速生成一个列表,或者根据某个列表生成满足指定需求的列表。列表推导式通常有以下几种常用的语法格式。

1. 生成指定范围的数值列表

语法格式如下：

```
listname = [expression for var in range]
```

参数说明：
- listname：生成的列表名称。
- expression：表达式，用于计算新列表的元素。
- var：循环变量。
- range：采用 range() 函数生成的 range 对象。

【例 4-65】 要生成一个包括 5 个随机数的列表，要求数的范围为 1~10（包括 10）。

```
import random                                          #导入 random 标准库，使用随机函数
randnum = [ random.randint(1,10) for i in range(5)]
print("由随机数生成的列表:",randnum)
```

运行结果：

由随机数生成的列表：[7, 8, 3, 7, 5]

2. 根据列表生成指定需求的列表

语法格式如下：

```
newlist = [expression for var in oldlist]
```

参数说明：
- newlist：新生成的列表名称。
- expression：表达式，用于计算新列表的元素。
- var：变量，值为后面列表的每个元素值。
- oldlist：用于生成新列表的原列表。

【例 4-66】 有一组不同配置的计算机形成的价格列表，应用列表推导式生成一个打 95 折扣的价格列表。

```
price = [3500,3800,5600,5200,8700]
sale = [int(i * 0.95) for i in price]
print("原价格:",price)
print("打 95 折后的价格:",sale)
```

运行结果：

原价格：[3500, 3800, 5600, 5200, 8700]
打 95 折后的价格：[3325, 3610, 5320, 4940, 8265]

3. 从列表中选择符合条件的元素组成新的列表

语法格式如下：

```
newlist = [expression for var in oldlist if condition]
```

此处 if 主要起条件判断作用，oldlist 数据中只有满足 if 条件的才会被留下，最后统一生成为一个数据列表。

参数说明：
- newlist：表示新生成的列表名称。
- expression：表达式，用于计算新列表的元素。
- var：变量值为后面列表的每个元素值。
- oldlist：用于生成新列表的原列表。
- condition：条件表达式，用于指定筛选条件。

【例 4-67】 有一组不同配置的计算机形成的价格列表，应用列表推导式生成一个低于 5000 元的价格列表。

```
price =[3500,3800,5600,5200,8700]
sale =[i for i in price if i<5000]
print("原列表:",price)
print("价格低于 5000 的列表:",sale)
```

运行结果：

原价格：[3500, 3800, 5600, 5200, 8700]
原列表：[3500, 3800, 5600, 5200, 8700]
价格低于 5000 的列表：[3500, 3800]

4. 多个 for 实现列表推导式

多 for 的列表推导式可以实现 for 循环嵌套功能。

【例 4-68】 多个 for 实现列表推导式应用：求(x，y)，其中，x 是 0～5 的偶数，y 是 0～5 的奇数组成的元组列表。

```
list3 =[(x,y) for x in range(5) if x%2==0 for y in range(5) if y%2==1]
print(list3)
```

运行结果：

[(0, 1), (0, 3), (2, 1), (2, 3), (4, 1), (4, 3)]

4.8.2 字典推导式

字典推导式的基础模板：

```
{ key:value for key,value in existing_data_structure }
```

这里和 list 有所不同，因为 dict 里面有两个关键的属性 key 和 value。字典推导式的作用是快速合并列表为字典或提取字典中的目标数据。

1. 利用字典推导式创建一个字典

【例 4-69】 生成字典 key 是 1～5 的数字，value 是这个数字的 2 次方。

```
dict1 ={i: i**2 for i in range(1, 5)}
```

```
print(dict1)
```

运行结果：

```
{1: 1, 2: 4, 3: 9, 4: 16}
```

2. 将两个列表合并为一个字典

【例 4-70】 利用字典推导式合并一个字典示例。

```
list1 = ['name', 'age', 'gender']
list2 = ['Maomao', 2, 'male']
dict1 = {list1[i]: list2[i] for i in range(len(list1))}
print(dict1)
```

运行结果：

```
{'name': 'Maomao', 'age': 2, 'gender': 'male'}
```

将两个列表合并为一个字典，要注意如下两点。
（1）如果两个列表数据个数相同，len 统计任何一个列表的长度都可以。
（2）如果两个列表数据个数不同，len 统计数据多的列表数据个数会报错；len 统计数据少的列表数据个数不会报错。

3. 提取字典中目标数据

【例 4-71】 提取计算机价格大于等于 2000 的字典数据。

```
goods_list = {'MAC': 6680, 'HP': 1950, 'DELL': 2010, 'Lenovo': 3990, 'acer': 1990}
new_goods_list = {key: value for key, value in goods_list.items() if value >= 2000}
print(new_goods_list)
```

运行结果：

```
{'MAC': 6680, 'DELL': 2010, 'Lenovo': 3990}
```

4.8.3 集合推导式

集合推导式跟列表推导式是相似的，唯一的区别就是它使用的是大括号。

【例 4-72】 将名字去重并把名字的格式统一为首字母大写。

```
names = ['Bob', 'JOHN', 'alice', 'bob', 'ALICE', 'James',
'Bob','JAMES','jAMeS']
new_names = {n[0].upper() + n[1:].lower() for n in names}
print(new_names)
```

运行结果：

```
{'Bob', 'James', 'John', 'Alice'}
```

4.8.4 元组的生成器推导式

元组一旦创建，没有任何方法可以修改元组中的元素，只能使用 del 命令删除整个元组。Python 内部实现对元组做了大量优化，访问和处理速度比列表快。

生成器推导式的结果是一个生成器对象，而不是列表，也不是元组。使用生成器对象的元素时，可以根据需要将其转换为列表或元组。可以使用 __next__()或者内置函数访问生成器对象，但不管使用何种方法访问其元素，当所有元素访问结束以后，如果需要重新访问其中的元素，必须重新创建该生成器对象。

生成器对象创建与列表推导式不同的地方就是，生成器推导式是用圆括号创建的。

使用元组推导式可以快速生成一个元组，它的表现形式和列表推导式类似，只是将列表推导式中的中括号"[]"修改为小括号"()"。

【例 4-73】 使用元组推导式生成一个包含 5 个随机数的生成器对象。

```
import random                                          #导入 random 标准库
randnum = ( random.randint(1,10) for i in range(5))
print("由随机数生成的元组对象:",randnum)
```

运行结果：

由随机数生成的元组对象:<generator object <genexpr> at 0x0000000001DE0C78>

从上面的执行结果中可以看出，使用元组推导式生成的结果并不是一个元组或者列表，而是一个生成器对象，这一点和列表推导式是不同的。要使用该生成器对象，可以将其转换为元组或者列表。其中，转换为元组使用 tuple()函数，而转换为列表则使用 list()函数。

【例 4-74】 使用元组推导式生成一个包含 5 个随机数的生成器对象，然后将其转换为元组并输出。

```
import random                                          #导入 random 标准库
randnum = ( random.randint(1,10) for i in range(5))
randnum = tuple(randnum)
print("转换后的元组:",randnum)
```

运行结果：

转换后的元组：(10, 7, 3, 10, 4)

要使用通过元组推导器生成的生成器对象，还可以直接通过 for 循环遍历或者直接使用方法进行遍历。

【例 4-75】 通过生成器推导式生成一个包括 5 个元素的生成器对象 number，然后应用 for 循环遍历该生成器对象，并输出每个元素的值，最后再将其转换为元组输出。

```
number = (i for i in range(4))
for i in number:
    print(i,end=" ")
print(tuple(number))
```

运行结果：

0 1 2 3 ()

4.9 综合应用案例：会员登录模块功能模拟

通过对字典和列表的应用，实现会员登录模块功能模拟。

```python
#定义 userinfo 字典,用于存放登录用户的名称和密码等信息
userinfo = {'user1':{'name':'admin','password':'123','sex':'F'},
'user2':{'name':'abc','password':'111','sex':'M'}}
#定义两个列表,用于存储用户名和密码
list1 = []
list2 = []
for key1,value1 in userinfo.items():
    list1.append(value1['name'])
    list2.append(value1['password'])
print('会员管理系统登录界面'.center(30,'='))
timesout = 0
#输入登录系统的用户名
name = input('请输入用户的姓名:')
#进行用户名和密码正确的判断,并通过循环 4 次判断
while timesout < 4:
    if not name in list1:
        if timesout == 3:
            print('登录失败!')
            break
        print('用户不存在,请重新输入!')
        timesout += 1
        print('你还有%d次机会(共有四次机会)'%(4-timesout))
        name = input('请输入用户的姓名:')
    else:
        pwd = input('请输入用户的密码:')
        if (name == list1[0] and pwd == list2[0]) or (name == list1[1]
                    and pwd == list2[1]):
            print("祝贺你登录系统成功!")
            break
        else:
            if timesout == 3:
                print("登录系统失败!")
                break
            print("密码不正确,请重新输入!")
            timesout += 1
            print('你还有%d次机会(共有四次机会)' %(4 - timesout))
```

运行结果：

==========会员管理系统登录界面==========
请输入用户的姓名:abc
请输入用户的密码:111
祝贺你登录系统成功!

上述代码,主要通过定义嵌套字典和列表,利用 for 循环语句提取嵌套字典中的用户名和密码,添加到两个空列表中。然后通过 while 循环语句,实现用户 4 次登录机会。

小 结

本章首先对 Python 中的序列及序列的常用操作进行了简要的介绍,然后重点介绍了 Python 中的列表和元组,其中,元组可以理解为被上了"枷锁"的列表,即元组中的元素不可以修改。在介绍元组和列表时还分别介绍了采用推导式来创建列表或元组。这种方式可以快速生成想要的列表和元组,如果符合条件,推荐采用该方式。

随后介绍了 Python 中的字典。字典和列表有些类似,区别是字典中的元素是由"键-值对"组成的。然后介绍了 Python 中的集合,集合的主要作用就是去重。至此,我们已经学习了 4 种序列结构,可以根据自己的实际需要选择使用合适的序列类型。

思考与练习

1. 输入一个字符串。请完成如下任务。
(1) 打印第一字符。
(2) 打印最后一个字符。
(3) 如果是奇数,打印中间的字符串(len(字符串))。
(4) 打印倒数 3 个字符。
(5) 倒序打印字符串。
2. 输入一个整数,根据整数打印一个矩形。
3. 判断字符串是否为回文,例如"上海自来水来自上海"。提示:字符串翻转。
4. 定义一个列表,然后正向、隔两个元素,逆序遍历各元素。
5. 查找列表中值最大的元素。
6. 查找列表中值最小的元素。
7. 输入学生姓名。要求:姓名不能重复;如果输入 esc,则停止输入,打印每个学生姓名。
8. 利用列表,实现字符串的拼接,不采用"+"连接字符串形成新的对象。
9. 连续输入字符,形成新的字符串后输出。遇到字符"q"后退出。
10. 输入学生成绩,计算总分,最高分,最低分。
对列表([1,58,98,12,68,32])部分范围的元素进行排序。
11. 创建新列表。要求:将原列表的每个元素中的元素求平方。
12. 创建新列表,如果元素是偶数,则将每个元素的平方存入新列表。

13. 利用元组计算某月某日之前有多少天。

14. 利用字典判断季度与月份的对应关系,并输出(即输入季度,然后输出对应有哪些月份)。

15. 利用字典实现输入两个数字,并输入加减乘除运算符号,输出运算结果。若输入其他符号,则退出程序。

第 5 章

Python 函数

在前面的章节中,所有编写的代码都是从上到下依次执行的,如果某段代码需要多次使用,则需要将该段代码复制多次,这种做法势必会影响到开发效率。在实际开发中,如果有若干段代码的执行逻辑完全相同,那么可以考虑将这些代码抽象成一个函数,这样不仅可以提高代码的重用性,而且条理会更加清晰,可靠性更高。

从本质上来说,函数就是将一段具有独立功能的代码块整合到一个整体并命名,在需要的位置调用这个名称即可完成对应的需求。函数在开发过程中,可以更高效地实现代码重用。但是如果不主动调用函数,代码是不会执行的。在调用函数的过程中需要外部代码将数据传入函数,而函数又要将内部的数据传给外部的代码。因此,完成数据交换需要两个要素:参数和返回值。如果外部代码需要调用函数,也需要有个名字,即函数名。因此在 Python 中理解函数的定义即一个拥有名称、参数和返回值的代码块。

本章将对如何定义和调用函数,以及函数的参数、变量的作用域等进行详细介绍。

5.1 函数的定义和调用

在 Python 中,函数的应用非常广泛。在前面已经多次接触过函数。例如,用于输出的 print() 函数、用于输入的 input() 函数,以及用于生成一系列整数的 range() 函数。这些都是 Python 内置的标准函数,可以直接使用。除了可以直接使用的标准函数外,Python 还支持自定义函数,函数是组织好的,可重复使用的,用来实现单一或相关联功能的代码段,它能够提高应用的模块化和代码的重复利用率。

5.1.1 定义函数

由前面的描述可知,函数是可以调用的,而且是可以交互的。因此函数要有三个重要元素:函数名,函数参数和返回值,其中,函数名是必需的,函数参数和返回值是可选的。Python 定义函数以 def 开头,定义函数的基本格式如下:

```
def  函数名(参数列表):
    '''函数注释字符串'''
    函数体
```

参数说明:

- 函数代码块以 def 开头,后面紧跟的是函数名和圆括号(),以冒号(:)结束。因此函数内部的代码需要用缩进量来与外部代码分开。
- 函数名：在调用函数时使用，其命名规则跟变量的名字是一样的，即只能是字母、数字和下画线的任何组合，但是不能以数字开头，并且不能跟关键字重名。
- 函数的参数：可选参数，用于指定向函数中传递的参数。如果有多个参数，各参数间使用逗号","分隔。如果不指定，则表示该函数没有参数。在调用时，也不指定参数。参数必须放在圆括号中，即使函数没有参数，也必须保留一对空的小括号"()"，否则将显示语法错误。由于 Python 是动态语言，所以函数参数与返回值不需要事先指定数据类型。
- 函数注释字符串（函数的说明文档）：函数的说明文档也叫函数的文档说明，可选参数，表示为函数指定注释，注释的内容通常是说明该函数的功能、要传递的参数的作用等。在调用函数时，输入函数名称及左侧的小括号，可以为用户提供友好提示和帮助的内容。通常使用一对单引号或双引号将多行注释内括起来。通常可以由 help(函数名)查看。
- 函数体：可选参数，用于指定函数体，即该函数被调用后，要执行的功能代码。如果函数有返回值，可以使用 return 语句返回，结束函数，返回值传给调用方。return 语句可以返回任何值，可以是一个值、一个变量，或者另外一个函数的返回值。不带表达式的 return 相当于返回 None。如果想定义一个什么也不做的空函数，可以使用 pass 语句作为占位符。

函数体和注释相对于 def 关键字必须保持一定的缩进。

需要注意的是，如果参数列表包含多个参数，默认情况下，参数值和参数名称是按函数声明中定义的顺序匹配的。

【例 5-1】 定义一个打印信息的函数。

```
def printInfo():
    '''定义一个函数,能够完成打印信息的功能。
    '''
    print('-----------------------------------')
    print('不忘初心,牢记使命')
    print('-----------------------------------')
```

运行上面的代码，将不显示任何内容，也不会抛出异常，因为 printInfo()函数还没有调用。

【例 5-2】 定义一个查看函数说明文档的函数。

```
#函数的说明文档的高级使用
def sum_num1(a, b):
    """
    求和函数 sum_num1
    :param a: 参数 1
    :param b: 参数 2
    :return: 返回值
```

```
    """
    return a +b

help(sum_num1)
```

运行结果：

```
Help on function sum_num1 in module __main__:

sum_num1(a, b)
求和函数 sum_num1
    :param a: 参数 1
    :param b: 参数 2
    :return: 返回值
```

由例 5-2 可以看出，help 函数的作用是查看函数的说明文档（函数的解释说明的信息）。

5.1.2 调用函数

定义了函数之后，就相当于有了一段具有某些功能的代码，要想让这些代码能够执行，需要调用它。调用函数的基本语法格式如下：

函数名称([函数参数])

参数说明：

- 函数名称：要调用的函数名称必须是已经创建好的。
- 可选参数：用于指定各个参数的值。如果需要传递多个参数值，则各参数值间使用逗号","分隔。如果该函数没有参数，则直接写一对小括号即可。

【例 5-3】 调用 printInfo()函数。

```
printInfo()
```

运行结果：

```
---------------------------------
不忘初心,牢记使命
---------------------------------
```

5.1.3 函数的返回值

到目前为止，上述创建的函数都只是为做一些事，做完了就结束了。但实际上，有时还需要对事情的结果进行获取。这类似于主管向下级员工下达命令，员工去做，最后需要将结果报告给主管。假设把函数看作工厂里的机器，往机器里输送生产用的材料，最终机器会将产品生产好。这里可以把产品的材料看作函数的参数，做好的产品看作函数的输出，而生产过程就是函数体的代码了。

为函数设置返回值的作用就是将函数的处理结果返回给调用它的函数。所谓"返回值",就是程序中的函数完成一件事情后,最后给调用者的结果。

在 Python 中,可以在函数体内使用 return 语句为函数指定返回值。该返回值可以是任意类型,并且无论 return 语句出现在函数的什么位置,只要得到执行,就会直接结束函数的执行。

return 语句的语法格式:

return [value]

参数说明:

- return:为函数指定返回值后,在调用函数时,可以把它赋给一个变量(如 result),用于保存函数的返回结果。如果返回一个值,那么 result 中保存的就是返回的一个值,该值可以是任意类型。如果返回多个值,那么这些值会聚集起来并以元组类型返回。
- value:可选参数,用于指定要返回的值,可以返回一个值,也可以返回多个值。当函数中没有 return 语句时,或者省略了 return 语句的参数时,将返回 None,即返回空值。

【例 5-4】 return 语句应用示例:定义一个两个数相加的函数。

```
#定义函数
def add2num(a, b):
    c=a+b
    return c
    print("函数运行中")
#调用函数
sumValue =add2num(2,3)
print(sumValue)
```

运行结果:

5

由例 5-4 可以看出,return 语句的作用如下。

(1) 负责函数返回值。

(2) 退出当前函数:导致 return 下方的所有代码(函数体内部)不执行。

一般情况下,每个函数都有一个 return 语句,如果函数没有定义返回值,那么返回值就是 None,None 表示没有任何值,属于 NoneType 类型。返回值个数与返回值类型的对应关系如表 5-1 所示。

表 5-1 返回值对应类型

返回值个数	返回值类型
0	None
1	Object
大于 1	Tuple

如果一个函数要有多个返回值,可以采取"return a,b"的写法,返回多个数据的时候,默认是元组类型。return 后面也可以连接列表、元组或字典,以返回多个值。

5.1.4 函数的嵌套调用

在一个函数中调用了另外一个函数,这就是函数嵌套调用。其执行流程为如果在函数 A 中调用了另外一个函数 B,那么先把函数 B 中的任务都执行完毕之后才会回到上次函数 A 执行的位置。接下来,通过一个示例来演示。

【例 5-5】 函数的嵌套调用。

```
#计算三个数之和
def sum_num(a, b, c):
    return a +b +c


#求三个数的平均值
def average_num(a, b, c):
    sumResult =sum_num(a, b, c)
    return sumResult / 3

result =average_num(1, 2, 3)
print(result)
```

运行结果:

```
2.0
```

5.2 函数的参数与值传递

在调用函数时,大多数情况下,主调函数和被调用函数之间有数据传递关系,这就是有参数的函数形式。函数参数的作用是传递数据给函数使用,函数利用接收的数据进行具体的操作处理。函数参数在定义函数时放在函数名称后面的一对小括号中。函数的参数的优势是函数调用的时候可以传入真实数据,增大函数的使用的灵活性。

5.2.1 函数的形参和实参

在使用函数时,经常会用到形式参数(形参)和实际参数(实参),二者的关系类似于剧本选主角一样,剧本的角色相当于形参,而演角色的演员就相当于实参。其中,

(1) 形式参数:在定义函数时,函数名后面括号中的参数为"形式参数",简称"形参"。形参对于函数调用者来说是透明的,即形参叫什么,与调用者无关。形参是在函数内部使用的,函数外部并不可见。

(2) 实际参数:在调用一个函数时,函数名后面括号中的参数为"实际参数"。也就是将函数的调用者提供给函数的参数称为实际参数,简称"实参"。

根据实际参数的类型不同,可以分为将实际参数的值传递给形式参数,和将实际参数

的引用传递给形式参数两种情况。其中,当实际参数为不可变对象时,进行的是值传递;当实际参数为可变对象时,进行的是引用传递。

实际上,值传递和引用传递的基本区别就是,进行值传递后,改变形式参数的值,实际参数的值不变;而进行引用传递后,改变形式参数的值,实际参数的值也一同改变。

【例5-6】 定义一个名称为printString()的函数,然后为printString()函数传递一个字符串类型的变量作为参数(代表值传递),并在函数调用前后分别输出该字符串变量,再为printString()函数传递列表类型的变量作为参数(代表引用传递),并在函数调用前后分别输出该列表。

```
#定义函数
def printString(obj):
    print("原值:",obj)
    obj +=obj
#调用函数
print("------------值传递------------")
strslogan ="不忘初心,牢记使命"
print("函数调用前:",strslogan)
printString(strslogan)                    #采用不可变对象:字符串
print("函数调用后:",strslogan)
print("------------引用传递------------")
listslogan =["不忘初心","牢记使命"]
print("函数调用前:",listslogan)
printString(listslogan)                   #采用可变对象:列表
print("函数调用后:",listslogan)
```

运行结果:

```
------------值传递------------
函数调用前:不忘初心,牢记使命
原值:不忘初心,牢记使命
函数调用后:不忘初心,牢记使命
------------引用传递------------
函数调用前:['不忘初心','牢记使命']
原值:['不忘初心','牢记使命']
函数调用后:['不忘初心','牢记使命','不忘初心','牢记使命']
```

从上面的执行结果中可以看出,在进行值传递时,改变形式参数的值后,实际参数的值不改变;在进行引用传递时,改变形式参数的值后,实际参数的值也发生改变。

如果传递的变量类型是数值、字符串、布尔等类型,那就是值传递;如果传递的变量类型为序列、对象(后边章节会介绍)等复合类型,就是引用传递。由于值传递就是在传递时将自身复制一份,而在函数内部接触的参数实际上是传递给函数的变量的副本,修改副本的值自然不会影响到原始变量。而像序列、对象这样的复合类型的变量,在传入函数时,实际上也将其复制了一份,但复制的不是变量中的数据,而是变量的引用。因为这些复合类型在内存是一块连续或不连续的内存空间保存,要想找到这些复合类型的变量传入函数,复制的是内存空间的首地址,而这个首地址就是复合类型数据的引用。

【例5-7】 根据身高、体重计算 BMI 指数。

定义一个名称为 fun_bmi() 的函数,该函数包括 3 个参数,分别用于指定姓名、身高和体重,再根据公式:BMI＝体重/(身高×身高),计算 BMI 指数,并输出结果。

```
def fun_bmi(person,height,weight):
    '''功能:根据身高和体重计算 BMI 指数
    :param person: 姓名
    :param height: 身高
    :param weight: 体重
    :return: none
    '''
    print(person+"的身高为:"+str(height)+"米体重:"+str(weight)+"千克")
    bmi=weight/(height * height)
    print(person+"的 BMI 指数为:"+str(bmi))
    #判断身材是否正常
    if bmi <18.5:
        print("你的体重过轻!")
    if bmi >=18.5 and bmi <24.9:
        print("正常范围,注意保持。")
    if bmi >=24.9 and bmi <29.9:
        print("你的体重过重!")
    if bmi >=29.9:
        print("肥胖!")
#函数定义
fun_bmi("李福", 1.78, 75)
```

运行结果:

李福的身高为:1.78米体重:75千克
李福的 BMI 指数为:23.671253629592222
正常范围,注意保持。

5.2.2 位置参数

位置参数也称必备参数,调用函数时根据函数定义的参数位置来传递参数。当调用函数时,传入的参数位置是和定义函数的参数位置对应的,即调用时的数量和位置必须和定义时是一样的。

1. 数量必须与定义时一致

在调用函数时,指定的实际参数的数量必须与形式参数的数量一致,否则将抛出 TypeError 异常,提示缺少必要的位置参数。

例如,调用根据身高、体重计算 BMI 指数的函数 fun_bmi(person, height, weight),若参

数少传一个,即只传递两个参数:fun_bmi("高晓萌",1.75),抛出 TypeError 异常类型。

2. 位置必须与定义时一致

在调用函数时,指定的实际参数的位置必须与形式参数的位置一致,否则将产生以下两种结果。

(1) 形参和实参的类型一致,而产生的结果和预期不一致。

(2) 实际参数的类型与形式参数的类型不一致,类型不能正常转换,抛出 TypeError 异常类型。

由于调用函数时,传递的实参位置与形参位置不一致时,并不会总是抛出异常,所以在调用函数时一定要确定好位置,否则容易产生 Bug,而且不容易被发现。

【例 5-8】 位置参数的应用示例。

```
def winprize(name, prize):
    return "{}荣获{}".format(name, prize)
#调用函数
print(winprize("李二毛","特等奖"))
```

在上述例子中,如果使用代码 print(winprize("特等奖","李二毛"))调用函数,并不会抛出异常,但会输出如下内容:"特等奖荣获李二毛",输出内容并不符合要求。就是位置参数所致,因此位置参数传递和定义参数的顺序及个数必须一致。

5.2.3 关键字参数

关键字参数是指使用形式参数的名字来确定输入的参数值。函数调用,通过"键=值"形式加以指定。可以让函数更加清晰、容易使用,同时也清除了参数的顺序需求。通过该方式指定实际参数时,不再需要与形式参数的位置完全一致。只要将参数名写正确即可。这样可以避免用户需要牢记参数位置的麻烦,使得函数的调用和参数传递更加灵活方便。例如:

```
print(winprize(prize="特等奖",name="李二毛"))
```

显示结果为"李二毛荣获特等奖",显然是正确的。

关键参数也可以与位置参数混合使用,例如:

```
"print(winprize("李二毛", prize="特等奖"))"
```

在混合使用时,关键字参数必须放在位置参数后面,否则会抛出异常。

【例 5-9】 关键字参数应用示例。

```
def user_info(name, age, gender):
    print(f'您的名字是{name},年龄是{age},性别是{gender}')
user_info('Rose', age=20, gender='女')
user_info('huayi', gender='男', age=6)
```

运行结果:

您的名字是 Rose,年龄是 20,性别是女

您的名字是 huayi, 年龄是 6, 性别是男

由例 5-9 可以看出,函数调用时,如果有位置参数时,位置参数必须在关键字参数的前面,但关键字参数之间不存在先后顺序。

5.2.4 默认参数

定义函数时,可以给函数的参数设置默认值,这个参数就被称为默认参数。调用函数时,如果没有指定某个参数将抛出异常,为了解决这个问题,可以为参数设置默认值,即在定义函数时,直接指定形式参数的默认值。这样,当没有传入参数时,则直接使用定义函数时设置的默认值。定义带有默认值参数的函数的语法格式如下:

```
def  函数名(…,[参数 n=默认值]):
    "函数注释字符串"
    函数体
```

在定义函数时,指定默认的形式参数必须在所有参数的最后,否则将产生语法错误。

当调用函数的时候,由于默认参数在定义时已经被赋值,所以可以直接忽略,而其他参数是必须要传入值的。如果默认参数没有传入值,则直接使用默认的值;如果默认参数传入了值,则使用传入的新值替代。

【例 5-10】 函数定义时设置默认参数,调用时验证其功能。

```
def printinfo( name, age =100 ):
    #打印任何传入的字符串
    print("Name:", name)
    print("Age:", age)
#调用 printinfo 函数
printinfo(name="cau" )
printinfo(name="cau",age=110 )
```

运行结果:

```
Name: cau
Age: 100
Name: cau
Age: 110
```

定义函数时,为形式参数设置默认值要牢记一点:默认参数必须指向不可变对象。若使用可变对象作为函数参数的默认值时,多次调用可能会导致意料之外的情况。若参数中有位置参数,所有位置参数必须出现在默认参数前,包括函数定义和调用。

5.2.5 不定长可变参数

在 Python 中,还可以定义可变参数。不定长参数也叫可变参数,用于不确定调用的时候会传递多少个参数(不传参也可以)的场景。可变参数即传入函数中的实际参数可以是零个、一个、两个到任意个。通常在定义一个函数时,若希望函数能够处理的参数个数

比当初定义的参数个数多,此时可以在函数中使用不定长参数。

定义可变参数时,主要有两种形式:一种是 * args(args 也可以是别的标识符);另一种是 * * kwargs。

1. * args 形式

这种形式表示接收任意多个实际参数并将其放到一个元组中。

【例 5-11】 定义一个函数,让其可以接收任意多个实际参数。

```
#定义函数
def printschool(*name):
    print("\n 我梦想的大学:")
    for item in name:
        print(item)
#调用函数
printschool('清华大学')
printschool('清华大学','北京大学')
printschool('清华大学','北京大学','中国农业大学')
```

运行结果:

我梦想的大学:
清华大学

我梦想的大学:
清华大学
北京大学

我梦想的大学:
清华大学
北京大学
中国农业大学

如果想要使用一个已经存在的列表作为函数的可变参数,可以在列表的名称前加"*"。例如:

```
schoolname=['清华大学','北京大学','中国农业大学']
printschool(*schoolname)
```

使用可变参数需要考虑形参位置的问题。如果在函数中既有普通参数,也有可变参数,通常可变参数会放在最后。若可变参数放在函数参数的中间或者最前面,只是在调用函数时,可变参数后面的普通参数要用关键字参数形式传递参数。如果可变参数在函数参数的中间位置,而且为可变参数后面的普通参数传值时也不想使用关键字参数,那么就必须为这些普通参数指定默认值。

2. * * kwargs 形式

这种形式表示接收任意多个类似关键字参数显式赋值的实际参数,并将其放到一个字典中。

【例 5-12】 定义一个函数,让其可以接收任意多个显式赋值的实际参数。

```
#定义函数
def printProvince(**provinceName):
    for key,value in provinceName.items():
        print(key+"的简称为:"+value)
#调用函数
printProvince(安徽='皖',河北='冀',北京='京')
```

运行结果:

```
安徽的简称为:皖
河北的简称为:冀
北京的简称为:京
```

如果想要使用一个已经存在的字典作为函数的可变参数,可以在字典的名称前加"**"。例如:

```
provinceName ={安徽:'皖',河北:'冀',北京:'京'}
printProvince(**provinceName)
```

在传递参数时,字典和列表(元组)的主要区别是字典前面需要加两个星号(定义函数与调用函数都需要加两个星号),而列表(元组)前面只需要加一个星号。

5.2.6 可变参数的装包与拆包

*args 和 **kwargs 是在 Python 的代码中经常用到的两个参数,其中,*args 是用于接收多余的未命名参数,**kwargs 用于接收形参中的命名参数。args 是一个元组类型,而 kwargs 是一个字典类型的数据。

装包就是把未命名参数和命名参数分别放在元组或者字典中。拆包是将一个序列类型的数据拆开为多个数据,分别赋值给变量,位置对应。

【例 5-13】 参数 *agrs 装包与拆包过程示例。

```
def run(a, * args):
    #第一个参数传给了 a
    print(a)
    #args 是一个元组,里面是第 2 和 3 两个参数
    print(args)
    # * args 是将这个元组中的元素依次取出来
    print("对 args 拆包")
    print( * args)          # * args 相当于 a,b =args
    print("将未拆包的数据传给 run1")
    run1(args)
    print("将拆包后的数据传给 run1")
    run1( * args)
```

```python
def run1(*args):
    print("输出元组")
    print(args)
    print("对元组进行拆包")
    print(*args)
```

run('Rose','Tome', 'King')

运行结果：

Rose
('Tome', 'King')
对 args 拆包
Tome King
将未拆包的数据传给 run1
输出元组
(('Tome', 'King'),)
对元组进行拆包
('Tome', 'King')
将拆包后的数据传给 run1
输出元组
('Tome', 'King')
对元组进行拆包
Tome King

由上述例子可以看出：

(1) 传进的所有参数都会被 args 变量收集，它会根据传进参数的位置合并为一个元组，args 是元组类型。

(2) 形参中的 *args 其实真正接收数据的 args，它是一个元组，把传进来的数据放在了 args 这个元组中。

(3) 函数体里的 args 依然是那个元组，但是 *args 的含义就是把元组中的数据进行拆包，也就是把元组中的数据拆成单个数据。

(4) 对于 args 这个元组，如果不对其进行解包，就将其作为实参传给其他以 *args 作为形参的函数，args 这个元组会被看作一个整体，作为一个类型为元组的数据传入。

【例 5-14】 参数**kwargs 装包与拆包过程示例。

```
def run(**kwargs):………  #传来的 key=value 类型的实参会映射成 kwargs 里面的键和值
    #kwargs 是一个字典,将未命名参数以键-值对的形式存放
    print(kwargs)
    print("对 kwargs 拆包:")
    #此处可以把**kwargs 理解成对字典进行了拆包,{"k":2,"v":4}的 kwargs 字典又被拆
    #成了 k=2,v=4 传递给 run1,但是**kwargs 是不能像之前 *args 那样被打印出来看的
    run1(**kwargs)
    #print(**kwargs)
```

```
def run1(k,v):              #此处的参数名一定要和字典的键的名称一致
    print(k,v)
run(k=2,v=4)
```

运行结果：

```
{'k': 2, 'v': 4}
对kwargs拆包:
2 4
```

5.3 变量的作用域

变量的作用域是指程序代码能够访问该变量的区域,如果超出该区域,再访问时就会出现错误,即变量生效的范围。在程序中,一般会根据变量的"有效范围"将变量分为"局部变量"和"全局变量"。

5.3.1 LEGB 原则

所谓的"LEGB",是 Python 中四层作用域范围的英文名字首字母缩写。

第一层是 L(local),表示在一个函数定义中,而且在这个函数里面没有再包含函数的定义。

第二层是 E(enclosing function),表示在一个函数定义中,但这个函数里面还包含函数的定义,其实 L 层和 E 层只是相对的。

第三层是 G(global),表示一个模块的命名空间,也就是说,在一个.py 文件中,且在函数或类外构成的一个空间,这一层空间对应的全局范围。

第四层是 B(builtin),表示 Python 解释器启动时就已经加载到当前编程环境中的范围,之所以叫 builtin,是因为在 Python 解释器启动时会自动载入_builtin_模块,这个模块中的 list、str 等内置函数就处于 B 层的命名空间中,这一层空间对应上面所说的内建命名空间。

Python 中,程序的变量并不是在哪个位置都可以访问的,访问权限决定于这个变量是在哪里赋值的。

【例 5-15】函数变量的取值应用。

```
#定义函数
a=10
def test():
    a=20
    print("a 的值是",a)
#调用函数
test()
```

运行结果：

a 的值是 20

上述代码有两个变量 a，当在 test()函数中输出变量 a 的值时，为什么输出的是 20，而不是 10 呢？其实，这就是因为变量作用域不同导致的。

变量的作用域决定了在哪一部分程序可以访问哪个特定的变量名称。Python 中变量是采用 L→E→G→B 的规则查找，即 Python 检索变量的时候，先是在局部中查找，如果找不到，便会去局部外的局部找（例如闭包），再找不到就会去全局找，最后去内建中找。

5.3.2 全局变量和局部变量

1. 局部变量

局部变量是指在函数内部定义并使用的变量，它只在函数内部有效。即函数内部的名字只在函数运行时才会创建，在函数运行之前或者运行完毕之后，所有的名字就都不存在了。所以，如果在函数外部使用函数内部定义的变量，就会抛出 NameError 异常。

定义在 def()函数内的变量名，只能在 def()函数内使用，它与函数外具有相同名称的其他变量没有任何关系。不同的函数，可以定义相同名字的局部变量，并且各个函数内的变量不会产生影响。

局部变量的作用：在函数体内部，临时保存数据，即当函数调用完成后，则销毁局部变量。

【例 5-16】 局部变量的使用。

```
def test1():
    num=100
    print("test1 中的 num 值为:%d"%num)
def test2 () :
    num=200
    print("test2 中的 num 值为:%d"%num)
#函数调用
test1()
test2()
```

运行结果：

test1 中的 num 值为:100
test2 中的 num 值为:200

2. 全局变量

局部变量只能在其被声明的函数内部访问，而全局变量可以在整个程序范围内访问。与局部变量对应，全局变量为能够作用于函数内外的变量，即在函数体内、外都能生效的变量。

全局变量主要有以下两种情况。

（1）在函数外定义变量：如果一个变量在函数外定义，那么不仅可以在函数外可以访问到，在函数内也可以访问到。在函数体外定义的变量是全局变量。全局变量是定义在函数外的变量,它拥有全局作用域。

【例 5-17】 全局变量和局部变量的应用。

```
result=100                                          #全局变量
def  sum (a, b) :
    result=a+b                                      #局部变量
    print("函数内的 result 的值为:",result)          #result 在这里是局部变量
    return  result
#调用 sum 函数
sum(100, 200)
print("函数外的变量 result 是全局变量,等于",result)
```

运行结果:

函数内的 result 的值为: 300
函数外的变量 result 是全局变量,等于 100

(2) 在函数体内定义变量: 在函数体内定义,并且使用 global 关键字修饰后,该变量也就变为全局变量。在函数体外也可以访问到该变量,并且在函数体内还可以对其进行修改。

【例 5-18】 global 关键字的应用。

```
a=100
def test():
    global a
    a+=100
    print (a)
test()
```

运行结果:

200

从上面的结果中可以看出,在函数内部定义的变量即使与全局变量重名,也不影响全局变量的值。那么想要在函数体内部改变全局变量的值,需要在定义局部变量时,使用 global 关键字修饰。

尽管 Python 允许全局变量和局部变量重名,但是在实际开发时不建议这么做,因为这样容易让代码混乱,很难分清哪些是全局变量,哪些是局部变量。

5.4 递归函数和匿名函数

5.4.1 递归函数

通过前面的学习可以知道,一个函数的内部可以调用其他函数。但是,如果一个函数在内部不调用其他的函数,而是调用自身的话,这个函数就是递归函数。

接下来,通过一个计算阶乘 $n!=1\times2\times3\times\cdots\times n$ 的例子来演示递归函数的使用,如

例 5-19 所示。

【例 5-19】 应用递归函数计算 5!。

```
def fn(num):
    if num==1:
        result=1
    else:
        result=fn(num-1) * num
    return  result
n=int(input("请输入一个正整数:"))
print("%d! ="%n, fn(n))
```

运行结果：

请输入一个正整数:5
5! =120

接下来，通过图来描述阶乘 5! 算法的执行原理，如图 5-1 所示。

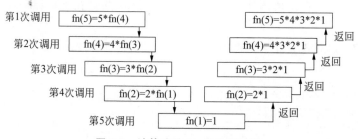

图 5-1 计算阶乘 5! 的执行过程

由上述例子可以看出，递归函数具有如下特征。

(1) 递归函数必须有一个明确的结束条件。

(2) 递归的递推（调用）和回归（返回）过程，跟入栈和出栈类似。这是因为在计算机中，函数的调用其实就是通过栈这种数据结构实现的。每调用一次函数，就会执行一次入栈，每当函数返回，就执行一次出栈。由于栈的大小是有限的，因此，递归调用的次数过多，会导致栈内存的溢出。

5.4.2 匿名函数

匿名函数（lambda）是指没有名字的函数，也就是不再使用 def 语句定义的函数，可应用在需要一个函数但是又不想费神去命名这个函数的场合中。通常情况下，这样的函数只使用一次。

在 Python 中，使用 lambda 表达式创建匿名函数，其语法格式如下：

result = lambda [arg1 [,arg2,…, argn]]:expression

参数说明：

• result：用于调用 lambda 表达式。

- arg1 [,arg2,…, argn]：可选参数，用于指定要传递的参数列表，多个参数间使用逗号分隔。
- expression：必选参数，用于指定一个实现具体功能的表达式。如果有参数，那么在该表达式中将应用这些参数。

使用 lambda 表达式时，参数可以有多个，用逗号","分隔，但是表达式只能有一个，即只能返回一个值，而且也不能出现其他非表达式语句(如 for 或 while)。

lambda 表达式的首要用途是指定短小的回调函数。

【例 5-20】 匿名函数的应用。

```
sum = lambda arg1, arg2: arg1 + arg2
#调用 sum 函数
print("运行结果:", sum(10, 20))
print("运行结果:", sum(20, 20))
```

运行结果：

运行结果：30
运行结果：40

需要注意的是，使用 lambda 声明的匿名函数能接收任何数量的参数，但只能返回一个表达式的值。匿名函数不能直接调用 print()，因为 lambda 需要一个表达式。

在某些场景下，匿名函数非常有用。假设之前要对两个数进行运算，如果希望声明的函数支持所有的运算，可以将匿名函数作为函数参数传递。

【例 5-21】 匿名函数的高级应用。

```
def fun(a,b,opt):
    print("a=%d"%a)
    print("b=%d" %b)
    print("result=",opt(a,b))
fun(11,22,lambda x,y:x+y)
print("------------------")
fun(11,22,lambda x,y:x-y)
```

运行结果：

a=11
b=22
result=33
----
a=11
b=22
result=-11

除此之外，匿名函数还通常作为内置函数的参数来使用。

【例 5-22】 匿名函数作为内置函数的参数的应用。

```
stus = [
    {"name":"晓萌", "age":18},
    {"name":"桃红", "age":19},
    {"name":"草绿", "age":17}
]
#按name排序:
stus.sort(key = lambda x:x['name'])
print("按name排序后的结果为:\n",stus)
#按age排序
stus.sort(key = lambda x:x['age'])
print("按age排序后的结果为:\n",stus)
```

运行结果:

按name排序后的结果为:
[{'name': '晓萌', 'age': 18}, {'name': '桃红', 'age': 19}, {'name': '草绿', 'age': 17}]
按age排序后的结果为:
[{'name': '草绿', 'age': 17}, {'name': '晓萌', 'age': 18}, {'name': '桃红', 'age': 19}]

注意:与def相比,lambda创建的函数区别如下。

(1) def创建的函数是有名称的,而lambda没有函数名称,这是最明显的区别之一。

(2) lambda返回的结果通常是一个对象或者一个表达式,它不会将结果赋给一个变量,而def则可以。

(3) lambda只是一个表达式,函数体比def简单很多,而def是一个语句。

(4) lambda表达式的冒号后面只能有一个表达式,def则可以有多个。

(5) 像if或for等语句不能用于lambda中,def则可以。

(6) lambda一般用来定义简单的函数,而def可以定义复杂的函数。

(7) lambda函数不能共享给别的程序调用,def可以。

5.5 高阶函数

高阶函数是在Python中一个非常有用的功能函数。所谓高阶函数就是一个函数可以用来接收另一个函数作为参数。高阶函数是函数式编程的体现。函数式编程就是指这种高度抽象的编程范式。

在Python中,abs()函数可以完成对数字求绝对值计算。

假设任意两个数字,需要按照指定要求整理数字后再进行求和计算。

(1) 利用函数定义调用方式,求和的方法1。

```
def add_num(a, b):
    return abs(a) + abs(b)
```

```
result = add_num(-1, 2)
print(result)
```

运行结果:

3

(2) 利用定义高阶函数,求和的方法 2。

```
def sum_num(a, b, f):
    return f(a) + f(b)

result = sum_num(-1, 2, abs)
print(result)
```

运行结果:

3

两种方法对比之后,发现方法 2 的代码会更加简洁,函数灵活性更高。

在 Python 中,round()函数可以完成对数字的四舍五入计算。对于方法 2,如果想计算两个四舍五入的数的和,就可以写成:result=sum_num(1.9,2.5,round),其 result 的结果为 4。

由此可以看出,函数式编程大量使用函数,减少了代码的重复,因此程序比较短,开发速度较快。

5.5.1 内置高阶函数: map()

Python 中的 map()函数会根据提供的函数对指定的序列做映射。map()是 Python 内置的高阶函数。map(func, lst)将传入的函数变量 func 作用到 lst 变量的每个元素中,并将结果组成新的列表(Python 2)/迭代器(Python 3)返回。

其定义如下:

```
map(func, *iterables) -->map object
```

参数说明:

- function:一个函数名,可以是 Python 内置的,也可以是自定义的。
- iterable:一个可以迭代的对象,例如列表、元组、字符串。
- 返回值:map 的返回结果是一个 object 对象。

【例 5-23】 对于 list[1,2,3,4,5,6,7,8,9],如果希望把 list 的每个元素都计算平方,就可以用 map()函数。因此,只需要传入函数 f(x)=x∗x,就可以利用 map()函数完成这个计算。

```
#准备列表数据
list_01 = [1, 2, 3, 4, 5, 6, 7, 8, 9]
#准备 2 次方计算的函数
def f(x):
```

```
        return x * x
#调用 map
result =map(f,list_01)
#验收成果
print(list_01)
print(result)
print(list(result))
```

运行结果：

```
[1, 2, 3, 4, 5, 6, 7, 8, 9]
<map object at 0x00000000021DF668>
[1, 4, 9, 16, 25, 36, 49, 64, 81]
```

由上述示例可以看出，map()函数的作用是以参数序列中每个元素分别调用 f()函数，把每次调用后返回的结果保持到返回值中。map()函数不改变原有的 list，而是返回一个新的对象。其中的 f(x)的定义也可以改为匿名函数，例如 f = lambda x：x * x，也可以实现上述结果。

由于 list 包含的元素可以是任何类型，因此，map()不仅可以处理只包含数值的 list，事实上它可以处理包含任意类型的 list，只要传入的函数 f()可以处理这种数据类型。

5.5.2　内置高阶函数: reduce()

Python 中的 reduce()内建函数是一个二元操作函数，用来将一个数据集合(链表,元组等)中的所有数据进行下列操作：用传给 reduce()中的函数 func()(必须是一个二元操作函数)先对集合中的第 1、2 个数据进行操作，得到的结果再与第 3 个数据用 func()函数运算，最后得到一个结果，即 reduce()函数实现对 func 计算的结果继续和序列的下一个元素做累计计算。

reduce()函数的定义：

```
reduce(function, iterable[, initializer])
```

参数说明：

- function：函数，有两个参数。
- iterable：可迭代对象。
- initializer：可选，初始参数。

reduce(function，sequence)的工作过程：function 是一个函数，sequence 是一个数据集合(元组、列表等)。先将集合里的第 1,2 个参数传入函数执行，再将执行结果和第 3 个参数传入函数执行……，最终得到最后一个结果。

例如，reduce(lambda x，y：x + y,[1,2,3,4])执行步骤如下：

先将 1,2 传入:1+2 =3
再将 3,3 传入:3+3 =6
再将 6,4 传入:6+4 =10

最终结果为:10

在 Python 3 中,reduce()函数已经被从全局名字空间里移除了,它现在被放置在 functools 模块里,使用前要先引入模块。

【例 5-24】 reduce()的应用示例。

```
#导入模块
from functools import reduce
#定义功能函数
def myadd(x,y):
    return x+y
#调用 reduce,作用:功能函数计算的结果和序列的下一个数据做累计计算
sum=reduce(myadd,(1,2,3,4,5,6,7))
print(sum)
```

运行结果:

28

上述例子中的函数可以由匿名函数表达。因此上述例题可以改为:

```
sum=reduce(lambda x,y:x+y,(1,2,3,4,5,6,7))
print(sum)
```

5.5.3　内置高阶函数: filter()

filter()函数会对指定的序列执行过滤操作。filter()函数是 Python 内置的另一个有用的高阶函数,filter()函数接收一个函数 f()和一个 list,这个函数 f()的作用是对每个元素进行判断,返回 True 或 False。filter()根据判断结果自动过滤掉不符合条件的元素,返回由符合条件元素组成的新 list,和 map()函数一样,在 Python 3 中要返回 list 列表,那么必须用 list 作用于 filter()。

filter()函数的定义如下:

filter(function, iterable)→filter object

参数说明:

- function:属于判断函数,该参数为函数的名称或者 None。该参数如果是 function,它只能接受一个参数,而且返回值是布尔值(True 或 False)。
- iterable:可迭代对象。
- 返回值:函数返回值是一个 object 类型的对象。

【例 5-25】 从一个 list [1, 4, 6, 7, 9, 12, 17]中删除偶数,保留奇数。

```
list1 =  [1, 4, 6, 7, 9, 12, 17]
#定义功能函数:过滤序列中的偶数
def is_odd(x):
    return x %2 ==1
```

```
#调用filter,利用filter()过滤掉偶数
print(list(filter(is_odd,list1)))
```

运行结果:

```
[1, 7, 9, 17]
```

上述例子中的定义函数,也可以改为匿名函数:is_odd = lambda x: x%2。

【例 5-26】 利用 filter() 删除 None 或者空字符串。

```
def is_not_empty(s):
    return s and len(s.strip()) >0
print(list(filter(is_not_empty, ['test', None, '', 'str', ' ', 'END'])))
```

运行结果:

```
['test', 'str', 'END']
```

注意:s.strip(rm) 删除 s 字符串中开头、结尾处的 rm 序列的字符。当 rm 为空时,默认删除空白符(包括'\n'、'\r'、'\t'、' ')。

从上述例子可以看出,filter() 函数的作用是用于过滤序列,过滤掉不符合条件的元素,最后返回的结果包含调用结果为 True 的元素,即返回一个 filter 对象。如果要转换为列表,可以使用 list() 来转换。

5.6 闭包及其应用

5.6.1 函数的引用

在对函数引用时,采用不同的方式调用函数,函数所起到的功能也不同。

【例 5-27】 通过两种方式对函数调用,验证函数引用方式的不同。

```
def infoout():
    print("Work hard!")

infoout()
print(infoout)
```

运行结果:

```
Work hard!
<function infoout at 0x00000000020AC268>
```

从上述代码可以看出,使用"infoout()"和"infoout"是不同的,前者表示调用 infoout() 函数,执行函数中的代码,而后者是引用函数块。

5.6.2 闭包概述

前面已经学过了函数,我们知道当函数调用完,函数内定义的变量都销毁了,但是有

时候需要保存函数内的这个变量,每次在这个变量的基础上完成一系列的操作。例如,每次在这个变量的基础上和其他数字进行求和计算,怎么办呢? 就可以通过闭包来解决这个需求。

如果在一个函数的内部定义了另一个函数,外部的函数叫外函数,内部的函数叫内函数。闭包是指在一个外函数中定义了一个内函数,内函数里运用了外函数的临时变量,并且外函数的返回值是内函数的引用。

闭包需满足如下 3 个条件。

(1) 在函数嵌套(函数里面再定义函数)的前提下。
(2) 内部函数使用了外部函数的变量(还包括外部函数的参数)。
(3) 外部函数返回了内部函数。

【例 5-28】 闭包的定义示例。

```
#函数嵌套
def outer(num1):
    #外部函数
    def inner(num2):
        #内部函数
        #内部函数必须使用了外部函数的变量
        print(num1+num2)
    #外部函数返回了内部函数,这里返回的内部函数就是闭包
    return inner

print(outer(10))
#创建闭包实例
outer_new = outer(10)
#执行闭包
outer_new(20)
```

运行结果:

```
<function outer.<locals>.inner at 0x00000000021E66A8>
30
```

从上述代码的运行结果可以看出,inner()函数就是一个闭包,因为它满足了闭包的三个条件。

(1) 嵌套在函数里面,outer()函数嵌套了 inner()函数。
(2) inner()函数中的变量是外部函数 outer()函数的参数 num1。
(3) 外部函数 outer()的返回值是内部函数 inner()的引用。

从输出结果"<function outer.<locals>.inner at 0x00000000021E66A8>"来看,在输出 outer(10)时,程序仅执行了 outer()函数,并没有执行 inner()函数,而 outer()函数的返回值是函数 inner()的引用,所以结果也是一个引用值。

从输出结果 30 来看,若调用 inner()函数,输出其函数语句中的结果,通过将外部函数返回的引用赋给了一个新变量,然后使用"()"调用实现。

闭包的作用是闭包可以保存外部函数内的变量,不会随着外部函数调用完而销毁。由于闭包引用了外部函数的变量,则外部函数的变量没有及时释放,消耗内存。

5.6.3 闭包的应用

闭包主要在面向对象、装饰器以及实现单例模式三个方面应用居多。接下来,结合例子来讲述一下闭包的应用和优势。

【例 5-29】 利用闭包计算函数式 y=ax+b 的函数值。

```
def calc_y(a,b):
    def calc(x):
        print(a * x+b)
    return calc

calc_1 = calc_y(2,5)
calc_2 = calc_y(6,8)
calc_1(2)
calc_2(3)
```

运行结果:

9
26

从上述代码可以看出,不用闭包计算 y 的值,需要在创建函数的时候传入 3 个参数,此方法不仅需要传递较多的参数,而且代码的可移植性差。而闭包具有提高代码可复用性的作用。

使用闭包的过程中,一旦外函数被调用一次,返回了内函数的引用,虽然每次调用内函数是开启一个函数执行过后消亡,但是闭包变量实际上只有一份,每次开启内函数都在使用同一份闭包变量。

5.7 装饰器及其应用

Python 中的装饰器的目的是为一个目标函数添加额外的功能却不修改函数本身。装饰器的本身其实是一个特殊的函数,主要的应用场景有插入日志、性能测试、事务处理等。正如人类穿着内裤很大程度上是为了遮羞和对关键部位进行保护,但是却不能提供保暖。因此我们还需要穿着长裤。长裤就是对内裤功能的补充,却不影响内裤本身的功能。

5.7.1 装饰器的概念

Python 装饰器(Functional Decorators)就是用于拓展原来函数功能的一种函数,目的是在不改变原函数名(或类名)的情况下,给函数增加新的功能。通常情况下,装饰器主要应用于引入日志、函数执行时间统计、执行函数前预备处理、执行函数后清理功能、权限校验以及缓存等方面。接下来先看一个例子。

【例 5-30】 统计函数执行时间。

```
import time

#函数运行 3 秒
def func():
    time.sleep(3)

start_time = time.time()
func()
end_time = time.time()
print('函数运行时间为:%.2fs' % (end_time - start_time))
```

运行结果：

函数运行时间为:3.00s

上述程序执行一次，原则上来说没有问题，如果有多个这样的需求，就会大量重复代码。为了减少代码重复，可以创建一个新的函数专门记录函数的执行时间。在 Python 中，可以通过装饰器满足上述需求，其语法以"@"开头。

【例 5-31】 利用装饰器实现统计函数执行时间。

```
import time
def timeit(func):
    def result():
        start_time = time.time()
        func()
        end_time = time.time()
        print('函数运行时间为:%.2fs' % (end_time - start_time))
    return result

@timeit
def func_0():
    time.sleep(3)
#省略 4 个
@timeit
def func_5():
    time.sleep(3)

#调用函数
func_0()
func_5()
```

运行结果：

函数运行时间为:3.00s
函数运行时间为:3.00s

上述程序的执行过程是当程序执行 func_0()和 func_5()时,发现它们上面还有@timeit,所以会先执行@timeit。@timeit 等价于 func_0＝tiemit(func_0)。

当多个装饰器应用于同一个函数上时,它们的调用顺序是自上而下的。

5.7.2 装饰器的应用

装饰器是 Python 中的进阶用法,应用范围非常广泛。接下来从无参数、有参数等角度讲述装饰器的应用。

1. 无参数的装饰器应用

【例 5-32】 利用测试函数运行时间的应用,演示无参数的装饰器应用。

```python
import time
#装饰器
def timeit(func):                     #func 为装饰器绑定的方法(绑定装饰器后自动传入)
    def result():
        start_time =time.time()
        func()                        #调用 test 方法
        end_time =time.time()
        print('函数运行时间为:%.2fs' %(end_time -start_time))
    return result                     #返回 result 方法

@timeit                               #添加装饰器
def test():
    time.sleep(1)
    print("函数运行测试")

test()                                #调用函数
```

运行结果:

函数运行测试
函数运行时间为:1.00s

2. 有参数的装饰器应用

【例 5-33】 利用测试函数运行时间的应用,演示有参数的装饰器应用。

```python
import time

def timeit(func):                     #func 为装饰器绑定的方法(绑定装饰器后自动传入)
    def result(arg1):                 #传入 test 方法的参数
        start_time =time.time()
        func(arg1)                    #调用 test 方法
        end_time =time.time()
```

```
        print('函数运行时间为:%.2fs' %(end_time-start_time))

    return result                          #返回 result 方法

@timeit                                    #添加装饰器
def test(mStr):
    time.sleep(2)
    print("函数运行时间:" +mStr)

test("传入参数")                            #调用函数
```

3. 装饰器既可以装饰带参函数也可以装饰不带参函数

【例 5-34】 利用测试函数运行时间的应用,演示有参数或无参数的装饰器应用。

```
import time

#装饰器
def timeit(func):                          # func 为装饰器绑定的方法(绑定装饰器后自动传入)
    def result(*arg1,**kwargs):            # (传入非固定参数)这样即使装饰函数不带参数也可
                                           #被装饰
        start_time=time.time()
        func(*arg1,**kwargs)
        end_time=time.time()
        print('函数运行时间为:%.2fs' %(end_time-start_time))
    return result                          #返回 result 方法

@timeit                                    #添加装饰器
def test():
    time.sleep(2)
    print("函数运行")

test()                                     #调用函数
```

4. 装饰器的高级应用

【例 5-35】 通过模拟登录系统,演示装饰器的高级应用。

```
user, password='root', 'abc123'
def login(login_type):
    def outer_wrapper(func):
        def wrapper(*agr1,**kwargs):
            strusername=input("用户名:").strip()
            strpwd=input("密码:").strip()
            if login_type=="local":
                if user==strusername and password==strpwd:
                    print("登录系统成功!")
                    res=func(*agr1,**kwargs)    #接收返回结果
```

```python
                return res
            else:
                print("登录系统失败!")
        elif login_type =="ldap":
            print("轻量级的目录访问登录")
        return func(*agr1,**kwargs)
    return wrapper
return outer_wrapper

def index():
    print("欢迎登录云服务管理系统")

@login(login_type="local")                        #对装饰分类
def home():
    print("欢迎登录系统主界面")
    return "本地登录"

@login(login_type="ldap")                         #对装饰分类
def remote():
    print("欢迎登录云管控平台")

index()
print(home())
remote()
```

运行结果:

欢迎登录云服务管理系统
欢迎登录云服务管理系统
用户名:root
密码:abc123
登录系统成功!
欢迎登录系统主界面
本地登录
用户名:admin
密码:123
轻量级的目录访问登录
欢迎登录云管控平台

  由上述应用可以看出,当装饰器也需要参入参数时需要给装饰器再加一层函数,此时装饰器接收到的方法需要进入第二层函数进行接收,第一层需要接收装饰器自己的参数。

  对装饰器的应用来说,要想装饰器不修改被装饰函数的返回值,需要在装饰器中接收被装饰函数的返回值并 return 即可。如果希望对被装饰函数进行分类处理,可以在绑定装饰器时传入一个参数用于对被装饰函数进行分类,但是这样需要在装饰器中再套一层函数,在第一层接收装饰器传递的参数,在第二层函数中接收被装饰函数。如果希望装饰器既能装饰带参的函数也可以装饰不带参的函数,只需要在装饰器中接收参数时,把参数定义为非固定参数即可。

5.8 迭代器及其应用

迭代器是一个实现了迭代器协议的对象。Python 中的迭代器协议就是具有 next() 方法的对象会前进到下一结果,而在一系列结果的末尾则会引发 StopIteration 异常。任何这种类型的对象在 Python 中都可以用 for 循环或其他遍历工具进行迭代,迭代工具内部会在每次迭代时调用 next() 方法,并且通过捕捉 StopIteration 异常来结束迭代。

使用迭代器优势:迭代器提供了一个统一的访问序列的接口,只要是实现了 __iter__() 方法的对象,就可以使用迭代器通过调用 next() 方法每次只从对象中读取一条数据,不会造成内存的过大开销。

5.8.1 迭代器的概念

1. 迭代

迭代是通过重复执行的代码处理相似的数据集的过程,并且本次迭代的处理数据要依赖上一次的结果继续往下做,上一次产生的结果为下一次产生结果的初始状态,如果中途有任何停顿,都不能算是迭代。

【例 5-36】 非迭代应用示例。

```
loop = 0
while loop < 3:
    print("Hello world!")
    loop += 1
```

本例仅是循环 3 次输出"Hello world!",输出的数据不依赖上一次的数据,因此不是迭代。

【例 5-37】 迭代应用示例。

```
loop = 0
while loop < 3:
    print(loop)
    loop += 1
```

2. 容器

容器是一种把多个元素组织在一起的数据结构,容器中的元素可以逐个地迭代获取,可以用 in 或 not in 关键字判断元素是否包含在容器中。

(1) 这个定义与在列表中定义的容器"可以包含其他类型对象(如列表、元组、字典等)作为元素的对象,在 Python 中称为容器(container)"从字面上看是不同的,但本质上是一样的,因为基本上所有元素的数据类型(字符串除外)都能包含其他类型的对象。

(2) 容器只是用来存放数据的,我们平常看到的 l=[1,2,3,4]等,好像可以直接从列表这个容器中取出元素，但事实上容器并不提供这种能力，而是可迭代对象赋予了容器这种能力。

3. 可迭代对象

可迭代对象并不是指某种具体的数据类型，它是指存储了元素的一个容器对象，且容器中的元素可以通过__iter__()方法或__getitem__()方法访问。

(1) __iter__()方法的作用是让对象可以用for…in循环遍历，__getitem__()方法是让对象可以通过"实例名[index]"的方式访问实例中的元素。这两个方法的目的是Python实现一个通用的外部可以访问可迭代对象内部数据的接口。

(2) 一个可迭代对象是不能独立进行迭代的，Python中，迭代是通过for…in来完成的。凡是可迭代对象都可以直接用for…in循环访问，这个语句其实做了两件事：第一件事是调用__iter__()方法获得一个可迭代器，第二件事是循环调用__next__()方法。

(3) 常见的可迭代对象包括：

① 集合数据类型，如list、tuple、dict、set、str等。

② 生成器，包括生成器和带yield的生成器函数。

(4) 如何判断一个对象是可迭代对象呢？可以通过collections模块的Iterable类型判断，具体判断方法如下：

```
from collections import Iterable
isinstance('', Iterable)                #返回True,表明字符串也是可迭代对象
```

(5) 在迭代可变对象如列表对象时，一个序列的迭代器只是记录当前到达了序列中的第几个元素，所以如果在迭代过程中改变了序列的元素。更新会立即反应到所迭代的条目上。例如，一个列表用for…in方法迭代访问时，删除了当前索引n对应的元素，则下一个循环时，访问的数据索引为n+1，但实际访问元素的索引是上一轮循环中列表的索引n+2对应元素。

4. 迭代器

迭代器(Iterator)可以看作是一个特殊的对象，每次调用该对象时会返回自身的下一个元素，从实现上来看，一个迭代器对象必须是定义了__iter__()方法和next()方法的对象。

Python的Iterator对象表示的是一个数据流，可以把这个数据流看作是一个有序序列，但却不能提前知道序列的长度，所以Iterator的计算是惰性的，只有在需要返回下一个数据时它才会计算。

Iterator对象可以被next()函数调用并不断返回下一个数据，直到没有数据时抛出StopIteration错误。

所有的Iterable可迭代对象均可以通过内置函数iter()来转变为迭代器Iterator。__iter__()方法是让对象可以用for…in循环遍历时找到数据对象的位置，__next__()方法是让对象可以通过next(实例名)访问下一个元素。除了通过内置函数next调用可以判断是否为迭代器外，还可以通过collection中的Iterator类型判断。例如，isinstance('',Iterator)可以判断字符串类型是否迭代器。注意：list、dict、str虽然是Iterable，却不是

Iterator。

迭代器的优点：节约内存(循环过程中，数据不用一次读入，在处理文件对象时特别有用，因为文件也是迭代器对象)，不依赖索引取值，实现惰性计算(需要时再取值计算)。

【例 5-38】 用迭代器的方式访问文件。

```
for line in open("test.txt"):
    print(line)
```

这样每次读取一行就输出一行，而不是一次性将整个文件读入，节约内存。

迭代器使用上存在限制：只能向前一个个地访问数据，已访问数据无法再次访问、遍历访问一次后再访问无数据。例如：

```
l=[1,2,3,4]
i=iter(l)                #从 list 列表生成迭代器 i
list(i)                  #将迭代器内容转换成列表,输出[1,2,3,4]
list(i)                  #将迭代器内容再次转换成列表,输出[]
```

用 for 循环访问：

```
i=iter(l)
    for k in i:
        print(k)         #输出 1、2、3、4
    for k in i:
        print(k)         #再次循环没有输出
```

如果需要解决这个问题，可以分别定义一个可迭代对象，每次访问开始时从可迭代对象重新生成和迭代器对象，如本部分前面所介绍的，当用 for…in 方式访问可迭代对象时，系统就是这么做的。

当所有的元素全部取出后迭代器再次调用 next 就会抛出一个 StopIteration 异常，这并不是发生错误，而是告诉外部调用者迭代完成了。

5.8.2 迭代器的应用

1. 用 for…in 方式访问迭代器

```
vList=[1,2,3,4]
vIter=iter(vList)        #从列表生成迭代器对象
for i in vIter:
    print('第一次：',i)    #输出迭代器中的数据 1、2、3、4
for i in vIter:
    print('第二次：',i)    #再次输出没有数据,因为迭代器已经空了
```

如果上述 for 循环访问变量改成列表，则每次都能输出数字。

```
for i in vList:
    print('第一次：',i)    #输出列表中的数据 1、2、3、4,可以重复执行输出
```

从以上两种 for 循环方式可以看出迭代器和可迭代对象的区别。

2. 用 next 方式访问

```
vList=[1,2,3,4]
vIter=iter(vList)
while True:
    try:i=next(vIter)
    except:break
        print('第一次:',i)
```

while 循环如果执行第二次也不会输出。

5.9 生成器及其应用

生成器的作用是在循环过程中按照某种算法推算数据，不需要创建容器存储完整的结果，从而节省内存空间。本节主要讲述生成器的概念，然后结合案例讲解其应用。

5.9.1 生成器的概念

生成器是能够动态提供数据的可迭代对象。这里的动态是指循环一次，计算一次，返回一次。生成器主要体现在数据量越大，优势越明显。以上作用也称为延迟操作或惰性操作，通俗地讲，就是在需要的时候才计算结果，而不是一次构建出所有结果。

生成器函数定义：含有 yield 语句的函数，返回值为生成器对象。

生成器函数语法：

```
def 函数名():
    ...
    yield 数据
    ...
```

生成器函数调用：

```
for 变量名 in 函数名():
    语句
```

说明：调用生成器函数将返回一个生成器对象，不执行函数体。yield 翻译为"产生"或"生成"。

生成器函数执行过程如下。

（1）调用生成器函数会自动创建迭代器对象。

（2）在调用迭代器对象的__next__()方法时才执行生成器函数。

（3）每次执行到 yield 语句时返回数据，暂时离开。

（4）待下次调用__next__()方法时从离开处继续执行。

生成迭代器对象的规则如下。

（1）将 yield 关键字以前的代码放在 next()方法中。

(2) 将 yield 关键字后面的数据作为 next()方法的返回值。

5.9.2 生成器的应用

生成器主要目的是构成一个用户自定义的循环对象。它可以看作是一个带有 yield 的函数，其中，yield 是一个关键字，一旦函数被 yield 修饰，Python 解释器会将被修饰的函数看作一个生成器。

【例 5-39】 通过创建迭代器对象的方法重写 range()函数。要求：参照代码，自定义 MyRange 类，实现相同功能。

```
for item in myrange(n):
    print(item)
```

具体实现：

```
def myGen():
    print("生成器被执行！")
    yield 1
    yield 2

myG = myGen()
print(next(myG))
print(next(myG))

for i in myGen():
    print(i)

def libs():
    a = 0
    b = 1
    while True:
        a, b = b, a + b
        yield a


for each in libs():
    if each > 100:
        break
    print(each, end=' ')
#列表推导式
a = [i for i in range(100) if not (i % 2) and i % 3]
#可以被 2 整除，但是不能被 3 整除
print('\n', a)

#字典推导式
```

```
b = {i: i %2 ==0 for i in range(10)}
#0~9作为键,能够被 2 整除则返回 True,否则返回 False
print(b)

#集合推导式
c = {i for i in [1, 2, 3, 4, 5, 5, 6, 7, 8]}
print(c)

#生成器推导式
e = (i for i in range(10))
print(type(e))
for each in e:
    print(each)

print((sum(i for i in range(100) if i %2)))
```

运行结果:

```
生成器被执行!
1
2
生成器被执行!
1
2
1 1 2 3 5 8 13 21 34 55 89
[2, 4, 8, 10, 14, 16, 20, 22, 26, 28, 32, 34, 38, 40, 44, 46, 50, 52, 56, 58, 62, 64, 68, 70, 74, 76, 80, 82, 86, 88, 92, 94, 98]
{0: True, 1: False, 2: True, 3: False, 4: True, 5: False, 6: True, 7: False, 8: True, 9: False}
{1, 2, 3, 4, 5, 6, 7, 8}
<class 'generator'>
0
1
2
3
4
5
6
7
8
9
2500
```

在实际工作应用中,充分利用 Python 的生成器能够减少内存的占用,还能提高代码可读性。

5.10 综合应用案例：会员管理系统实现

利用函数,编写会员管理系统,实现进入系统显示系统功能界面,选择添加、删除、修改、查询、显示所有会员信息以及退出系统等相应功能。

完成该系统,需要从以下三个步骤进行。

第一步：显示功能界面。

第二步：用户输入功能序号。

第三步：根据用户输入的功能序号,执行不同的功能(函数),其中包括定义函数和调用函数。

5.10.1 显示功能界面实现

1. 显示功能界面

定义函数 info_menu(),负责显示系统功能。

```
def info_menu():
    print('--欢迎使用会员管理系统--')
    print('请选择功能:')
    print('1.添加会员信息')
    print('2.删除会员信息')
    print('3.修改会员信息')
    print('4.查询会员信息')
    print('5.显示所有会员信息')
    print('6.退出系统')
print('-' * 22)
```

2. 用户输入

用户输入序号,选择功能。

```
user_num = int(input('请输入功能序号:'))
```

3. 用户选择

根据用户选择,执行不同的功能。

```
  if user_num == 1:
      print('添加会员')
  elif user_num == 2:
      print('删除会员')
  elif user_num == 3:
      print('修改会员')
  elif user_num == 4:
      print('查询会员')
  elif user_num == 5:
      print('显示所有会员')
```

```
        elif user_num ==6:
            print('退出系统')
```

4. 具体实现

工作中,需要根据实际需求调优代码。首先,用户选择系统功能的代码需要循环使用,直到用户主动退出系统。如果用户输入 1~6 以外的数字,需要提示用户。

```
#系统功能需要循环使用,直到用户输入 6,才退出系统
while True:
    #显示功能界面
    info_menu()
    #用户输入功能序号
    user_num = int(input('请输入功能序号:'))

    #按照用户输入的功能序号,执行不同的功能(函数)
    #如果用户输入 1,执行添加;如果用户输入 2,执行删除…
    if user_num ==1:
        add_info()
    elif user_num ==2:
        del_info()
    elif user_num ==3:
        modify_info()
    elif user_num ==4:
        search_info()
    elif user_num ==5:
        print_all()
    elif user_num ==6:
        #print('退出系统')
        #程序要想结束,退出终止 while True --break
        exit_flag = input('确定要退出吗? yes or no')
        if exit_flag == 'yes':
            break
    else:
        print('输入的功能序号有误')
```

5.10.2 定义并实现添加会员功能函数

所有功能函数都是操作会员信息,所以存储所有会员信息的应该是一个全局变量,数据类型为列表。定义存储所有会员信息的列表:

```
membership_info = []
```

添加会员函数的实现:
(1) 接收用户输入会员信息,并保存。
(2) 判断是否添加会员信息:

① 如果会员姓名已经存在,则报错提示。
② 如果会员姓名不存在,则准备空字典,将用户输入的数据追加到字典,再用列表追加字典数据。
(3) 在对应的 if 条件成立的位置调用该函数。
(4) 代码实现如下:

```python
#添加会员信息的函数
def add_info():
    """添加会员函数"""
    #用户输入:会员编号、姓名、手机号
    new_id = input('请输入会员编号:')
    new_name = input('请输入姓名:')
    new_tel = input('请输入手机号:')
    #判断是否添加这个会员:如果会员姓名已经存在报错提示;如果姓名不存在添加数据
    global membership_info
    #不允许姓名重复:判断用户输入的姓名和列表里面字典的 name 对应的值,如相等则提示
    for i in membership_info:
        if new_name == i['name']:
            print('此用户已经存在')
            #return 作用:退出当前函数,后面添加信息的代码不执行
            return
    #如果输入的姓名不存在,添加数据:准备空字典,字典新增数据,列表追加字典
    info_dict = {}
    
    #字典新增数据
    info_dict['id'] = new_id
    info_dict['name'] = new_name
    info_dict['tel'] = new_tel
    #print(info_dict)
    
    #列表追加字典
    membership_info.append(info_dict)
    print(membership_info)
```

5.10.3 定义并实现删除会员功能函数

删除会员要按用户输入的会员姓名进行删除。删除会员函数的实现:
(1) 用户输入目标会员姓名。
(2) 检查这个会员是否存在:
① 如果存在,则从列表中删除这个数据。
② 如果不存在,则提示"该用户不存在"。
③ 在对应的 if 条件成立的位置调用该函数。
④ 代码实现如下:

```python
def del_info():
    """删除会员"""
    #用户输入要删除的会员的姓名
    del_name = input('请输入要删除的会员的姓名:')

    #判断会员是否存在:存在则删除;不存在提示
    #声明 membership_info 是全局变量
    global membership_info
    #遍历列表
    for i in membership_info:
    #判断会员是否存在:存在则执行删除(列表里面的字典),break:这个系统不允许重名,删
    #除了一个后面的不需要再遍历;不存在则提示
        if del_name == i['name']:
            #列表删除数据 --按数据删除 remove
            membership_info.remove(i)
            break
    else:
        print('该会员不存在')

print(membership_info)
```

5.10.4　定义并实现修改会员功能函数

修改会员要按用户输入的会员姓名进行修改。修改会员函数的实现:
（1）用户输入目标会员姓名。
（2）检查这个会员是否存在。
① 如果存在,则修改这位会员的信息,例如手机号。
② 如果不存在,则报错。
（3）在对应的 if 条件成立的位置调用该函数。
（4）代码实现如下:

```python
def modify_info():
    """修改会员信息"""
    #用户输入想要修改会员的姓名
    modify_name = input('请输入要修改的会员的姓名:')

    #判断会员是否存在:存在则修改手机号;不存在则提示
    #声明 membership_info 是全局
    global membership_info
    #遍历列表,判断输入的姓名==字典['name']
    for i in membership_info:
        if modify_name == i['name']:
            #将 tel 这个 key 修改值,并终止此循环
            i['tel'] = input('请输入新的手机号:')
```

```
            break
    else:
        #会员不存在
        print('该会员不存在')

    #打印信息
    print(membership_info)
```

5.10.5 定义并实现查询会员功能函数

查询会员要按用户输入的会员姓名进行查询。查询会员函数的实现：
(1) 用户输入目标会员姓名。
(2) 检查会员是否存在。
① 如果存在,则显示这个会员的信息。
② 如果不存在,则报错提示。
(3) 在对应的 if 条件成立的位置调用该函数。
(4) 代码实现如下：

```
def search_info():
    """查询会员信息"""
    #用户输入目标会员姓名
    search_name = input('请输入要查询的会员的姓名:')

    #检查会员是否存在:存在则打印这个会员的信息;不存在则提示
    #声明 info 为全局
    global membership_info
    #遍历 membership_info,判断输入的会员是否存在
    for i in membership_info:
        if search_name == i['name']:
            #会员存在:打印信息并终止循环
            print('查询到的会员信息如下---------------')
            print(f"会员的会员编号是{i['id']},姓名是{i['name']},
                手机号是{i['tel']}")
            break
    else:
        #会员不存在的提示
        print('查无此人...')
```

5.10.6 定义并实现显示所有会员功能函数

显示所有会员函数的实现如下：

```
def print_all():
    """显示所有会员信息"""
```

```
#打印提示字
print('会员编号\t姓名\t手机号')
#打印所有会员的数据
for i in membership_info:
    print(f"{i['id']}\t{i['name']}\t{i['tel']}")
```

5.10.7 定义并实现退出函数

退出函数的实现如下：

```
#程序要想结束,退出终止 while True --break
        exit_flag = input('确定要退出吗?yes or no')
        if exit_flag == 'yes':
            break
```

小　　结

本章主要针对函数进行了讲解。函数的作用有提高应用的模块性、最小化代码冗余以及流程分解。内容包括函数的定义、函数的调用、函数的参数、函数的返回值、函数的嵌套、递归函数、匿名函数、日期时间函数和随机数函数。函数作为关联功能的代码段，可以很好地提高应用的模块化，希望读者能用好这些函数，并学会查询相关的函数手册。

思考与练习

1. 定义一个 getMax() 函数，返回三个数（从键盘输入的整数）中的最大值。例如：
请输入第 1 个整数：10。
请输入第 2 个整数：15。
请输入第 3 个整数：20。
其中最大值为：20。
2. 定义能够计算斐波那契数列的函数，并调用。
3. 回文数是一个正向和逆向都相同的整数，如 123454321、9889。编写函数判断一个整数是否是回文数。
4. 编写函数，判断输入的三个数字是否能构成三角形的三条边。
5. 编写函数，求两个正整数的最小公倍数。
6. 编写一个学生管理系统，要求如下。
（1）使用自定义函数，完成对程序的模块化。
（2）学生信息至少包含：姓名、性别及手机号。
（3）该系统具有的功能：添加、删除、修改、显示、退出系统。
设计思路如下。
（1）提示用户选择功能操作。

(2) 获取用户选择的功能。

(3) 根据用户的选择,分别调用不同的函数,执行相应的功能。

7. 创建装饰器,要求如下。

(1) 创建 add_log 装饰器,被装饰的函数打印日志信息。

(2) 日志格式为:[字符串时间] 函数名:xxx,运行时间:xxx,运行返回值结果:xxx。

第6章 Python 文件和数据库操作

在变量、序列和对象中存储的数据是暂时的,程序结束后就会丢失。为了能够长时间地保存程序中的数据,需要将程序中的数据保存到磁盘文件中。文件操作包含打开、关闭、读、写、复制等,其作用是读取内容、写入内容、备份内容,文件操作的作用就是把一些内容(数据)存储起来,可以让程序在下一次执行的时候直接使用,而不必重新制作一份,省时省力。

Python 提供了内置的文件对象和对文件以及目录进行操作的内置模块。通过这些技术可以很方便地将数据保存到文件(如文本文件等)中,以达到长时间保存数据的目的。本章将详细介绍在 Python 中如何进行文件和目录的相关操作,并对 XML、JSON 格式的数据进行存储和读取操作,并讲述了 PyMySQL 的使用步骤,实现 Python 对 MySQL 数据库的操作。

6.1 文件相关的基本概念

文件系统是操作系统的重要组成部分,它规定了计算机对文件和目录进行操作处理的各种标准和机制。以此为基础,编程语言提供了文件类型,在程序中也可通过文件实现数据的输入/输出。文件的输入/输出是指从已有的文件中读取数据,并将处理结果按照一定格式输出到文件中,适用于大批量的数据处理要求。

操作系统对数据进行管理是以文件为单位的,当访问磁盘等外存上的数据时,必须先按文件名找到指定的文件,然后再从该文件中读取数据;如果要向外部介质上存储数据,也必须先建立一个文件,才能向其输出数据。在程序中对文件访问和处理时,情况是类似的,所有的操作都与文件的表示、文件的编码和文件的类型有着密不可分的关系。

6.1.1 文件与路径

文件是存储在外部介质上的数据集合,通常可以长久保存,也称为磁盘文件。这种在计算机磁盘中保存的文件是通过目录来组织和管理的,目录提供了指向对应磁盘空间的路径地址。目录一般采用树状结构,在这种结构中,每个磁盘有一个根目录,它包含若干文件和子目录。子目录还可以包含下一级目录,这样类推下去形成了多级目录结构。

因此,访问文件需要知道文件所在的目录路径,这种从根目录开始标识文件所在完整路径的方式称为绝对路径。之所以称为绝对,是指当所有程序引用同一个文件时,所使用的路径都是一样的。如果知道访问文件的程序与文件之间的位置关系,也可以采用相对路径,即相对于程序所在的目录位置建立其引用文件所在的路径。这时保存于不同目录的程序引用同一个文件时,所使用的路径将不相同,故称为相对路径。绝对路径与相对路径的不同之处在于描述目录路径时,所采用的参考点不同。

【例 6-1】 绝对路径示例。

假定文件 file.txt 保存在 D 盘 lecture 目录的 ex 子目录下,那么包含绝对路径的文件名是由磁盘驱动器、目录层次和文件名三部分组成的,即 D:\lecture\ex\file.txt,在 Python 中用字符串表示为:

```
"D:\\lecture\\ex\\file.txt" 或 "D:/lecture/ex/file.txt"
```

【例 6-2】 相对路径示例。

假定文件 file.txt 保存在 D 盘的 lecture 目录的 ex 子目录下,源程序保存在 D 盘的 lecture 目录下,那么包含相对路径的文件名表示为 ex\file.txt,在 Python 语言中用字符串表示为:

```
"ex\\file.txt"    或    "ex/file.txt"
```

注意:Windows 系统建立路径所使用的几个特殊符号为:".\"代表当前目录,"..\"代表上一层目录。在 Python 语言中,在表示路径的字符串中"/"可以等同于"\",但必须转义为"\\"。

6.1.2 文件的编码

按照文件的编码方式,可将文件分为两种类型:文本文件和二进制文件。

文本文件可以在 Windows 记事本中打开并选择编码方式保存。如图 6-1 所示,使用"另存为"命令,在打开的对话框中,可选择 ANSI、Unicode、UTF-8 和 Unicode big endian 等编码方式。

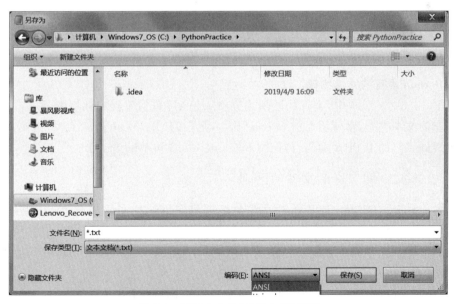

图 6-1 记事本中的"另存为"对话框

1. ANSI 编码

对于一般的文本文档,记事本默认是以 ANSI 编码保存的。ANSI 是由美国国家标准学会制定的编码,不同的国家和地区使用的标准不同,由此产生了 GB2312、GBK、Big5、Shift_JIS 等各自的编码标准。不同 ANSI 编码之间互不兼容,无法将属于两种语言的文字,如中文的 GBK 和日文的 Shift_JIS,存储在同一段 ANSI 编码的文本中。但是对于 ANSI 编码而言,0x00-0x7F 之间的字符,仍然是 1 字节代表 1 个字符,即 ANSI 的西文字符就是 ASCII 编码。

2. Unicode 编码

Unicode 编码是继 ANSI 编码之后推出的一种国际标准字符编码方法,它可以容纳全世界所有语言文字,每个字符都具有唯一的编码。对于 ASCII 编码中的那些半角字符,Unicode 编码保持其原编码不变,只是将其长度由原来的 8 位扩展为 16 位,而对于其他文化和语言的字符则全部重新统一编码。从 Unicode 码开始,无论是半角的英文字母,还是全角的汉字,它们都被统一计为一个字符。

3. UTF-8 编码

Unicode 字符集规定了如何用多字节表示各种文字,而如何在网络上传输这些编码,则是由 Unicode 字符集的传输规范 UTF 规定的,常见的规范包括 UTF-8、UTF-16、UTF-32。UTF-8 就是以 8 位为单元对 Unicode 字符集进行编码,即每次传输 8 位数据。为了保证传输时的可靠性,从 Unicode 到 UTF 并不是直接的对应,而是通过一些算法和规则来进行转换。对于 Unicode 编码为 0000~007F 的字符,UTF-8 用 1 字节来表示(等同于 ASCII 码值);对于 0080~07FF 的字符,UTF-8 用 2 字节来表示;对于 0800~FFFF 的字符,UTF-8 用 3 字节来表示。也就是说,UTF-8 最多用 3 字节来表示一个字符。

4. Unicode big endian 编码

记事本中的 Unicode 是 little endian 编码。Unicode big endian 和 little endian 的区别在于处理多字节数的方式不同。例如,"百"字的 Unicode 编码是 767E,那么写到文件里时,如果将"76"写在前面,就是 big endian;而将"7E"写在前面,就是 little endian。相比而言,Unicode big endian 更常用些。

5. Python 语言的文件编码

在 Python 3.x 版本中,文件的默认编码格式是 UTF-8,字符串使用的是 Unicode 编码。所有的文本类型,都使用 Unicode 编码,可以直接使用 str.encode()进行编码,encode()后可看到字符的 UTF-8 编码,再使用 bytes.decode()可解码为文本。

6.1.3 文本文件和二进制文件的区别

文本文件是基于字符编码的文件,常见的编码有 ASCII 编码和 Unicode 编码等,其文件的内容就是字符。Python 2.x 版本使用的是 ASCII 编码值,在处理汉字等多字节字符时相对比较烦琐。而在 Python 3.x 版本中,文本文件是以字符的 Unicode 码值进行存储和编码的。

二进制文件是基于值编码的文件,存储的是二进制数据,也就是说,数据是按照其实际占用的字节数来存放的。

文本文件与二进制文件的不同还表现在：文本文件用通用的记事本就可以浏览，具有可读性，因此，在存取时需要编/解码，从而花费一定的转换时间；而二进制文件的存取是直接的值处理，不需要编/解码，不存在转换时间，但通常无法直接读懂。

从文件的逻辑结构看，Python 把文件看作数据流，并按顺序将数据以一维方式组织存储。在 Python 语言中，对文本文件的存取是以字符为单位的，输入/输出字符流的开始和结束由程序控制。每个文件的结尾处通常有一个结束标志 EOF。

根据数据的编码方式，文件数据流又分为字符流和二进制流。在 Python 语言中，对它们的处理方式有所不同。

6.2 文件夹与目录操作

在 Python 的 os 模块中以及子模块 path 中包含大量获取各种系统信息，以及对系统进行设置的函数，本节讲解这两个模块中的一些常用函数。

6.2.1 os.path 模块

os.path 模块主要用于文件的属性获取，在编程中经常用到，表 6-1 是该模块的几种常用方法。更多的方法可以去查看官方文档：http://docs.python.org/library/os.path.html。

表 6-1 os.path 模块的常见功能

函 数 名	功 能	应 用 示 例
abspath(path)	返回 path 规范化的绝对路径	abspath('test.csv')
split(path)	将 path 分隔成目录和文件名二元组返回	split('C:\\csv\\test.csv')
dirname(path)	返回 path 的目录	dirname('C:\\csv\test.csv')
basename(path)	返回 path 最后的文件名	basename('C:\\test.csv')
exists(path)	判断目录是否存在。如果 path 存在，返回 True；如果 path 不存在，返回 False	exists('C:\\csv\\test.csv')
isabs(path)	判断 path 是否是绝对路径。如果是绝对路径，返回 True，否则返回 False	isabs('C:\\Windows\\system.ini')
isfile(path)	判断 path 是否是文件路径。如果是绝对路径，返回 True，否则返回 False	isfile('C:\\boot.ini')
isdir(path)	判断 path 是否是一个存在的目录，是则返回 True，否则返回 False	isdir('C:\\Windows')
join(path1[, path2[, …]])	将多个路径组合后返回，第一个绝对路径之前的参数将被忽略	join('C:\\', 'Windows\\system.ini')

6.2.2 获取与改变工作目录

1. 获得工作目录

在 Python 中可以使用 os.getcwd() 函数获得当前的工作目录。其语法结构为：

```
os.getcwd()
```

该函数不需要传递参数,它返回当前的目录。需要说明的是,当前目录并不是指脚本所在的目录,而是所运行脚本的目录。

【例 6-3】 获取和改变当前目录。

```
import os
print("当前的工作目录:",os.getcwd())
os.chdir('../')
print("改变后的工作目录:",os.getcwd())
```

运行结果:

```
C:\PycharmProjects\filesave(注意:不同的工作目录,运行结果不同)
C:\PycharmProjects
```

如果将上述内容写入 pwd.py,假设 pwd.py 位于 E:\book\code 目录,运行 Windows 的命令行窗口,进入 E:\book 目录,输入"code\pwd.py",输出如下所示:

```
E:\book>code\pwd.py
current directory is E:\book
```

2. 改变当前目录

改变当前工作目录:

```
os.chdir("目标目录")
```

6.2.3 目录与文件操作

1. 获得目录中的文件和目录

在 Python 中可以使用 os.listdir() 函数获得指定目录中的文件和目录。其语法结构为:

```
os.listdir(path)
```

参数说明:

- path:要获得内容目录的路径。

2. 创建目录

在 Python 中可以使用 os.mkdir() 函数创建目录。其语法结构为:

```
os.mkdir(path)
```

参数说明:

- path:要创建目录的路径。

3. 删除目录

在 Python 中可以使用 os.rmdir() 函数删除目录。其语法结构为:

```
os.rmdir(path)
```

参数说明:

- path:要删除的目录的路径。

使用 os.rmdir 删除的目录必须为空目录,否则函数会出错。

【例 6-4】 目录与文件操作示例。

```
import os
print("当前的工作目录中的内容:", os.listdir(os.getcwd()))
os.mkdir('temp')                 #创建临时文件目录 temp
print("重新查看当前的工作目录中的内容:", os.listdir(os.getcwd()))
os.rmdir('temp')                 #删除文件目录 temp
print("重新查看当前的工作目录中的内容:", os.listdir(os.getcwd()))
```

运行结果:

当前的工作目录中的内容:['.idea', 'file', 'writereadfile.py']
重新查看当前的工作目录中的内容:['.idea', 'file', 'temp', 'writereadfile.py']
重新查看当前的工作目录中的内容:['.idea', 'file', 'writereadfile.py']

6.3.4 文件的重命名和删除

1. 文件重命名:rename()方法

os.rename() 方法用于命名文件或目录,从 src 到 dst,如果 dst 是一个存在的目录,将抛出 OSError。

语法格式如下:

os.rename(src, dst)

参数说明:

- src:要修改的目录名。
- dst:修改后的目录名。

【例 6-5】 rename()方法的使用。

```
import os, sys
#列出目录
print("目录为:%s"%os.listdir(os.getcwd()))
#重命名
os.rename("file","file2")
print("重命名成功。")
#列出重命名后的目录
print("目录为:%s" %os.listdir(os.getcwd()))
```

运行结果:

目录为:['.idea', '2.txt', 'admin.txt']
重命名成功。
目录为:['.idea', '2.txt', 'admin.txt']

2. 删除文件：os.remove()方法

该方法用于删除指定路径的文件。如果指定的路径是一个目录，则抛出 OSError。在 UNIX、Windows 中有效。

语法格式如下：

os.remove(path)

参数说明：

- path：要移除的文件路径。
- 返回值：该方法没有返回值。

【例 6-6】 os.remove()方法的应用。

```
import os, sys
#列出目录
print ("目录为: %s" %os.listdir(os.getcwd()))
#移除
os.remove("2.txt")
#移除后列出目录
print ("移除后 : %s" %os.listdir(os.getcwd()))
```

运行结果：

目录为：
['.idea', '2.txt', 'admin.txt']
移除后：
['.idea', 'admin.txt']

6.3 文件的基本操作

程序中对文件的操作一般包括：打开文件、读取文件、对文件数据进行处理、写入文件和关闭文件等。

在 Python 中，内置了文件（File）对象。在使用文件对象时，首先需要通过内置的 open()方法创建一个文件对象，然后通过该对象提供的方法进行一些基本文件操作。例如，可以使用文件对象的 write()方法向文件中写入内容，以及使用 close()方法关闭文件等。

信息项是构成文件内容的基本单位，Python 文本文件的信息项是字符，二进制文件的信息项是字节。读指针用来记录文件当前的读取位置，它指向下一个将要读取的信息项；写指针用来记录文件当前的写入位置，要写入的下一个信息项将从该位置处存入。

6.3.1 文件的打开和关闭

1. 文件的打开与新建

打开文件是指建立文件对象和物理文件的关联以及建立文件的各种相关信息。在 Python 中，想要操作文件需要先创建或者打开指定的文件并创建文件对象。这可以通过内置的 open()函数实现。

open()函数的基本语法格式如下:

```
file = open(filename[,mode[,buffering]])
```

参数说明:
- file:被创建的文件对象。
- filename:要创建或打开文件的文件名称,需要使用单引号或双引号括起来。如果要打开的文件和当前文件在同一个目录下,那么直接写文件名即可,否则需要指定完整路径。例如,要打开当前路径下的名称为 data.txt 的文件,可以使用"data.txt"。
- mode:可选参数,用于指定文件的打开模式。其参数值如表 6-2 所示。默认的打开模式为只读(即 r)
- buffering:可选参数,用于指定读写文件的缓冲模式,值为 0 表示不缓存;值为 1 表示缓存;如果大于 1,则表示缓冲区的大小。默认为缓存模式。

表 6-2 mode 参数的参数值说明

模式	描 述	注意
r	以只读方式打开文件。文件的指针将会放在文件的开头。这是默认模式	文件必须存在
rb	以二进制格式打开一个文件用于只读。文件指针将会放在文件的开头。这是默认模式。一般用于非文本文件如图片等	
r+	打开一个文件用于读写。文件指针将会放在文件的开头	
rb+	以二进制格式打开一个文件用于读写。文件指针将会放在文件的开头。一般用于非文本文件如图片等	
w	打开一个文件只用于写入。如果该文件已存在则打开文件,并从开头开始编辑,即原有内容会被删除。如果该文件不存在,创建新文件	文件存在,则将其覆盖,否则创建新文件
wb	以二进制格式打开一个文件只用于写入。如果该文件已存在则打开文件,并从开头开始编辑,即原有内容会被删除。如果该文件不存在,创建新文件。一般用于非文本文件如图片等	
w+	打开一个文件用于读写。如果该文件已存在则打开文件,并从开头开始编辑,即原有内容会被删除。如果该文件不存在,创建新文件	
wb+	以二进制格式打开一个文件用于读写。如果该文件已存在则打开文件,并从开头开始编辑,即原有内容会被删除。如果该文件不存在,创建新文件。一般用于非文本文件如图片等	
a	打开一个文件用于追加。如果该文件已存在,文件指针将会放在文件的结尾。也就是说,新的内容将会被写入到已有内容之后。如果该文件不存在,创建新文件进行写入	
ab	以二进制格式打开一个文件用于追加。如果该文件已存在,文件指针将会放在文件的结尾。也就是说,新的内容将会被写入到已有内容之后。如果该文件不存在,创建新文件进行写入	
a+	打开一个文件用于读写。如果该文件已存在,文件指针将会放在文件的结尾。文件打开时会是追加模式。如果该文件不存在,创建新文件用于读写	
ab+	以二进制格式打开一个文件用于追加。如果该文件已存在,文件指针将会放在文件的结尾。如果该文件不存在,创建新文件用于读写	

通常，文件在文本模式下被打开，这时文件中读取和写入的都是字符串，并以一定的编码方式保存在文件中，默认为 UTF-8 编码。b 模式以二进制方式打开文件，这时读取和写入的是字节形式的数据对象，这种模式适合于非文本文件，如图像文件和音频文件等。

在文本模式下，读取文件时会默认将特定平台的行尾（UNIX 系统的'\n'，Windows 系统的'\r\n'）转换为'\n'，写入文件时会默认将'\n'转换回特定平台的行尾标志，这保证了在任何平台下文件格式的正确性。

open()方法的应用场景有如下三种。

（1）打开与新建文件。在默认情况下，使用 open()函数打开一个不存在的文件将会抛出异常。一般在调用 open()函数时，指定 mode 的参数值为 w、w＋、a、a＋。这样，当要打开的文件不存在时，就可以创建新的文件了。例如：

```
f = open('c:\data.txt','w')
```

（2）以二进制形式打开文件。使用 open()函数不仅可以以文本的形式打开文本文件，而且可以以二进制形式打开非文本文件，如图片文件、音频文件、视频文件等。例如，创建一个名称为 picture.jpg 的图片文件，并且应用 open()函数以二进制方式打开该文件。例如：

```
f = open('picture.jpg','rb')
```

（3）打开文件时指定编码方式。在使用 open()函数打开文件时，默认采用 GBK 编码，当被打开的文件不是 GBK 编码时，也将抛出异常。一般可以通过直接修改文件的编码，或者在打开文件时，直接指定使用的编码方式。推荐采用后一种方法。例如，打开采用 UTF-8 编码保存的 data.txt 文件，可以使用下面的代码：

```
f = open('data.txt','r',encoding='utf-8')
```

2. 文件关闭

打开文件后，需要及时关闭，以免对文件造成不必要的破坏。关闭文件可以使用文件对象的 close()方法实现。close()方法的语法格式如下：

```
file.close()
```

参数说明：

- file：为打开的文件对象。

文件关闭后可保证正常释放该文件对象所占用的系统资源。例如，释放文件资源后，可使用记事本对文本文件进行编辑等操作。

【例 6-7】 以读/写二进制模式打开当前目录下的文件。

```
import os
os.chdir('c:\\PythonPractice')
f = open('data.txt', 'rb+')
```

close()方法先刷新缓冲区中还没有写入的信息，然后再关闭文件，这样可以将没有写入文件的内容写入文件中。关闭文件后，就不能再写入操作了。

【例 6-8】 不同模式下对文件的打开与关闭操作。

```
#r:如果文件不存在,报错;不支持写入操作,表示只读
f = open('data.txt', 'r')
#f = open('test.txt', 'r')    #错误:FileNotFoundError: [Errno 2] No such file or
                              #directory: 'test.txt'
#f.write('aa')                #错误:io.UnsupportedOperation: not writable
f.close()


#w:只写,如果文件不存在,新建文件;执行写入,会覆盖原有内容
f = open('data.txt', 'w')
f.write('Our wills unite like a fortress')
f.close()


#a:追加,如果文件不存在,新建文件;在原有内容基础上,追加新内容
f = open('data.txt', 'a')
f.write('Public clamor can melt metals')
f.close()


#访问模式参数可以省略,如果省略表示访问模式为 r
f = open('data.txt')
f.close()
```

6.3.2 文件的读取与写入

使用 open 函数成功打开文件后,会返回一个 TextIOWrapper 对象,然后就可以调用该对象中的方法对文件进行操作。TextIOWrapper 对象有如下 4 个常用方法。

1. write(string)方法

将字符串 string 的内容写到对应的文件中,并返回写入的字符数。但 write 语句不会自动换行,如果需要换行,则要使用换行符'\n'。

2. read(size)方法

该方法返回一个字符串,内容为长度为 size 的文本。数字类型参数 size 表示读取的字符数,可以省略。如果省略 size 参数,则表示读取文件所有内容并返回。如果已到达文件的末尾,read()将返回一个空字符串('')。

【例 6-9】 read(size)方法演示文本文件的读取操作示例。

```
f = open('C:\ data.txt', 'r')
#文件内容如果换行,底层有\n,会有字节占位,导致 read 书写参数读取出来的内容与眼睛看到
#的个数和参数值不匹配
#read 不写参数表示读取所有
#print(f.read())
print(f.read(10))
f.close()
```

3. seek(offset[，whence])方法

seek(offset[，whence])方法用来移动文件指针。

参数说明：

- offset：开始的偏移值，也就是代表需要移动偏移的字节数。偏移值表示从起始位置再移动一定量的距离，偏移值的单位是字节(Byte)。偏移值为正数表示向右(即向文件尾的方向)移动，偏移值为负数表示向左(即向文件头的方向)移动。起始位置非零，即从当前位置或文件尾部开始访问文件时，只有 b 模式可以指定非零的偏移值。
- whence：可选，默认值为 0。给 offset 参数一个定义，表示要从哪个位置开始偏移；0 代表从文件开头开始算起，1 代表从当前位置开始算起，2 代表从文件末尾算起。

【例 6-10】 利用 seek()方法在读取文件时移动位置的使用示例。

```
f = open('text.txt', 'a+')
#改变读取数据开始位置
#f.seek(2, 0)
#把文件指针放结尾(无法读取数据)
#f.seek(0, 2)
#改变文件指针位置，做到可以读取出来数据
#f.seek(0, 0)
f.seek(0)
con = f.read()
print(con)
f.close()
```

运行结果：

```
Hi
life is short
I want to learn Python
```

4. close()方法

该方法实现关闭文件，对文件进行读写操作后，关闭文件是一个好习惯。

【例 6-11】 随机访问二进制文件，并通过 close()关闭文件的示例。

```
import os
os.chdir('C:\\PythonPractice')
f = open('data.txt', 'rb+')
print(f.write(b'Love you in my heart'))
print(f.seek(5))
print(f.read(3))
print(f.seek(-5, 2))
print(f.read(5))
f.close()
```

运行结果：

20
5
b'you'
15
b'heart'

本例以二进制读/写方式打开空的文本文件 C:\python\'data.txt，并向该文件中写入 20 个二进制数形式的字符。然后通过 seek 语句将指针从文件头开始移动 5 字节，1 字节对应 1 个字符，再从第 6 字节开始读取 3 字节，对应的字符为 b'you'。之后又将指针从文件尾部开始向左移动 5 字节，定位在'heart'之前，再读取 5 字节得到对应的字符 b'heart'。

6.3.3 按行对文件内容读写

在 6.3.2 节中可以使用 read()方法和 write()方法加上行结束符来读取文件中的整行，但是比较麻烦。这里介绍一下按行读写的方法。

1. writelines()方法

该方法需要指定一个字符串类型的列表，该方法会将列表中的每一个元素值作为单独的一行写入文件。

注意：在 Python 中没有 writeline()方法，写一行文本需要直接使用 write()方法。

【例 6-12】 利用 writelines()方法演示文件写入操作的应用示例。

```
fo = open(".\\text.txt", "w")
print("读写的文件名:", fo.name)
seq = ["Hello\n","life is short\n", "I want to learn Python\n"]
line = fo.writelines(seq)
fo.close()
```

运行结果：

读写的文件名：.\text.txt

2. readline()方法

该方法返回一个字符串，用于文件指针当前位置读取一行文本，即遇到行结束符停止读取文本，但读取的内容包含结束符。如果已到达文件的末尾，readline()将返回一个空字符串('')。如果是一个空行，则返回'\n'。

【例 6-13】 利用 readline()方法读取 text.txt。

```
f = open("text.txt")
while True:
    lines = f.readline()
    if lines == '':
        break
    else:
```

```
        print(lines)
print(type(lines))
f.close()
```

运行结果：

```
Hello
life is short
I want to learn Python
<class 'str'>
```

3. readlines()方法

从文件指针当前的位置读取后面所有的数据,并将这些数据按行结束符分隔后,放到列表中返回。

【例6-14】 利用readlines()方法读取text.txt。

```
f = open("text.txt","r")
data = f.readlines()
print(data)
print(type(data))
f.close()
```

运行结果：

```
['Hello\n', 'life is short.\n', 'I want to learn Python\n']
<class 'list'>
```

从上述例子可以看出,read()、readline()和readlines()三者间的区别如下。

(1) read([size])方法：从文件当前位置起读取size个字节,若无参数size,则表示读取至文件结束为止,它的范围为字符串对象。即全部取出,放到字符串里。

(2) readline()方法：该方法每次读出一行内容,所以,读取时占用内存小,比较适合大文件,该方法返回一个字符串对象。即将内存空间里的内容一次性只读一行,放到一个字符串里。

(3) readlines()方法：读取整个文件所有行,保存在一个列表(list)变量中,每行作为一个元素,但读取大文件会比较占内存。即将内存空间里的内容一次性全部取出来,放到一个列表里。

6.3.4 使用fileinput对象读取大文件操作

如果需要读取一个大文件,使用readlines()方法会占用太多内存,因为该方法会一次性将文件所有的内容都读取到列表中,列表中的数据都需要放到内存中,所以非常占内存。为了解决这个问题,可以使用for循环和readline()方法逐行读取,也可以使用fileinput模块中的input()方法读取指定的文件。

input()方法返回一个fileinput对象,通过fileinput对象的相应方法可以对指定文件进行读取,fileinput对象使用的缓存机制,并不会一次性读取文件的所有内容,所以比

readlines()函数更节省内存资源。

fileinput.input 的语法格式：

```
fileinput.input(files='filename', inplace=False, backup='', bufsize=0, mode
            ='r', openhook=None)
```

参数说明：

- files：文件的路径列表，默认是 stdin 方式，多文件['1.txt','2.txt',…]。
- inplace：是否将标准输出的结果写回文件，默认不取代。如果想同步修改源文件，则添加 inplace=True 参数即可。但一定要小心，请确认自己的行为，防止误操作。
- backup：备份文件的扩展名，只指定扩展名，如.bak。如果该文件的备份文件已存在，则会自动覆盖。
- bufsize：缓冲区大小，默认为 0，如果文件很大，可以修改此参数，一般默认即可。
- mode：读写模式，默认为只读。
- openhook：该钩子用于控制打开的所有文件，例如编码方式等。

fileinput.input 典型用法如下：

```
import fileinput
for line in fileinput.input():
    process(line)
```

fileinput 的常用函数如下：

(1) fileinput.input()：返回能够用于 for 循环遍历的对象。
(2) fileinput.filename()：返回当前文件的名称。
(3) fileinput.lineno()：返回当前已经读取的行的数量(或者序号)。
(4) fileinput.filelineno()：返回当前读取的行的行号。
(5) fileinput.isfirstline()：检查当前行是否是文件的第一行。
(6) fileinput.isstdin()：判断最后一行是否从 stdin 中读取。
(7) fileinput.close()：关闭队列。

【例 6-15】 使用 fileinput 输出当前行号和行内容。

```
import fileinput
for line in fileinput.input('text.txt'):
    lineno=fileinput.lineno()
    print(lineno,line)
```

运行结果：

```
1 Hello
2 life is short
3 I want to learn Python
```

【例 6-16】 使用 fileinput 修改文件并备份原文件，并将修改后的文件内容显示出来。

```
import fileinput
```

```
for line in fileinput.input('text.txt',backup='.bak',inplace=1):
    print(line.rstrip().replace('Hello','Hi'))
fileinput.close()

for line in fileinput.input('text.txt'):
    print(line)
```

运行结果：

```
Hi
life is short
I want to learn Python
```

【例 6-17】 利用 fileinput 对多文件操作，并原地修改内容。

```
import fileinput
def process(line):
    return line.rstrip() +' line'
for line in fileinput.input(['text1.txt','text2.txt'], inplace=1):
    print(process(line))
```

6.4 处理 XML 格式文件的数据

XML(eXtensible Markup Language，可扩展标记语言)技术已经日趋成为当前许多新生技术的核心，并在许多的领域都有着不同的应用。XML 并不是一种完全创新的标记语言，而是 Web 发展到一定阶段的必然产物。这种语言既具有 SGML 的核心特征，又有 HTML 的简单特性，另外还有许多新的特征，包括定义严格、语法明确和结构良好等。从某种意义上讲，XML 为 HTML(超文本标记语言)的补充，HTML 用于显示数据，而 XML 用于传输和存储数据。

6.4.1 初识 XML

1. XML 的概念

XML 是一种元标记语言，在 XML 文档中的数据都是使用字符串的形式保存下来的。需要注意的是，XML 仅包含数据，而对于数据的处理并不在 XML 的文档中。XML 文档的基本组成单元是元素，在 XML 规范中就对元素的定义进行了规定。范围包括：如何分隔标签，如何放置数据，如何放置属性等。从表面上看，XML 文档的标签和 HTML 文档中的标签没有什么不同，但是实际上两者还是有较大的分歧的。

在 XML 这个缩写词中，X 代表可扩展性，也就是说语言可以根据不同的需求进行扩展。XML 的"元标记性"使得可以运行用户自己创建的专用标签，以适合不同的应用需要。这和 HTML 这种预设置标记语言不同，在 HTML 中是只能使用规范中已经定义的各种标签，而不能随意添加标签。而 XML 则允许用户根据需要自己定义标签。

尽管 XML 对于允许的元素方面非常灵活，但是同时 XML 还保持着非常严格的语法检查。XML 中提供了一系列规范,用来规定在 XML 文档中标签应该如何放置、什么样的元素名称是合法的、元素有哪些属性等。这些规定使得 XML 解析器可以有效地处理 XML 文档。满足 XML 规范的 XML 文档被称为是良构(well-form)的。XML 中包含任何一个语法错误都是非良构的,并且也不能通过 XML 解析器的处理。

由于互操作性的原因,组织或者个人会仅仅使用某一部分标签,并对其进行规范,这些标签的集合就被称为 XML 应用。一个 XML 应用并不是说使用 XML 的应用软件,而是 XML 是在某一应用领域的使用。XML 描述了文档的结构和语义,但是并没有对其数据显示进行规定。如一个元素可能是日期或者人名,但是不会规定元素显示的时候是使用加粗还是斜体。也就是说,XML 是一种结构化的语义标记语言,而不是一种数据表示语言。

可以将 XML 应用允许的标记规范都放在一个文件中,这被称为 XML 模式(XML Schema)。一个 XML 文档可以和某个模式比较。如果匹配的话,则表示此文档是合法的,而不匹配的时候则为无效的。XML 文档的有效和无效只是和 XML 模式的比较有关系。所以,并不是所有的 XML 文档都是有效的,在许多情况下,只需要文档是良构的就可以了。

现在已经有很多的 XML 模式语言,而使用最广泛的也是在 XML 规范中规定的是文档类型定义(DTD)。所以 XML 文档是自描述的,可供计算机处理,同时数据也可以重用。除此之外,XML 还具有简单性,使得其易学易用且容易实现。

最后,XML 并不是数据库,不会取代如 Oracle 或者 MySQL 等数据库。数据库中可以包含 XML 数据,但是数据库本身并不是 XML 文档。同样地,可以保存 XML 数据或者读取 XML 数据,但是这些工作都需要用另外的工具来实现。XML 可以作为一个很好的数据交换方法,但是本身并不具备数据处理的能力。

2. XML 的文档结构

XML 的标签远比 HTML 的标签要灵活。但在另一方面,XML 的标签使用要比 HTML 严格得多。这主要是要求 XML 文档必须是良好结构的。所有的 XML 文档都需要是结构良好的,才能够被 XML 解释器处理。为了能够使得 XML 文档成为一个结构良好的文档,需要遵守下面一些规则。

(1) 所有的开始标签必须有对应的结束标签。
(2) 元素可以嵌套,但是不能交叠。
(3) 有且只能有一个根元素。
(4) 属性值必须使用引号包含起来。
(5) 一个元素不能包含两个同名属性。
(6) 注释不能出现在标签内部。
(7) 没有转义的"<"或者"&"不能出现在元素和属性的字符中。

3. XML 的元素和标签

XML 文档是由 XML 元素构成的,元素是通过标签来限定的。开始标签由"<"开始,结束标签由"</"开始,然后后面是此元素的名称和结束符">"。元素的名称一般反映了所包含元素的内容。元素的内容,包括空白字符。

没有任何内容的元素被称为空元素。对于 XML 的空元素有着一个特殊的语法,可以直接在元素名称前后加上"<"和"/>"构成一个空元素。另外,需要注意的是,在 XML

文档中是区分大小写的。

在 XML 文档中，所有的元素都最多只有一个父元素。每个 XML 文档都有一个元素没有父元素，并且所有的其他元素都是包含在此元素之中，这个元素被称为根元素。每一个结构良好的 XML 文档都含有这样一个元素。由于 XML 包含根元素，并且其中的元素范围都是不会重叠的，所以 XML 文档可以形成一个树结构。

XML 文档中的元素可以拥有属性。属性是放在元素开始标签中的名称和值的对。名称和值通过等号分开，中间的空格是可选的。值需要使用单引号或者双引号括起来。

在 XML 文档中，包含元素名字、属性名字等，这些都被称为 XML 名字。虽然 XML 的文档规范非常严格，但是在 XML 名字空间的规范上还是统一的。可以用作 XML 名字的字符包括字母表中的字母、数字以及其他 Unicode 字符，可以使用的标点符号包括下画线、连接符和句号。一些标点符号则是不能使用的，如引号、$ 号、% 号和分号等。在 XML 的名字中不能包括任何空白字符，包括空白符、换行符等。以 XML 开头的 XML 名字(不区分大小写)是被 W3C 的 XML 规范所保留的。XML 名字只能以字母或者下画线以及 Unicode 字符开始。

XML 文档也是可以注释的，从而可以为 XML 的文档结构和元素内容加上解释。这些注释并不属于 XML 文档的内容，而且 XML 的解释器也不会去解析这些数据。XML 的注释为"<!--"和"-->"之间的部分。

XML 文档可以通过处理指令(Processing Instruction,PI)允许其包含用于特定应用的指令。一个处理指令通过"<?"和"?>"来界定。紧接在"<?"后面的是处理指令名，接着是属性值对。

XML 文档由于采用文本字符串来存储数据，所以可以使用任何文本编辑器来编辑 XML 文档。XML 文档虽然是使用文本格式来描述，但是并不对文件的保存格式进行要求。当 Web 服务器提供 XML 文档的时候，其 MIME 类型可能为 application/xml 或者 text/xml。但是实际中，前者还是要优于后者的。因为 text/xml 默认使用 ASCII 编码，这对于许多的 XML 文档是不正确的。默认情况下，XML 使用 UTF-8 编码。这是 ASCII 编码的超集，所以一个纯的 ASCII 文本文件也是一个 UTF-8 文件。Encoding 在 XML 定义中是可选的，如果省略的话，则默认采用 Unicode 字符集。如果元信息和编码定义冲突的话，则会优先采用元信息。Standalone 属性用来定义外部定义的 DTD 的存在性，取值可为 yes 或 no，默认情况下为 no。当为 no 的时候表示此 XML 文档不是独立的，而是取决于外部定义的 DTD；而为 yes 则表示此 XML 文档是自包含的。这也是一个可选的属性。

【例 6-18】 利用 XML 格式表示建校时间和学校名称的示例。

```
<?xml version='1.0' encoding='utf-8' standalone='no' ?>
<school>
    <pku>
        <year>1898</year>
        <name>北京大学</name>
    </pku>
```

```
    <tsinghua>
        <year>1911</year>
        <name>清华大学</name>
    </tsinghua>
    <cau>
        <year>1905</year>
        <name>中国农业大学</name>
    </cau>
</school>
```

从上述示例可以总结出,XML 文件通常分为两部分:文件声明和文件主体。

(1) 文件声明。从位置角度来说,文件声明位于第一行,例如:

```
<?xml version="1.0" encoding="utf-8"?>
```

其中,version 表明此文件所用的标准的版本号,必须要有;encoding 表明此文件中所使用的字符类型,可以省略;省略时后面的字符码必须是 Unincode 字符码(建议不省略)。

(2) 文件主体。对于 XML 文件的主体部分来说,必须有根元素,而且标签对大小写敏感。主体部分通常又由如下元素组成。

① 属性。应尽量避免使用属性,因为属性难以阅读和维护,尽量使用元素来描述数据,仅使用属性来提供与数据无关的信息。

② 元数据(有关数据的数据,如 id)应当存储为属性,而数据本身应存储为元素。属性值必须加双引号("")或者单引号(')。当属性值含有双引号时,用单引号;当属性值含有单引号时,用双引号;当属性值既含有单引号又含有双引号时,用实体字符。

③ &lt(小于(<))、&gt(大于(>))、&amp(和号(&))、&apos(单引号('))、&quot(引号("))。

④ 注释。<!--注释内容-->。

⑤ 空格。HTML 中会把多个连续空格字符合并为一个;但 XML 不会。

⑥ 换行。Windows 应用程序中,换行通常以一对字符来存储:回车符(CR)和换行符(LF)。XML 以 LF 存储换行。

4. Python 解析 XML 文件的方式

XML 文件多用于信息的描述,所以在得到一个 XML 文档之后按照 XML 中的元素取出对应的信息就是 XML 的解析。XML 解析有两种方式,一种是 DOM 解析,另一种是 SAX 解析。

6.4.2 基于 DOM 操作 XML 文件

DOM(Document Object Model)是一个 W3C 的跨语言的 API,用来读取和更改 XML 文档。一个 DOM 解析器在解析一个 XML 文档时,一次性读取整个文档,把文档中的所有元素保存在内存中的一个树结构中,之后可以对这个树结构进行读取或修改,也可以把修改过的树结构写入 XML 文件。

基于 DOM 解析的 XML 分析器是将其转换为一个对象模型的集合,用树这种数据结构对信息进行存储。通过 DOM 接口，应用程序可以在任何时候访问 XML 文档中的任何一部分数据，因此这种利用 DOM 接口访问的方式也被称为随机访问。

这种方式也有缺陷，因为 DOM 分析器将整个 XML 文件转换为树存放在内存中，当文件结构较大或者数据较复杂的时候，这种方式对内存的要求就比较高，且对于结构复杂的树进行遍历也是一种非常耗时的操作。不过 DOM 所采用的树结构与 XML 存储信息的方式相吻合，同时其随机访问还可利用，所以 DOM 接口还是具有广泛的使用价值。

基于 DOM 写入 XML 时，可分为以下两种方式。

（1）新建一个全新的 XML 文件。

（2）在已有 XML 文件基础上追加一些元素信息。

至于以上两种情况，其实创建元素节点的方法类似，必须要做的都是先创建/得到一个 DOM 对象，再在 DOM 基础上创建一个新的节点。

如果是第一种情况，可以通过 dom=minidom.Document() 来创建；如果是第二种情况，直接可以通过解析已有 XML 文件来得到 dom 对象，例如 dom = parse("./'school.xml")。

在具体创建元素/文本节点时，需要经过如下 4 个步骤。

（1）创建一个新元素节点：createElement()。

（2）创建一个文本节点：createTextNode()。

（3）将文本节点挂载到元素节点上。

（4）将元素节点挂载到其父元素上。

【例 6-19】 基于 DOM 操作 XML 文件示例。

```python
#导入 minidom
from xml.dom import minidom

#创建 DOM 树对象
dom =minidom.Document()
#创建根节点。每次都要用 DOM 对象来创建任何节点
root_node =dom.createElement('school')
#用 DOM 对象添加根节点
dom.appendChild(root_node)

#用 DOM 对象创建元素子节点
book_node =dom.createElement('cau')
#用父节点对象添加元素子节点
root_node.appendChild(book_node)
#设置该节点的属性
book_node.setAttribute('year', '1905')

name_node =dom.createElement('name')
root_node.appendChild(name_node)
#也用 DOM 创建文本节点,把文本节点(文字内容)看成子节点
name_text =dom.createTextNode('中国农业大学')
#用添加了文本的节点对象(看成文本节点的父节点)添加文本节点
```

```python
        name_node.appendChild(name_text)

    #每一个节点对象(包括 dom 对象本身)都有输出 XML 内容的方法,
    #如:toxml()--字符串,toprettyxml()--美化树形格式
    try:
        with open('school.xml', 'w', encoding='UTF-8') as fh:
            #writexml()第一个参数是目标文件对象,第二个参数是根节点的缩进格式,
            #第三个参数是其他子节点的缩进格式,
            #第四个参数指定了换行格式,第五个参数指定了 XML 内容的编码
            dom.writexml(fh, indent='', addindent='\t', newl='\n',
                         encoding='UTF-8')
            print('写入 xml OK!')
    except Exception as err:
        print('错误信息:{0}'.format(err))

with open('school.xml', 'r', encoding='utf8') as fh:
    #parse()获取 DOM 对象
    dom = minidom.parse(fh)
    #获取根节点
    root = dom.documentElement
    #节点名称
    print(root.nodeName)
    #节点类型:'ELEMENT_NODE',元素节点;'TEXT_NODE',文本节点;
    #'ATTRIBUTE_NODE',属性节点
    print(root.nodeType)
    #获取某个节点下所有子节点,是个列表
    print(root.childNodes)
    #通过 dom 对象或根元素,再根据标签名获取元素节点,是个列表
    book = root.getElementsByTagName('cau')[0]
    #获取节点属性
    print(book.getAttribute('year'))

    #获取某个元素节点的文本内容,先获取子文本节点,然后通过"data"属性获取文本内容
    name = root.getElementsByTagName('name')[0]
    name_text_node = name.childNodes[0]
    print(name_text_node.data)

    #获取某个节点的父节点
    print(name.parentNode.nodeName)
```

6.4.3 基于 SAX 操作 XML 文件

SAX 是一种基于事件驱动的 API。利用 SAX 解析 XML 文档牵涉到两个部分:解析器和事件处理器。解析器负责读取 XML 文档,并向事件处理器发送事件,如元素开始跟元素结束事件;而事件处理器则负责对事件做出响应,对传递的 XML 数据进行处理。

SAX 适于处理下面的问题。

（1）对大型文件进行处理。

（2）只需要文件的部分内容，或者只需从文件中得到特定信息。

（3）想建立自己的对象模型的时候。

在 Python 中使用 SAX 方式处理 XML 要先引入 xml.sax 中的 parse()函数，还有 xml.sax.handler 中的 ContentHandler()函数。

ContentHandler 类常用的方法如下：

- startDocument()方法：文档启动的时候调用。
- endDocument()方法：解析器到达文档结尾时调用。
- startElement(name,attrs)方法：遇到 XML 开始标签时调用，name 是标签的名字，attrs 是标签的属性值字典。
- endElement(name)方法：遇到 XML 结束标签时调用。
- characters(content)方法：从行开始，遇到标签之前，存在字符，content 的值为这些字符串。从一个标签，遇到下一个标签之前，存在字符，content 的值为这些字符串。从一个标签，遇到行结束符之前，存在字符，content 的值为这些字符串。标签可以是开始标签，也可以是结束标签。

【例 6-20】 基于 SAX 操作 XML 文件实现对建校时间和学校名称数据的读取。

```python
import xml.sax
class SchoolHandler( xml.sax.ContentHandler ):
    def __init__(self):
        self.CurrentData =""
        self.name =""
        self.format =""

    #元素开始调用
    def startElement(self, tag, attributes):
        self.CurrentData =tag
        if tag =="school":
            print("*****School*****")
            level =attributes["level"]
            print("Level:", level)

    #元素结束调用
    def endElement(self, tag):
        if self.CurrentData =="name":
            print("Name:", self.name)
        elif self.CurrentData =="year":
            print("Year:", self.year)
        self.CurrentData =""

    #读取字符时调用
```

```
    def characters(self, content):
        if self.CurrentData == "name":
            self.name = content
        elif self.CurrentData == "year":
            self.year = content

if __name__ == "__main__":
    #创建一个XMLReader
    parser = xml.sax.make_parser()
    #turn off namepsaces
    parser.setFeature(xml.sax.handler.feature_namespaces, 0)
    #重写ContextHandler
    Handler = SchoolHandler()
    parser.setContentHandler(Handler)
    parser.parse("school.xml")
```

school.xml 的内容如下:

```
<?xml version="1.0" encoding="UTF-8"?>
<root>
    <school level="Double First-Class">
        <year>1905</year>
        <name>中国农业大学</name>
    </school>
    <school level="Double First-Class">
        <year>1898</year>
        <name>北京大学</name>
    </school>
</root>
```

运行结果:

```
*****School*****
Level: Double First-Class
Year: 1905
Name: 中国农业大学
*****School*****
Level: Double First-Class
Year: 1898
Name: 北京大学
```

6.5　JSON 格式文件及其操作

　　JSON 和 XML 都是互联网上数据交换的主要载体。JSON 具有简洁和清晰的层次结构、易于人阅读和编写、易于机器解析和生成、网络传输效率高等优点。本节主要介绍

JSON 文件及 Python 对 JSON 文件的读写操作。

6.5.1 JSON 概述

JSON 和 XML 都是互联网上数据交换的主要载体。JSON(JavaScript Object Notation,JS 对象标记)是基于 ECMAScript(欧洲计算机协会制定的 JS 规范)的一个子集,采用独立于编程语言的文本格式来存储和表示数据,是一种轻量级的数据交换格式。简洁和清晰的层次结构使得 JSON 成为理想的数据交换语言,易于人阅读和编写,同时也易于机器解析和生成,并有效提升网络传输效率。JavaScript 对象和 JSON 之间可以非常方便地转换。JavaScript 内置了 JSON 的解析,因此在 JS 中可以直接使用 JSON;而把任何 JavaScript 对象编程 JSON,就是把这个对象序列化成一个 JSON 格式的字符串,这样就能够通过网络传递给其他计算机。

在 JSON 出现之前,大家一直用 XML 来传递数据。因为 XML 是一种纯文本格式,所以它适合在网络上交换数据。XML 本身不算复杂,但是加上 DTD、XSD、XPath、XSLT 等一大堆复杂的规范以后,任何正常的软件开发人员碰到 XML 都会感觉头大了,最后大家发现,即使努力钻研几个月,也未必搞得清楚 XML 的规范。于是,Douglas Crockford 发明了 JSON 这种超轻量级的数据交换语言。由于 JSON 非常简单,它很快就风靡 Web 世界,并且成为 ECMA 标准,几乎所有编程语言都有解析 JSON 的库。

6.5.2 读写 JSON 文件

在 Python 中,可以使用 json 模块来对 JSON 数据进行编解码,有专门处理 JSON 格式的模块:json 模块。json 模块提供了 4 个方法:dump()、dumps()、load()和 loads()。

1. json.dump()方法

```
json.dump(obj, fp, skipkeys=False, ensure_ascii=True, check_circular=True,
allow_nan=True, cls=None, indent=None, separators=None, encoding="utf-8",
default=None, sort_keys=False, **kw)
```

函数功能:将 obj 序列化为 JSON 格式流到 fp。
参数说明:
- obj:表示是要序列化的对象。
- fp:文件描述符,将序列化的 str 保存到文件中。json 模块总是生成 str 对象,而不是字节对象;因此,fp.write()必须支持 str 输入。
- skipkeys:默认为 False,如果为 True,则将跳过不是基本类型(str、int、float、bool、None)的 dict 键,不会引发 TypeError。
- ensure_ascii:默认值为 True,能将所有传入的非 ASCII 字符转义输出。如果 ensure_ascii 为 False,则这些字符将按原样输出。
- check_circular:默认值为 True,如果为 False,则将跳过对容器类型的循环引用检查,循环引用将导致 OverflowError。
- allow_nan:默认值为 True,如果为 False,则严格遵守 JSON 规范,序列化超出范围的浮点值（nan、inf、-inf）会引发 ValueError。如果 allow_nan 为 True,则将使用它们的 JavaScript 等效项（NaN、Infinity、-Infinity）。
- indent：设置缩进格式,默认值为 None,选择的是最紧凑的表示。如果 indent 是非负整数或字符串,那么 JSON 数组元素和对象成员将使用该缩进级别进行输入；如果 indent 为 0 或负数,仅插入换行符；indent 使用正整数,缩进多个空格；如果 indent 是一个字符串（例如"\t"）,则该字符串用于缩进每个级别。
- separators：去除分隔符后面的空格,默认值为 None,如果指定,则分隔符应为 (item_separator,key_separator)元组。
- default：默认值为 None,如果指定,则 default 应该是为无法以其他方式序列化的对象调用的函数。它应返回对象的 JSON 可编码版本或引发 TypeError。如果未指定,则引发 TypeError。
- sort_keys：默认值为 False,如果为 True,则字典的输出将按键值排序。

【例 6-21】 Python 写入 JSON 文件示例。

```
import json
userdict={'name':'XiaoMeng','age':'18','email':'xm@126.com'}
file='userinfo.json'
with open(file,'w',encoding='utf-8') as f:
    json.dump(userdict,f)
```

2. json.dumps()方法

```
json.dumps(obj, skipkeys=False, ensure_ascii=True, check_circular=True,
allow_nan=True, cls=None, indent=None, separators=None, encoding="utf-8",
default=None, sort_keys=False, **kw)
```

函数功能：将 Python 的对象数据或者是 str 序列化为 JSON 格式,具体的参数含义同 dump()函数。

3. json.load()方法

```
json.load(fp[, encoding[, cls[, object_hook[, parse_float[, parse_int[, parse_
constant[, object_pairs_hook[, **kw]]]]]]]])
```

函数功能：反序列化 fp(.read()支持文件,类似对象包含一个 JSON 文档)到 Python 对象。

参数说明：
- fp：文件描述符,将 fp(.read()支持包含 JSON 文档的文本文件或二进制文件)反序列化为 Python 对象。
- object_hook：默认值为 None,object_hook 是一个可选函数,可用于实现自定义解码器。如果指定一个函数,该函数负责把反序列化后的基本类型对象转换成自定义类型的对象。
- parse_float：默认值为 None,如果指定了 parse_float,用来对 JSON float 字符串进行解码,这可用于为 JSON 浮点数使用另一种数据类型或解析器。

- parse_int：默认值为 None，如果指定了 parse_int，用来对 JSON int 字符串进行解码，这可以用于为 JSON 整数使用另一种数据类型或解析器。
- parse_constant：默认值为 None，如果指定了 parse_constant，对 -Infinity、Infinity、NaN 字符串进行调用。如果遇到了无效的 JSON 符号，会引发异常。如果进行反序列化（解码）的数据不是一个有效的 JSON 文档，将会引发 JSONDecodeError 异常。

【例 6-22】 Python 读取 JSON 格式文件中的数据示例。

```
import json
filename ='userinfo.json'
with open(filename, 'r', encoding='utf-8') as file:
    data =json.load(file)
    #<class 'dict'>,JSON 文件读入到内存以后,就是一个 Python 中的字典
    #字典是支持嵌套的
    print(type(data))
    print(data)
```

4．json.loads() 方法

函数功能：将包含 JSON 格式的文档序列化成 Python 的对象，其余参数同 load() 函数。在 Python 中的 json 模块的 load() 方法是从 JSON 文件读取 JSON，而 loads() 方法是直接读取 JSON，两者都是将字符串 JSON 转换为字典对象。

6.5.3 数据格式转换对应表

JSON 中的数据格式和 Python 中的数据格式转换关系如表 6-3 所示。

表 6-3 数据格式转换关系

JSON	Python
Object	dict
Array	list
String	str
number（int）	int
number（real）	float
True	True
False	False
Null	None

【例 6-23】 dump() 函数和 dumps() 函数的转换应用示例。

```
import json
#dumps 可以格式化所有的基本数据类型为字符串
data1 =json.dumps([])                    #列表
```

```
print(data1, type(data1))
data2 = json.dumps(2)                           #数字
print(data2, type(data2))
data3 = json.dumps('3')                         #字符串
print(data3, type(data3))
dict = {"name": "MM", "age": 18}                #字典
data4 = json.dumps(dict)
print(data4, type(data4))
with open("user.json", "w", encoding='utf-8') as f:
    #indent 超级好用,格式化保存字典,默认为 None,小于 0 为零个空格
    f.write(json.dumps(dict, indent=4))
#json.dump(dict, f, indent=4)                   #传入文件描述符,和 dumps 一样的结果
```

运行结果:

```
[] <class 'str'>
2 <class 'str'>
"3" <class 'str'>
{"name": "MM", "age": 18} <class 'str'>
```

打开"user.json"文件,内容如下:

```
{
    "name": "MM",
    "age": 18
}
```

【例 6-24】 load()函数和 loads()函数的应用示例。

```
import json

dict = '{"name": "GG", "age": 20}'             #将字符串还原为 dict
data1 = json.loads(dict)
print(data1, type(data1))

with open("user.json", "r", encoding='utf-8') as f:
    data2 = json.loads(f.read())               #load 的传入参数为字符串类型
    print(data2, type(data2))
    f.seek(0)                                  #将文件游标移动到文件开头位置
    data3 = json.load(f)
    print(data3, type(data3))
```

运行结果:

```
{'name': 'GG', 'age': 20} <class 'dict'>
{'name': 'MM', 'age': 18} <class 'dict'>
```

经常会遇到读取数据太多的情况,因为 JSON 只能读取一个文档对象,可以通过如下两个方法解决。

(1)单行读取文件,一次读取一行文件。
(2)保存数据源的时候,格式写为一个对象。

如果 JSON 文件中包含空行,还是会抛出 JSONDecodeError 异常。因此可以先处理空行,再进行文件读取操作。例如:

```
for line in f.readlines():
    line = line.strip()                  #使用 strip 函数去除空行
    if len(line) != 0:
        json_data = json.loads(line)
```

6.5.4 利用 xmltodict 库实现 XML 与 JSON 格式转换

Python 中 XML 和 JSON 格式是可以互转的,就像 JSON 格式转 Python 字典对象那样。XML 格式和 JSON 格式互转用到的是 xmltodict 库。

安装 xmltodict 库命令如下:

```
pip3 install xmltodict
```

【例 6-25】 XML 格式转 JSON 格式示例。

```
import json
import xmltodict
#定义 XML 转 JSON 的函数
def xmltojson(xmlstr):
    #parse 是的 XML 解析器
    xmlparse = xmltodict.parse(xmlstr)
    #JSON 库 dumps()是将 dict 转换成 JSON 格式,loads()是将 JSON 转换成 dict 格式
    #dumps()方法的 ident=1,格式化 JSON
    jsonstr = json.dumps(xmlparse, indent=1)
    print(jsonstr)

if __name__ == "__main__":
    #需要转换 JSON 格式的 XML
    strxml = '''
<student>
    <stid>'202001'</stid>
    <info>
        <name>liermao </name>
        <sex>Female</sex>
    </info>
    <course>
        <name>Database </name>
        <score>98</score>
    </course>
</student>
```

```
    '''
    #调用转换函数
    xmltojson(strxml)
```

运行结果：

```
{
    "student": {
        "stid": "'202001'",
        "info": {
            "name": "liermao",
            "sex": "Female"
        },
        "course": {
            "name": "Database",
            "score": "98"
        }
    }
}
```

【例 6-26】 JSON 格式转 XML 格式示例。

```
import xmltodict
#JSON 转 XML 函数
def jsontoxml(jsonstr):
    #xmltodict 库的 unparse()，JSON 转 XML
    xmlstr = xmltodict.unparse(jsonstr)
    print(xmlstr)
    if __name__ == "__main__":
        json = {'student': {'course': {'name': 'Database', 'score': '98'},
            'info': {'sex': 'Female', 'name': 'liermao' }, 'stid': '202001'}}
        jsontoxml(json)
```

运行结果：

```
<?xml version="1.0" encoding="utf-8"?>
<student>
<course>
<name>Database</name>
<score>98</score>
</course>
<info>
<sex>Female</sex>
<name>liermao</name>
</info>
<stid>202001</stid>
</student>
```

6.6 Python 操作 MySQL 数据库

我们经常需要将大量数据保存起来以备后续使用,数据库是一个很好的解决方案。在众多数据库中,MySQL 数据库算是入门比较简单、语法比较简单,同时也比较实用的一个。接下来将以 MySQL 数据库为例,介绍如何使用 Python 操作数据库。

6.6.1 PyMySQL 的安装

PyMySQL 是在 Python 3.x 版本中用于连接 MySQL 服务器的一个库,Python 2 中则使用 mysqldb。PyMySQL 遵循 Python 数据库 API v2.0 规范,并包含 pure-Python MySQL 客户端库。

在使用 PyMySQL 之前,需要确保 PyMySQL 已安装。

如果还未安装,在 Windows 系统下,可以直接进入命令行窗口,使用 pip 安装 PyMySQL,命令如下:

```
pip install PyMySQL
```

如果系统不支持 pip 命令,通过 PyMySQL 下载地址:

```
https://github.com/PyMySQL/PyMySQL
```

下载后使用手动方式安装。
在 Python 文件中引入模块:

```
import pymysql
```

6.6.2 PyMySQL 操作 MySQL 的流程及常用对象

以流程图的方式展示 Python 操作 MySQL 数据库的流程,如图 6-2 所示。

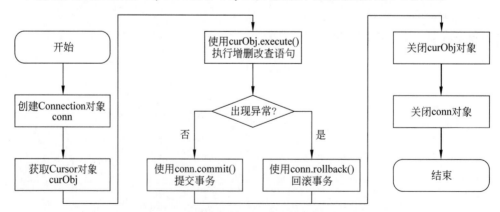

图 6-2 Python 操作 MySQL 数据库的流程

由图 6-2 可以看出,首先依次创建 Connection 对象(数据库连接对象)用于打开数据库连接,创建 Cursor 对象(游标对象)用于执行查询和获取结果;然后执行 SQL 语句对数据库进行增删改查等操作并提交事务,此过程如果出现异常则使用回滚技术使数据库恢复到执行 SQL 语句之前的状态;最后,依次销毁 Cursor 对象和 Connection 对象。

下面依次对 Connection 对象、Cursor 对象和事务等概念进行介绍。

1. Connection 对象

Connection 对象即为数据库连接对象,在 Python 中可以使用 pymysql.connect()方法创建 Connection 对象,该方法的常用参数如表 6-4 所示。

表 6-4 Connection 对象可以使用的参数

参数	类型	描述
host	str	连接的 MySQL 数据库服务器主机名,默认为本地主机(localhost)
port	int	指定 MySQL 数据库服务器的连接端口,默认为 3306
user	str	用户名,默认为当前用户
passwd	str	密码,无默认值
db	str	数据库名称,无默认值
charset	str	连接编码

Connection 对象支持的方法如表 6-5 所示。

表 6-5 Connection 对象支持的方法

方法	描述
cursor()	使用当前连接创建并返回游标
commit()	提交当前事务
rollback()	回滚当前事务
close()	关闭当前连接

上述表中的事务机制可以确保数据一致性。事务应该具有 4 个属性:原子性、一致性、隔离性和持久性。这 4 个属性通常称为 ACID 特性。

(1)原子性(atomicity)。一个事务是一个不可分割的工作单位,事务中包括的诸多操作要么都做,要么都不做。

(2)一致性(consistency)。事务必须是使数据库从一个一致性状态变到另一个一致性状态。一致性与原子性是密切相关的。

(3)隔离性(isolation)。一个事务的执行不能被其他事务干扰。即一个事务内部的操作及使用的数据对并发的其他事务是隔离的,并发执行的各个事务之间不能互相干扰。

(4)持久性(durability)。持续性也称永久性(permanence),指一个事务一旦提交,它对数据库中数据的改变就应该是永久性的。接下来的其他操作或故障不应该对其有任何影响。

在开发时,以如下三种方式使用事务。

(1) 正常结束事务：conn.commit()。

(2) 异常结束事务：conn.rollback()。

(3) 关闭自动 commit：设置 conn.autocommit(False)。

2. Cursor 对象

Cursor 对象（游标）负责执行 SQL 语句和获取结果。游标就是游动的标识，通俗地说，一条 SQL 取出对应 n 条结果资源的接口/句柄，就是游标，沿着游标可以一次取出一行。可以使用连接对象的 cursor() 方法来创建，例如：

```
cursor = connect.cursor()
```

游标对象常用的方法如表 6-6 所示。

表 6-6 游标对象常用的方法

方　　法	描　　述
execute(op)	执行 SQL 语句，返回受影响的行数
fetchone()	执行查询语句时，获取查询结果集的当前行数据，返回一个元组
next()	执行查询语句时，获取当前行的下一行
fetchmany(size)	执行查询时，获取结果集的所有行，一行构成一个元组，再将这些元组装入一个元组返回
scroll(value[,mode])	将行指针移动到某个位置。mode 表示移动的方式，默认值为 relative，表示基于当前行移动到 value，value 为正则向下移动，value 为负则向上移动；mode 的值为 absolute，表示基于第一条数据的位置，第一条数据的位置为 0
fetchall()	获取结果集中的所有行
rowcount()	返回数据条数或影响行数
close()	关闭游标对象

6.6.3 PyMySQL 的使用步骤

在 MySQL 数据库已经启动的前提下，拥有可以连接数据库的用户名和密码，并且有操作数据，PyMySQL 使用的步骤如下。

(1) 导入模块：

```
import pymysql
```

(2) 创建数据库连接对象：

```
conn = pymysql.connect(host,port,user,password,database,charset)
```

参数说明：

- host：数据库的 IP 地址，本机域名为 localhost，本机 IP 为 127.0.0.1。
- port：数据库的端口，默认为 3306。
- user：数据库的用户名。

- password：数据库用户名的密码。
- database：连接后使用的数据库名称。
- charset：数据库的字符集。

注意：PyMySQL 中的 connect、Connect、Connection 三个名称同效。

(3) 使用数据库连接对象调用 cursor() 方法创建游标：

```
curObj = conn.cursor()
```

注意：创建游标时会默认开启一个隐式的事务，在执行增删改的操作后需要用 commit 命令提交，如果不提交则默认为事务回滚。

(4) 编写 SQL 语句字符串，并执行 SQL 语句：

```
strsql = '''增删改查的 SQL 语句'''
curObj.execute(strsql,参数)
#execute 方法的参数可以使用元组 tuple、列表 list、字典 dict 这三种方式进行传参,一般都
#用元组或列表的方式
```

可以通过 fetchall()、fetchmany()、fetchall() 方法获取查询后的结果元组。

```
#获取查询结果中的一条数据
curObj.fetchone()
#获取查询结果中的指定条数据
curObj.fetchmany(条数)
#获取查询结果中的全部数据
curObj.fetchall()
#注意:这种方式相当于从一个仓库中取出物品,取出一次后就没了,
#使用这种方式默认会有一个计数器,记录从查询出的结果的元组的索引值,每取出一次索引值+1
```

(5) 提交事务并关闭游标：

```
#对数据进行增删改后需要提交事务,否则所有操作无效
#提交事务
con.commit()
#关闭游标
curObj.close()
```

(6) 关闭数据库连接：

```
conn.close()
```

【例 6-27】 PyMySQL 使用步骤示例。

```
import pymysql
#打开数据库连接,参数 1:主机名或 IP;参数 2:用户名;参数 3:密码;参数 4:数据库名称
conn = pymysql.connect("localhost", "root", "123456", "jxgl")
#通过 cursor()函数创建一个游标对象 cursor
cursor = conn.cursor()
#使用 execute()方法执行 SQL 查询
```

```
cursor.execute('SELECT VERSION()')
#使用 fetchone()方法获取单条信息
db_version = cursor.fetchone()
print("MySQL 数据库的版本号:%s" %db_version)
#关闭数据库连接
conn.close()
```

运行结果:

MySQL 数据库的版本号:5.7.17-log

6.7 综合应用案例:利用文件操作实现会员管理登录功能模块

本节利用文件操作实现会员管理登录功能模块,该登录模块按照两类角色:管理员用户和普通用户进行读取文件判断。

该模块首先判断用户是否首次登录,若是首次使用,则进行初始化,否则进入用户类型的选择。若选择管理员,则直接进行登录;若选择普通用户,则询问用户是否需要注册。若需要注册,则首先注册用户,然后登录系统。

6.7.1 文件类型与数据格式

用户管理是通过如下三类文件实现的。

(1) 标识位文件:flag.txt。该文件主要用于检测是否为初次启动该系统,其中的初始数据为 0,在首次启动后,将其修改为 1。在系统运行前就必须用此文件。

(2) 管理员账户数据文件:admin.txt。该文件用于保存管理员账户信息,该账户在程序中设置,管理员账号唯一。程序运行后,数据为{'rname': 'admin', 'rpwd': 'abc123'}。

(3) 普通用户账户数据文件:用户注册账户。该文件主要用于保存普通用户注册账户,每一个用户对应一个账户文件,普通用户账户数据文件被统一存储于 usersinfo 文件夹。文件内容格式为{'u_id': 'v001', 'u_pwd': 'abc', 'u_name': '123'}。

6.7.2 功能模块的各函数实现

用户登录模块主要涉及是否首次使用系统的判断、标识位文件修改、信息初始化、打印登录菜单、用户选择判断、管理员用户登录判断、普通用户注册以及普通用户登录等函数。

由于需要对文件操作,首先要导入文件操作模块:

```
import os
```

1. is_first_run()函数:初次使用系统判断

该函数主要用于判断是否为首次使用系统,通过读取 flag.txt 文件中的数据,如果是 0 表示是初次使用该系统,则更改标志位文件、初始化即写管理员账户信息("rname":

"admin","rpwd":"abc123")和新建普通用户账户数据文件夹 usersinfo、打印登录菜单；如果不是初次启动，则直接显示登录菜单，并接收用户选择。

该函数的具体实现如下：

```python
def is_first_run():
    flag = open("flag.txt")
    word = flag.read()
    if word == "0":
        print("首次启动该系统")
        flag.close()
        is_flag()
        init()
        print_menu()
        user_login_select()
    elif word == "1":
        print("欢迎使用会员管理系统")
        print("==选择角色登录系统==")
        print_menu()
        user_login_select()
    else:
        print("初始化参数错误！")
```

2. is_flag()函数：修改标志位

该函数主要用于修改 flag.txt 的内容：由 0 变为 1，将在初次使用系统时被 is_first_start()函数调用。

该函数的具体实现如下：

```python
def is_flag():
    f = open("flag.txt","w")
    f.write("1")
    f.close()
```

3. init()函数：初始化资源

该函数主要用于写管理员账户信息（"rname":"admin","rpwd":"abc123"）和新建普通用户账户数据文件夹 usersinfo。

该函数的具体实现如下：

```python
def init():
    file = open("admin.txt","w")
    root = {"rname":"admin","rpwd":"abc123"}
    file.write(str(root))
    file.close()
    os.mkdir("usersinfo")
```

4. print_menu()函数：打印角色

该函数主要用于打印登录菜单的两个选项：管理员登录和普通用户登录选项的界面显示。

该函数的具体实现如下：

```python
def print_menu():
    print("1-管理员登录")
    print("2-普通用户登录")
    print("-------------")
```

5. user_login_select()函数：用户角色选择

该函数首先接收用户的输入，若输入"1"，则调用 admin_login()函数进行管理员登录；若输入"2"，则先询问用户是否需要注册，然后调用 user_register()函数。

该函数的具体实现如下：

```python
def user_login_select():
    while True:
        user_type_select = input("选择用户类型为:")
        if user_type_select == '1':
            admin_login()
            break
        elif user_type_select == '2':
            while True:
                select = input('是否需要注册?(y/n)')
                if select == 'y' or select == 'Y':
                    print("---用户注册---")
                    user_register()
                    break
                elif select == 'n' or select == 'N':
                    print("---用户登录---")
                    break
                else:
                    print('输入有误,请重新选择')
            user_login()
            break
        else:
            print('输入有误,请重新选择')
```

6. admin_login()函数：管理员登录

该函数用于实现管理员角色登录，该函数可接收用户输入的账号和密码，将接收到的数据存储在管理员账号文件 admin.txt 中。若匹配成功则提示登录成功，提示"登录系统成功"，否则提示"验证失败"。

该函数的具体实现如下：

```python
def admin_login():
```

```
while True:
    print("***管理员登录***")
    root_name = input('请输入登录名:')
    root_password = input("请输入密码:")
    file_root = open("admin.txt")
    root = eval(file_root.read())
    if root_name == root['rname'] and root_password == root['rpwd']:
        print('登录系统成功')
        break
    else:
        print('验证失败')
```

7. user_register()函数:用于普通用户注册

该函数用于注册普通用户信息的存储。当用户在 user_login_select() 函数中选择需要注册用户之后,该函数被调用。user_login_select() 函数可接收用户输入的账户名、密码和昵称,并将这些信息保存到 usersinfo 文件夹中与账户名同名的文件中。

该函数的具体实现如下:

```
def user_register():
    user_id = input('请输入账户名:')
    user_pwd = input('请输入密码:')
    user_name = input('请输入昵称:')
    user = {'u_id':user_id,"u_pwd":user_pwd,'u_name':user_name}
    user_path = "./usersinfo/"+user_id
    file_user = open(user_path,'w')
    file_user.write(str(user))
    file_user.close()
```

8. user_login()函数:用于普通用户登录

该函数用于实现普通用户登录,该函数可接收用户输入的账号和密码,并将账号与 usersinfo 目录中文件列表的文件名匹配,若匹配成功,说明用户存在,进一步匹配用户密码,账户名和密码都匹配成功则提示"登录系统成功",并打印用户功能菜单。若账户名不能与 usersinfo 目录中文件列表的文件名匹配,则说明用户不存在。

该函数的具体实现如下:

```
def user_login():
    while True:
        print("***普通用户登录***")
        user_id = input('请输入账户名:')
        user_pwd = input('请输入密码:')
        user_list = os.listdir('./usersinfo')
        flag = 0
        for user in user_list:
            if user == user_id:
                flag = 1
```

```
                print('登录中....')
                file_name ="./usersinfo/" +user_id
                file_user =open(file_name)
                user_info =eval(file_user.read())
                if user_pwd ==user_info['u_pwd']:
                    print('登录系统成功!')
                    break
        if flag ==1:
            break
        elif flag ==0:
            print('查无此人!请先注册用户')
            break
```

程序最后的运行,执行函数:

```
is_first_start()
```

运行结果:

1.首次启动
首次启动该系统
1-管理员登录
2-普通用户登录

选择用户类型为:1
管理员登录
请输入登录名:admin
请输入密码:abc123
登录系统成功
2.再启动
欢迎使用会员管理系统
==选择角色登录系统==
1-管理员登录
2-普通用户登录

选择用户类型为:2
是否需要注册?(y/n)y
---用户注册---
请输入账户名:v001
请输入密码:666666
请输入昵称:Rose
普通用户登录
请输入账户名:v001
请输入密码:666666
登录中....
登录系统成功!

小　　结

本章首先讲解了文件的基本操作方法,包括文件的打开、文件的读写和文件的关闭。然后讲解了文件的随机定位读写和文件的异常处理。最后介绍了 Python 开发中经常遇到的两种类型的文件:JSON 文件和 XML 文件的读写方法,该方法主要适合于处理数据量不大,而且结构简单的数据。其中,json.dumps 方法是将 Python 对象编码成 JSON 字符串;json.loads 是将已编码的 JSON 字符串解码为 Python 对象;json.dump 和 json.load 需要传入文件描述符,加上文件操作。JSON 内部的格式要注意,一个好的格式能够方便读取,可以用 indent 格式化。最后讲解了 Python 编程操作 MySQL 数据库数据文件。

思考与练习

1. 统计 file1.txt 文件中包含的字符数和行数。
2. 将 file1.txt 文件中的每行按逆序方式输出到 file2.txt 文件中。
3. scores.txt 文件存放着某班学生的计算机课成绩,包含学号、平时成绩、期末成绩三列。请根据平时成绩占 40%,期末成绩占 60%的比例计算总评成绩,并按学号、总评成绩两列写入另一个文件 scored.txt 中。同时在屏幕上输出学生总人数,按总评成绩计算 90 分以上、80~89 分、70~79 分、60~69 分、60 分以下各成绩区间的人数和班级总平均分(取小数点后两位)。
4. 运用 DOM 和 SAX 两种方式,操作 movie.xml 文件。

```
<collection shelf="New Arrivals">
<movie title="Transformers">
<type>Anime, Science Fiction</type>
<format>DVD</format>
<year>1989</year>
<rating>R</rating>
<stars>8</stars>
<description>A schientific fiction</description>
</movie>
</collection>
```

5. 从下述 XML 文件读取节点转换为 JSON 格式,并保存到文件中。

```
<?xml version="1.0" encoding="gb2312"?>
<root>
<person age="18">
<name>maomao</name>
<sex>male</sex>
</person>
<person age="19" des="hello">
```

```
<name>mengmeng</name>
<sex>female</sex>
</person>
</root>
```

6. 修改 6.7 节中的应用案例,把普通用户信息用 XML 文件存储数据,实现登录管理功能模块。

7. 运用 PyMySQL 开发网店会员管理系统,该系统主要实现会员注册、会员登录、密码修改以及会员信息的删除等功能,首先创建数据库 ShopMember,同时定义用于存放会员信息的 userinfo 表,其表结构的脚本如下:

```
DROP TABLE IF EXISTS `userinfo`;
CREATE TABLE `userinfo` (
    `userid` int(11) NOT NULL AUTO_INCREMENT,
    `username` varchar(50) DEFAULT NULL,
    `userpwd` char(10) DEFAULT NULL,
    `phone` char(11) DEFAULT NULL,
    `email` varchar(50) DEFAULT NULL,
    PRIMARY KEY (`userid`)
) ENGINE=InnoDB DEFAULT CHARSET=utf8;
```

第 7 章 面向对象程序设计

面向对象程序设计(Object Oriented Programming,OOP)的思想主要针对大型软件设计而提出,使得软件设计更加灵活,能够很好地支持代码复用和设计复用,并且使得代码具有更好的可读性和可扩展性。

面向对象程序设计的一个关键性概念是将数据以及对数据的操作封装在一起,组成一个相互依存、不可分割的整体,即对象。对于相同类型的对象进行分类、抽象后,得出共同的特征而形成了类,面向对象程序设计的关键就是如何合理地定义和组织这些类以及类之间的关系。

本章主要介绍 Python 面向对象之类和对象,结合实例形式详细分析 Python 面向对象相关的继承、多态、类及对象等概念、原理、操作技巧与注意事项。

7.1 面向对象程序设计的 3 个基本特性

面向对象程序设计是相对于结构化程序设计而言的,面向对象中的对象(Object),通常是指客观世界中存在的对象,这个对象具有唯一性,对象之间各不相同,各有各的特点,每个对象都有自己的运动规律和内部状态;对象与对象之间又是可以相互联系、相互作用的。另外,对象也可以是一个抽象的事物。

在面向对象程序设计中,对象可以看作是数据以及可以操作这些数据的一系列方法的集合。

例如,可以从圆形、正方形、三角形等图形抽象出一个简单图形,简单图形就是一个对象,它有自己的属性和行为,图形中边的个数是它的属性,图形的面积也是它的属性,输出图形的面积就是它的行为。概括地讲,面向对象技术是一种从组织结构上模拟客观世界的方法。

现实生活中的每一个相对独立的事物都可以看作一个对象,例如,一个人、一辆车、一台计算机等。对象是具有某些特性和功能的具体事物的抽象。每个对象都具有描述其特征的属性及附属于它的行为。例如,一辆车有颜色、车轮数、座椅数等属性,也有启动、行驶、停止等行为。一个人有姓名、性别、年龄、身高、体重等特征描述,也有走路、说话、学习、开车等行为;一台计算机由主机、显示器、键盘、鼠标等部件组成。

当人们生产一台计算机的时候,并不是先要生产主机再生产显示器再生产键盘、鼠标,即不是顺序执行的,而是分别设计生产主机、显示器、键盘、鼠标等,最后把它们组装起来。这些部件通过事先设计好的接口连接,以便协调地工作。这就是面向对象程序设计的基本思路。

面向对象(Object Oriented,OO)是一种设计思想。从20世纪60年代提出面向对象的概念到现在,它已经发展成为一种比较成熟的编程思想,并且逐步成为目前软件开发领域的主流技术。如我们经常听说的面向对象编程就是主要针对大型软件设计而提出的,它可以使软件设计更加灵活,并且能更好地进行代码复用。

面向对象程序设计是一种计算机编程架构,它具有以下3个基本特性。

1. 封装性

封装性(Encapsulation)就是将一个数据和与这个数据有关的操作集合放在一起,形成一个实体——对象,用户不必知道对象行为的实现细节,只需根据对象提供的外部特性接口访问对象即可。例如,看一本书,只需要看书的内容就可以,而不需要知道书是这么制作的。其目的在于将对象的用户与设计者分开,用户不必知道对象行为的细节,只需用设计者提供的协议命令对象去做就可以。也就是我们可以创建一个接口,只要该接口保持不变,即使完全重写了指定方法中的代码,应用程序也可以与对象交互作用。

例如,电视机是一个类,你家里的那台电视机是这个类的一个对象,它有声音、颜色、亮度等一系列属性,如果需要调节它的属性(如声音),只需要通过调节一些按钮或旋钮就可以了,也可以通过这些按钮或旋钮来控制电视的开、关、换台等功能(方法)。当进行这些操作时,并不需要知道这台电视机的内部构成,而是通过生产厂家提供的通用开关、按钮等接口来实现的。

面向对象方法的封装性使对象以外的事物不能随意获取对象的内部属性(公有属性除外),有效地避免了外部错误对它产生的影响,大大减轻了软件开发过程中查错的工作量,减小了排错的难度。隐蔽了程序设计的复杂性,提高了代码重用性,降低了软件开发的难度。

2. 继承性

在面向对象程序设计中,根据既有类(基类)派生出新类(派生类)的现象称为类的继承机制,也称为继承性(Inheritance)。

派生类无须重新定义在父类(基类)中已经定义的属性和行为,而是自动地拥有其父类的全部属性与行为。派生类既具有继承下来的属性和行为,又具有自己新定义的属性和行为。当派生类又被它更下层的子类继承时,它继承的及自身定义的属性和行为又被下一级子类继承下去。面向对象程序设计的继承机制实现了代码重用,有效地缩短了程序的开发周期。

例如,矩形是四边形的一种,拥有四边形的全部特点,反之则不然。矩形类可以看作为继承四边形类后产生的类,称为子类,而四边形类称为父类或者超类。

3. 多态性

面向对象的程序设计的多态性(Polymorphism)是指基类中定义的属性或行为,被派生类继承之后,可以具有不同的数据类型或表现出不同的行为特性,使得同样的消息可以根据发送消息对象的不同而采用多种不同的行为方式,即同一个对象的同样的操作(方法)在不同的场景下会有不同的行为。

Python完全采用了面向对象程序设计的思想,是真正面向对象的高级动态编程语言,完全支持面向对象的基本功能,如封装、继承、多态以及对基类方法的覆盖或重写。但与其他面向对象程序设计语言不同的是,Python中对象的概念很广泛,Python中的一切内容都可以称为对象。例如,字符串、列表、字典、元组等内置数据类型都具有和类完全相似的语法和用法。

7.2 类和对象

类是对一系列具有相同特征和行为的事物的统称,是一个抽象的概念,不是真实存在的事物。它是封装对象的属性和行为的载体(特征即是属性,行为即是方法),反过来说,具有相同属性和行为的一类实体被称为类。Python 使用 class 关键字来定义类,class 关键字之后是一个空格,然后是类的名字,再然后是一个冒号,最后换行并定义类的内部实现。类名的首字母一般要大写,当然也可以按照自己的习惯定义类名,但是一般推荐参考惯例来命名,并在整个系统的设计和实现中保持风格一致,这一点对于团队合作尤其重要。

对象是一个抽象概念,表示任意存在的事物。通常将对象划分为两个部分,即静态部分与动态部分。静态部分被称为"属性",任何对象都具备自身的属性,这些属性不仅是客观存在的,而且是不能被忽视的,如人的性别;动态部分指的是对象的行为,即对象执行的动作,如人可以行走。在 Python 中,一切都是对象,即不仅是具体的事物称为对象,字符串、函数等也都是对象。

每个对象都有一个类型,类是创建对象实例的模板,是对对象的抽象和概括,它包含对所创建对象的属性描述和行为特征的定义。例如,我们在马路上看到的汽车都是一个一个的汽车对象,它们通通归属于一个汽车类,那么车身颜色就是该类的属性,开动是它的方法,该保养了或者该报废了就是它的事件。

简单一点儿说,类与对象的关系:用类去创建(实例化)一个对象。开发中,先有类,才有对象。

7.2.1 类的定义和使用

在 Python 中,类表示具有相同属性和方法的对象的集合。在使用类时,需要先定义类,然后再创建类的实例,通过类的实例就可以访问类中的属性和方法。

1. 定义类

创建类时用变量形式表示的对象属性称为数据成员或属性(成员变量),用函数形式表示的对象行为称为成员函数(成员方法),成员属性和成员方法统称为类的成员。

类定义的语法结构:

```
class ClassName:
    '''类的帮助信息'''      #类文档字符串
    statement             #类体
```

参数说明：

- ClassName：用于指定类名，一般使用大写字母开头，如果类名中包括两个单词，第二个单词的首字母也大写，这种命名方法也称为"驼峰式命名法"，这是惯例。当然，也可根据自己的习惯命名，但是一般推荐按照惯例来命名。
- '''类的帮助信息'''：用于指定类的文档字符串，定义该字符串后，在创建类的对象时，输入类名和左侧的括号"("后，将显示该信息。
- Statement：类体，主要由类变量（或类成员）、方法和属性等定义语句组成。如果在定义类时，没想好类的具体功能，也可以在类体中直接使用 pass 语句代替。

【例 7-1】 定义一个 Person 类。

```
class Person:
'''定义了 Person 类'''
pass
```

2. 创建类的实例

定义完类后，并不会真正创建一个实例。这有点儿像一辆汽车的设计图。设计图可以告诉你汽车看上去怎么样，但设计图本身不是一辆汽车。你不能开走它，它只能用来制造真正的汽车，而且可以使用它制造很多汽车。

对象是类的实例。如果人类是一个类的话，那么某个具体的人就是一个对象。只有定义了具体的对象，并通过"对象名.成员"的方式才能访问其中的数据成员或成员方法。

class 语句本身并不创建该类的任何实例。所以在类定义完成以后，可以创建类的实例，即实例化该类的对象。Python 创建对象的语法如下：

```
ClassName(parameterlist)
```

参数说明：

- ClassName：是必选参数，用于指定具体的类。
- parameterlist：是可选参数，当创建一个类时，没有创建__init__()方法（该方法将在后续章节进行详细介绍），或者__init__()方法只有一个 self 参数时，parameterlist 可以省略。

【例 7-2】 定义类 Person 的对象 p。

```
p = Person()
print(p)
```

运行结果：

```
<__main__.Persion object at 0x0000000001DD22B0>
```

由上述运行结果可以看出，p 是 Person 类的实例。当使用 print 输出对象的时候，默认打印对象的内存地址。如果类定义了__str__方法，那么就会打印这个方法中 return 的数据。例如：

```
def __str__(self):
```

```
        return '这是定义了人的类'
```

注意：在 Python 中创建实例不使用 new 关键字，这是与其他面向对象语言的区别。

【例 7-3】 创建一个 Person 类，利用这个类创建对象，并调用其中的方法。

```
class Person:
    def setName(self,name):
        self.name =name
    def getName(self):
        return self.name
    def greet(self):
        print("Hello,I'm {name}".format(name=self.name))

person =Person()
person.setName("晓萌")
print(person.getName())
Person.greet(person)
```

运行结果：

晓萌
Hello,I'm 晓萌

从上述例子可以看出，首先定义类，然后创建对象，接着通过实例方法/对象方法进行调用验证。其中，self 是指调用该函数的对象。

7.2.2 构造函数与析构函数

在类的实例化时需要做一些初始化的工作，而构造方法就是完成这些工作的最佳选择。构造函数（方法）是创建对象的过程中被调用的第一个方法，通常用于初始化对象中需要的资源，如初始化一些变量。由于构造方法是特殊方法，所以在定义构造方法时，需要在方法名两侧各加两个下画线，构造方法的方法名是 init，所以完整的构造方法名应该为__init__()。除了方法名比较特殊外，构造方法的其他方面与普通方法类似。

1. 构造函数

构造函数一般用于完成对象数据成员设置初值或进行其他必要的初始化工作。如果用户未涉及构造函数，Python 将提供一个默认的构造函数。类可以定义一个特殊的称为__init__()的方法，即构造函数（__init__()，以两个下画线"_"开头和结束，中间没有空格）。

在创建类后，通常会创建一个__init__()方法。该方法是一个特殊的方法，类似 Java 语言中的构造方法。每当创建一个类的新实例时，Python 都会自动执行它。__init__()方法必须包含一个 self 参数，并且必须是第一个参数，否则提示异常信息。self 参数是一个指向实例本身的引用，用于访问类中的属性和方法。在方法调用时会自动传递实际参数 self。因此，当__init__()方法只有一个参数时，在创建类的实例时，就不需要指定实际参数了。

一个类定义了__init__()方法以后,类实例化时就会自动为新生成的类实例默认调用__init__()方法,不需要手动调用。当一个类创建多个对象时,通过__init__()方法对不同的对象设置不同的初始化属性。

__init__(self)中的 self 参数,不需要开发者传递,Python 解释器会自动把当前的对象应用传递过去。

【例 7-4】 定义一个 Person 人员类。

```
class Persion:
    name ="xiaomeng"          #成员变量(属性)
    age =31
    gender ="F"
    def __init__(self):       #构造函数
        print("Love")
```

在__init__()方法中,除了 self 参数外,还可以自定义一些参数,参数间使用逗号","进行分隔。

【例 7-5】 构造函数应用示例。

```
class Person:
    #Person 类的构造方法
    def __init__(self,name="xiaomeng"):
        print("构造方法已经被调用")
        self.name =name
    def getName(self):
        return self.name
    def setName(self,name):
        self.name =name

person =Person()
print(person.getName())
person1 =Person(name="maomao")
print(person1.getName())
person1.setName(name="cau")
print(person1.getName())
```

运行结果:

构造方法已经被调用
xiaomeng
构造方法已经被调用
maomao
cau

构造方法包括创建对象和初始化对象,在 Python 当中分为两步执行:先执行__new__()方法,然后执行__init__()方法。通俗一点儿讲,可以将类比作制造商,__new__()方法就是前期的原材料购买环节，__init__()方法就是在有原材料的基础上，加工、初始化商品环节。

__init__()方法是当实例对象创建完成后被调用的，然后设置对象属性的一些初始值。

__new__()方法是在实例创建之前被调用的，因为它的任务就是创建实例然后返回该实例，是一个静态方法。

也就是说，__new__()方法在__init__()方法之前被调用，__new__()方法的返回值（实例）将传递给__init__()方法的第一个参数，然后__init__()方法给这个实例设置一些参数。

【例7-6】 验证__new__()和__init__()方法执行先后顺序的示例。

```
class Demo:
    def __init__(self):
        print("---init----")

    def __del__(self):
        print("----del----")

    def __new__(cls):
        print("----new---")
        return object.__new__(cls)
de = Demo()
```

运行结果：

```
----new---
---init----
----del----
```

由上述代码可以看出，__new__()方法至少要有一个参数 cls，代表要实例化的类，此参数在实例化时由 Python 解释器自动提供。__new__()方法必须要有返回值，返回实例化出来的实例，这一点在自己实现__new__()方法时要特别注意，可以 return 父类__new__()方法出来的实例，或者直接是 object 的__new__()方法出来的实例。__init__()方法有一个参数 self，就是这个__new__()方法返回的实例，__init__()方法在__new__()方法的基础上可以完成一些其他初始化的动作，__init__()方法不需要返回值。

2. 析构函数

Python 中类的析构函数是__del__()，用来释放对象占用的资源，在 Python 收回对象空间之前自动执行。如果用户未涉及析构函数，Python 将提供一个默认的析构函数进行必要的清理工作。当删除对象时，Python 解释器也会默认调用__del__()方法。

【例7-7】 演示析构函数执行过程实例。

```
class Person:
    name = "xiaomeng"                    #成员变量(属性)
    age = 31
```

```
            gender ="F"
            def __init__(self,sing,dance):      #构造函数
                print("我是文艺爱好者,我喜欢:")
                print(sing)
                print(dance)
            def __del__(self):
                print("Person 对象消除了")

p_sing ="lemon tree"
p_dance ="Ghost Dance"
p = Person(p_sing,p_dance)
```

运行结果:

```
我是文艺爱好者,我喜欢:
lemon tree
Ghost Dance
Person 对象消除了
```

说明:系统自动调用析构函数,所以出现"Person 对象消除了"。

7.2.3　创建类的方法与成员访问

类的成员主要由实例方法和数据成员(属性)组成。在类中创建了类的成员后,可以通过类的实例进行访问。

1. 创建实例方法并访问

实例方法,是指在类中定义的函数。该函数是一种在类的实例上操作的函数。同__init__()方法一样,实例方法的第一个参数必须是 self,并且必须包含一个 self 参数。

创建实例方法的语法格式如下:

```
def functionName(self,parameterlist):
    functionbody
```

参数说明:

- functionName:用于指定方法名,一般使用小写字母开头。
- self:必要参数,表示类的实例,其名称可以是 self 以外的单词,使用 self 只是一个习惯而已。
- parameterlist:用于指定除 self 参数以外的参数,各参数间使用逗号","进行分隔。
- functionbody:方法体,实现的具体功能。

实例方法和 Python 中的函数的主要区别如下。

(1) 函数实现的是某个独立的功能,而实例方法是实现类中的一个行为,是类的一部分。

(2) 类的方法必须有一个额外的第一个参数名称,按照惯例它的名称是 self。self 代表的是类的实例,代表当前对象的地址;而 self.class 则指向类。

实例方法创建完成后,可以通过类的实例名称和点(.)操作符进行访问。具体的语法

格式如下：

```
instanceName.functionName(parameterValue)
```

参数说明：
- instanceName：类的实例名称。
- functionName：要调用的方法名称。
- parameterValue：表示为方法指定对应的实际参数，其值的个数与创建实例方法中 parameterList 的个数相同。

【例7-8】 创建实例方法并访问示例。

```
class Person(object):
    def __init__(self,name,age):
        self.name=name
        self.age=age

    def sing(self,song):
        print("%s 正在唱 %s"%(self.name,song))

p=Person('小明',20)
p.sing('朋友')
```

2. 创建数据成员(属性)并访问

数据成员是指在类中定义的变量，即属性(对象的特征)。根据定义位置，属性(成员变量)有两种：一种是实例属性，另一种是类属性(类变量)。实例属性是在构造函数__init__(以两个下画线"_"开头和结束)中定义的，定义时以 self 作为前缀；类属性是在类中方法之外定义的属性。

类属性属于类，可通过类名访问，也可以通过对象名访问，为类的所有实例共享。

类属性是指定义在类中，并且在函数体外的属性。类属性可以在类的所有实例之间共享值，也就是在所有实例化的对象中公用。

类属性既可以在类外面添加和访问，也能在类里面添加和访问。添加与访问方式有以下三种。

(1) 类外面添加对象属性。语法：

对象名.属性名 =值

例如：

```
rect.width=50
rect.height=80
```

(2) 类外面获取对象属性。例如：

```
print('矩形宽度是',rect.width)
```

(3) 类里面获取对象属性。语法：

```
self.属性名
```

【例7-9】 创建数据成员并访问。

```
class Person(object):
    contry = '中国'                          #类属性
    def __init__(self,name,age):
        self.name=name
        self.age=age

p = Person('小明',20)
print(p.contry)                              #通过实例名访问
p2 = Person('小红',20)
print(p2.contry)                             #多个实例的类属性相同
print(Person.contry)                         #通过类名访问
```

运行结果:

中国
中国
中国

在 Python 中除了可以通过类名称访问类属性,还可以动态地为类和对象添加属性。除了可以动态地为类和对象添加属性,也可以修改类属性。修改后的结果将作用于该类的所有实例。类属性只能通过类对象修改,不能通过实例对象修改,如果通过实例对象修改类属性,表示的是创建了一个实例属性。

【例7-10】 修改属性值、动态增加新的成员(属性)。

```
class MyClass:
    print("执行了 MyClass 类")
    count = 0
    def counter(self):
        self.count +=1

my = MyClass()
my.counter()
print(my.count)
my.counter()
print(my.count)
my.count = "abc"
print(my.count)
my.name = "maomao"
print(my.name)
```

运行结果:

执行了 MyClass 类

```
1
2
abc
maomao
```

从上述例子可以看出，class 语句与 for、while 语句一样，都是语句块，即定义类其实就是执行代码块。例如，执行上述代码后，会输出"执行了 MyClass 类"。在类中可以包含任何语句。也向 MyClass 类中动态地增加了 name 的新成员。

实例属性是指定义在类的方法中的属性，只作用于当前实例中。实例的属性只能通过实例名访问。如果通过类名访问实例属性，将抛出异常。

【例 7-11】 通过类名访问实例属性的异常示例。

```
p = Person('小明',20)
print(p.age)
print(Person.age)
```

运行结果：

```
20
Traceback (most recent call last):
  File "D:\test\pyTest\class.py", line 8, in <module>
    print(Person.age)
AttributeError: type object 'Person' has no attribute 'age'
```

对于实例属性也可以通过实例名称修改，与类属性不同，通过实例名称修改实例属性后，并不影响该类的另一个实例中相应的实例属性的值。

【例 7-12】 通过实例名称修改实例属性示例。

```
p = Person('小明',20)
p2 = Person('小红',20)
print(p.age)
print(p2.age)
p.age = 21
print(p.age)
print(p2.age)
```

运行结果：

```
20
20
21
20
```

类属性和实例属性的区别：类属性就相当于全局变量，实例对象共有的属性，实例对象的属性为实例对象自己私有。类属性就是类对象（Tool）所拥有的属性，它被所有类对象的实例对象（实例方法）所共有，在内存中只存在一个副本，这个和 C++ 中类的静态成员变量有点儿类似。对于公有的类属性,在类外可以通过类对象和实例对象访问。

如果需要在类外修改类属性,必须通过类对象去引用然后进行修改。如果通过实例对象去引用,会产生一个同名的实例属性,这种方式修改的是实例属性,不会影响到类属性,并且之后如果通过实例对象去引用该名称的属性,实例属性会强制屏蔽掉类属性,即引用的是实例属性,除非删除了该实例属性。即类属性只能通过类对象修改,不能通过实例对象修改,如果通过实例对象修改类属性,表示的是创建了一个实例属性。

7.2.4 访问限制: 私有成员与公有成员

在类的内部可以定义属性和方法,而在类的外部则可以直接调用属性或方法来操作数据,从而隐藏了类内部的复杂逻辑。但是,Python 并没有对属性和方法的访问权限进行限制,即 Python 在默认情况下所有的方法都是可以被外部访问的。访问限制有 3 种方式,可以在属性或者方法前加个单下画线、双下画线,或者首尾加双下画线。

(1) 首尾加双下画线: 表示定义的特殊方法,一般是系统定义的名字,如 __int__()。

(2) 单下画线: 表示保护(protected)类型的成员,只允许类本身或者子类访问,但不可以使用"from module import *"语句导入。例如:

```
class Apple:
    """苹果类"""
    _weight_apple = "1"                #定义保护属性

    def __init__(self):                #实例方法
        print(Apple._weight_apple)     #在实例方法中访问保护属性
apple1 = Apple()
print(apple1._weight_apple)
```

保护属性可以通过实例名进行访问。

(3) 双下画线: 表示私有(private)类型成员,只允许定义该方法的类的本身进行访问,而且不能通过类的实例进行访问。但是可以通过"类的实例名._类名__xxx"进行访问。

因此,为了保证类内部的某些属性或方法不被外部访问,可以在属性或方法名前面添加单下画线、双下画线或首尾加双下画线,从而限制访问权限。

1. 属性的访问限制

在定义类的属性时,如果属性名以两个下画线"_"开头,则表示是私有属性,否则是公有属性。私有属性在类的外部不能直接访问,需要通过调用对象的公有成员方法来访问,或者通过 Python 支持的特殊方式来访问。Python 提供了访问私有属性的特殊方式,可用于程序的测试和调试,对于成员方法也具有同样的性质。

(1) 单下画线。以单下画线开头的表示 protected 类型的成员,只允许类本身和子类进行访问,但不能使用"from module import *"语句导入。

【例 7-13】 protected 类型的成员应用示例。

```
class Person(object):
    def __init__(self,name,age):
```

```
        self._name=name                    #保护属性
        self.age=age

p=Person('小明',20)
print(p._name)                             #保护属性可以正常访问
```

从上面的运行结果可以看出:保护属性可以通过实例名访问。

(2) 双下画线。双下画线表示 private 类型的成员,只允许定义该方法的类本身进行访问,而且也不能通过类的实例进行访问,但是可以通过"类的实例名.类名_xxx"方式访问。

【例 7-14】 private 类型的成员应用示例。

```
class Person(object):
    def __init__(self,name,age):
        self.__name=name                   #私有属性
        self.age=age

p=Person('小明',20)
print(p._Person__name)                     #可以通过"类的实例名.类名_xxx"方式访问
print(p.__name)                            #私有属性不可以正常访问
```

运行结果:

```
小明
Traceback (most recent call last):
  File "D:\test\pyTest\person.py", line 8, in <module>
    print(p.__name)                        #私有属性不可以正常访问
AttributeError: 'Person' object has no attribute '__name'
```

从上面的运行结果可以看出,私有属性可以在类的实例方法中访问,也可以通过"实例名.类名_xxx"方式访问,但是不能直接通过实例名+属性名访问。

Python 的编译器在编译 Python 源代码时,并没有将"__name"真正的私有化,而是一旦遇到属性或方法名以双下画线(__)开头的,就会将属性名或方法名改成"_ClassName__methodName"的形式。其中,ClassName 表示该方法所在的类名,"__methodName"表示方法名。ClassName 前面要加上单下画线(_)前缀。

(3) 首尾双下画线。首尾双下画线表示定义特殊方法,一般是系统定义名字,如 __init__()方法。

2. 方法的访问限制

在类中定义的方法可以粗略地分为 3 大类:公有方法、私有方法、静态方法。其中,公有方法、私有方法都属于对象,私有方法的名字以两个下画线"_"开始,每个对象都有自己的公有方法和私有方法,在这两类方法中可以访问属于类和对象的成员;公有方法通过对象名直接调用,私有方法不能通过对象名直接调用,只能在属于对象的方法中通过 self 调用或在外部通过 Python 支持的特殊方式来调用。如果通过类名来调用属于对象的公有方法,需要显式为该方法的 self 参数传递一个对象名,用来明确指定访问哪个对象的数据成员。静态方法可以通过类名和对象名调用,但不能直接访问属于对象的成员,只能访问属于类的成员。

7.2.5 类代码块

class 语句和 for、while 语句一样,都是代码块,即定义类就是执行代码块。

```
class MyClass:
    print("class block")
```

执行上述代码后,会输出"class block"。在 class 代码中可以包含任何语句。如果这些语句是可以立即执行的,那就会立刻执行,例如 print()函数。除此之外,还可以动态向 class 代码块中添加新的成员。

【例 7-15】 代码块增加新的成员示例。

```
class MyClass:
    print("class block")              #立即执行的语句
    count = 0
    def counter(self):
        self.count += 1

my = MyClass()
my.counter()
print(my.count)
my.counter()
print(my.count)
my.newcount = "abc"
print(my.newcount)
my.count = "hello"
print(my.count)
```

运行结果:

```
class block
1
2
abc
hello
```

由上述代码可以看出,向 my 对象动态增加了 newcount 变量,将 count 变量改成字符串类型。

7.2.6 特殊方法: 静态方法和类方法

Python 类中包含三种方法:实例方法、静态方法和类方法。其中,实例方法在前面已经介绍过,即想要调用实例方法,必须要实例化类,然后才可以调用。换句话说,调用实例化方法需要类的实例(对象)。而静态方法在调用时根本不需要类的实例(静态方法不需要 self 参数)。定义类方法需要用修饰器@classmethod 来标识。定义静态方法需要通过修饰器@staticmethod 来进行修饰。

首先形式上的区别,实例方法隐含的参数为类实例 self,而类方法隐含的参数为类本身 cls。静态方法无隐含参数,主要为了类实例也可以直接调用静态方法。所以逻辑上,类方法被类调用,实例方法被实例调用,静态方法两者都能调用。主要区别在于参数传递上的区别,实例方法悄悄传递的是 self 引用作为参数,而类方法悄悄传递的是 cls 引用作为参数。

1. 类方法

类方法是类对象所拥有的方法,对于类方法,第一个参数必须是类对象,一般以 cls 作为第一个参数(当然可以用其他名称的变量作为其第一个参数,但是大部分人都习惯以'cls'作为第一个参数的名字),能够通过实例对象和类对象去访问。类方法使用场景:当方法中需要使用类对象(如访问私有类属性等)时,定义类方法。类方法一般和类属性配合使用。

【例 7-16】 类方法的示例。

```
class People(object):
    country = '中国'
    #类方法,用 classmethod 来进行修饰
    @classmethod
    def getCountry(cls):
        return cls.country


p = People()
print(p.getCountry())               #可以通过实例对象引用
print(People.getCountry())          #可以通过类对象引用
```

运行结果:

中国
中国

从上述例子可以看出,对象和类都可以调用类方法。

【例 7-17】 对类属性进行修改示例。

```
class People(object):
    country = '美国'

    #类方法,用 classmethod 来进行修饰
    @classmethod
    def getCountry(cls):
        return cls.country

    @classmethod
```

```
    def setCountry(cls, country):
        cls.country = country

p = People()
print(p.getCountry())                    #可以通过实例对象引用
print(People.getCountry())               #可以通过类对象引用
p.setCountry('中国')
print(p.getCountry())
print(People.getCountry())
```

运行结果：

美国
美国
中国
中国

由上述例子可以看出，结果显示在用类方法对类属性修改之后，通过类对象和实例对象访问都发生了改变。因此类方法还有一个用途就是可以对类属性进行修改。

2. 静态方法

正如前边所述，静态方法是使用修饰符@staticmethod进行修饰的方法，它不需要传入默认参数，所以与类并没有很强的联系。

静态方法使用场景：当方法中既不需要使用实例对象（如实例对象、实例属性），也不需要使用类对象（如类属性、类方法、创建实例等）时，定义静态方法。静态方法的优势：取消不需要的参数传递，有利于减少不必要的内存占用和性能消耗。

静态方法既可以使用对象访问又可以使用类访问。

【例7-18】 演示静态方法既可以对象访问又可以类名访问的示例。

```
class People(object):
    country = '中国'

    @staticmethod
    #静态方法
    def getCountry():
        return People.country

people = People()
print(people.getCountry())
print(People.getCountry())
```

运行结果：

中国
中国

从类方法和实例方法以及静态方法的定义形式就可以看出来，类方法的第一个参数是类对象 cls,那么通过 cls 引用的必定是类对象的属性和方法;而实例方法的第一个参数是实例对象 self,那么通过 self 引用的可能是类属性,也有可能是实例属性(这个需要具体分析),不过在存在相同名称的类属性和实例属性的情况下,实例属性优先级更高。静态方法中不需要额外定义参数,因此在静态方法中引用类属性的话,必须通过类对象或类来引用。

【例 7-19】 实例方法、静态方法和类方法综合应用示例。

```
class MyClass:
    #定义一个静态变量,可以被静态方法和类方法访问
    name = 'MM'
    def __init__(self):
        print("MyClass 的构造方法被调用")
        #定义实例变量,静态方法和类方法不能访问该变量
        self.value =18

    #定义静态方法
    @staticmethod
    def run():
        #访问 MyClass 类中的静态变量 name
        print("----",MyClass.name,"----")
        print("MyClass 的静态方法 run 被调用")

    #定义类方法
    @classmethod
    #这里 self 是类的元数据,不是类的实例
    def do(self):
        print(self)
        #访问 MyClass 类中的静态变量 name
        print('****',self.name,'****')
        print('调用静态方法 run')
        self.run()
        #在类方法中不能访问实例变量,否则会抛出异常(因为实例变量需要用类的实例访问)
        #print(self.value)
        print("成员方法 do 被调用")

    #定义实例方法
    def call(self):
        print(self.value)
        print('===',self.name,'===')
        print(self)

#调用静态方法 run
MyClass.run()
#创建 MyClass 类的实例
```

```
c = MyClass()
# 通过类的实例也可以调用类方法
c.do()
# 通过类访问类的静态变量
print('MyClass2.name','=',MyClass.name)
# 通过类的实例访问实例方法
c.call()
```

运行结果：

```
----MM----
MyClass 的静态方法 run 被调用
MyClass 的构造方法被调用
<class '__main__.MyClass'>
**** MM ****
调用静态方法 run
----MM----
MyClass 的静态方法 run 被调用
成员方法 do 被调用
MyClass2.name = MM
18
=== MM ===
<__main__.MyClass object at 0x00000000021F0A90>
```

由上述代码可以看出，通过实例定义的变量只能被实例方法访问，而直接在类中定义的静态变量（例如例子中的 name 变量）既可以被实例方法访问，也可以被静态方法和类方法访问。实例方法不能被静态方法和类方法访问，但静态方法和类方法可以被实例方法访问。

7.2.7 单例模式

在创建类时，确保某一个类只有一个实例，而且自行实例化并向整个系统提供这个实例，这个类称为单例类，单例模式是一种对象创建型模式。例如，我们日常使用的计算机上都有一个回收站，在整个操作系统中，回收站只能有一个实例，整个系统都使用这个唯一的实例，而且回收站自行提供自己的实例。因此回收站是单例模式的应用。

【例 7-20】 实例化一个单例模式的示例。

```
class Singleton(object):
    __instance = None

    def __new__(cls, age, name):
        if not cls.__instance:
            cls.__instance = object.__new__(cls)
        return cls.__instance
```

```
a = Singleton(16, "ErMao")
b = Singleton(6, "ErMao")
print(id(a))
print(id(b))
a.age = 2                          #给 a 指向的对象添加一个属性
print(b.age)                       #获取 b 指向的对象的 age 属性
```

运行结果：

```
35550376
35550376
2
```

由上述代码可以看出，如果类属性__instance 的值为 None，那么就创建一个对象，并且赋值为这个对象的引用，保证下次调用这个方法时能够知道之前已经创建过对象了，这样就保证了只有一个对象。

7.2.8 函数和方法的区别

本节从分类、作用域以及调用方式三个维度来介绍下 Python 中函数和方法的区别。

1. 从分类的角度来分析

函数的分类如下。

（1）内置函数：Python 内嵌的一些函数。

（2）匿名函数：一行代码实现一个函数功能。

（3）递归函数：直接或间接调用函数本身。

（4）自定义函数：根据自己的需求来进行定义的函数。

方法的分类如下。

（1）普通方法：直接用 self 调用的方法。

（2）私有方法：__函数名，只能在类中被调用的方法。

（3）属性方法：@property，将方法伪装成为属性，让代码看起来更合理。

（4）特殊方法（双下画线方法）：以__init__()为例，是用来封装实例化对象的属性，只要是实例化对象就一定会执行__init__()方法，如果对象子类中没有则会寻找父类（超类），如果父类（超类）也没有，则直接继承 object(Python 3.x)类，执行类中的__init__()方法。

（5）类方法：通过类名的调用去操作公共模板中的属性和方法。

（6）静态方法：不用传入类空间、对象的方法，作用是保证代码的一致性、规范性，可以完全独立类外的一个方法，但是为了代码的一致性统一地放到某个模块（py 文件）中。

2. 从作用域的角度来分析

（1）函数作用域：从函数调用开始至函数执行完成，返回给调用者后，在执行过程中开辟的空间会自动释放。也就是说，函数执行完成后，函数体内部通过赋值等方式修改变量的值不会保留，随着返回给调用者后，开辟的空间会自动释放。

（2）方法作用域：通过实例化的对象进行方法的调用，调用后开辟的空间不会释放，也就是说，调用方法中对变量的修改值会一直保留。

3. 从调用方式的角度来分析

(1) 函数：通过"函数名()"的方式进行调用，直接使用类名去调用，叫函数。

(2) 方法：通过"对象.方法名"的方式进行调用，即类实例化出来去调用，叫方法。

【例 7-21】 函数和方法的区别示例。

```
# FunctionType 函数类型，MethodType 方法类型
from types import FunctionType, MethodType
class Person:
    def __init__(self):
        self.name = 'maomao'

    def eat(self):
        pass

person = Person()
print(isinstance(person.eat, MethodType))
print(isinstance(person.eat, FunctionType))

print(isinstance(Person.eat, MethodType))
print(isinstance(Person.eat, FunctionType))
```

运行结果：

```
True
False
False
True
```

通过 MethodType 和 FunctionType 这两个类，可以看出函数和方法的关系是执有对象的函数是方法。

7.3 类的继承和多态

继承是为代码复用和设计复用而设计的，是面向对象程序设计的重要特性之一。当我们设计一个新类时，如果可以继承一个已有的设计良好的类然后进行二次开发，无疑会大幅度减少开发工作量。

7.3.1 类的继承

与其他面向对象编程语言（Java、C#等）一样，Python 也支持类的继承。所谓的继承，就是指一个类（子类/派生类）从另外一个类（父类/基类）中获得了所有成员。父类的成员可以在子类中使用，就像子类本身的成员一样。

Python 类的父类需要放在类名后的圆括号里。

类继承语法：

```
class 派生类名(基类名):          #基类名写在括号里
    派生类成员
```

在继承关系中,已有的、设计好的类称为父类或基类,新设计的类称为子类或派生类。派生类可以继承父类的公有成员,但是不能继承其私有成员。

在 Python 中继承的一些特点如下。

(1) 在继承中基类的构造函数(_init_()方法)不会被自动调用,它需要在其派生类的构造中亲自专门调用。

(2) 如果需要在派生类中调用基类的方法时,通过"基类名.方法名()"的方式来实现,需要加上基类的类名前缀,且需要带上 self 参数变量。区别在于类中调用普通函数时并不需要带上 self 参数。也可以使用内置函数 super()实现这一目的。

(3) Python 总是首先查找对应类型的方法,如果它不能在派生类中找到对应的方法,它才开始到基类中逐个查找。(先在子类中查找调用的方法,找不到才去基类中找。)

【例 7-22】 类的继承应用。

```
class Base(object):
    def __init__(self,attr1):
        print('Base __init__')
        self.attr1=attr1
    def method(self):
        print('Base method')

class Derived(Base):
    def __init__(self,attr1,attr2):
        Base.__init__(self,attr1)        #调用父类中的初始化方法
        self.attr2=attr2

d=Derived(10,20)
d.method()
```

运行结果:

```
Base __init__
Base method
```

【例 7-23】 设计 Person 类,并根据 Person 派生 Student 类,分别创建 Person 类与 Student 类的对象。

```
class Person(object):
    def __init__(self,name,age):
        self.name=name
        self.age=age
    def sleep(self):
        print('%s 正在睡觉'%self.name)
```

```python
class Student(Person):
    def __init__(self,name,age,score):
        Person.__init__(self,name,age)
        self.score=score
    def study(self):
        print('%s正在学习'%self.name)

s =Student('小明',20,98)
s.sleep()
s.study()
```

运行结果：

小明正在睡觉
小明正在学习

在很多应用场景中,需要知道一个类 A 是否是从另外一个类 B 继承,这种校验主要是为了调用 B 类中的成员(属性和方法)。如果 B 是 A 的父类,那么创建 A 类的实例肯定会拥有 B 类所有的成员,关键是要判断 B 是否为 A 的父类。

判断与类之间的关系可以使用 issubclass()函数,该函数接收两个参数,第 1 个参数是子类,第 2 个参数是父类。如果第 1 个参数指定的类和第 2 个参数指定的类确实是继承关系,那么该函数返回 True,否则返回 False。

如果想获得已知父类,可以直接使用"__bases__"(这是类的一个特殊属性,其中 bases 的前后是双下画线)。

在 Python 中,还可以使用 isinstance()函数检测一个对象是否是某一个类的实例。isinstance()函数有两个参数,第 1 个参数是要检测的对象,第 2 个参数是一个类。如果第 1 个参数指定的对象是第 2 个参数指定的类的实例,那么该函数返回 True,否则返回 False。

【例 7-24】 issubclass()或者 isinstance()方法检测类关系示例。

```python
class MyParentClass:
    def method(self):
        return "返回 MyParentClass 类 method 方法"

class ParentClass(MyParentClass):
    def method1(self):
        return "返回 ParentClass 类 method1 方法"

class MyClass:
    def method(self):
        return "返回 MyClass 类 method 方法"

class ChildClass(ParentClass):
    def method2(self):
```

```
        return "返回 ChildClass 类 method2 方法"

print(issubclass(ChildClass, ParentClass))
print(issubclass(ChildClass, MyClass))
print(issubclass(ChildClass,MyParentClass))
print(ChildClass.__bases__)
print(ParentClass.__bases__)

child =ChildClass()
print(isinstance(child, ChildClass))
print(isinstance(child, ParentClass))
print(isinstance(child, MyParentClass))
print(isinstance(child,MyClass))
```

运行结果：

```
True
False
True
(<class '__main__.ParentClass'>,)
(<class '__main__.MyParentClass'>,)
True
True
True
False
```

由上述例子可以看出，使用 isinstance()函数检测类的继承关系时，不只是直接的继承关系返回 True，间接的继承关系也会返回 True。

特别提醒：对象不能访问私有属性和私有方法，子类无法继承父类的私有属性和私有方法。私有属性和私有方法只能在类里面访问和修改。

如果想获取和修改私有属性值，在 Python 中，一般定义函数名 get_xx 用来获取私有属性，定义 set_xx 用来修改私有属性值。

【例 7-25】 获取和修改私有属性值示例。

```
class Person(object):

    def __init__(self):
        self.name ="小明"
        self.__age =20

    #获取私有属性的值
    def get_age(self):
        return self.__age

    #设置私有属性的值
```

```
        def set_age(self, new_age):
            self.__age = new_age

#定义一个对象
p = Person()
#强行获取私有属性
print(p._Person__age)
print(p.name)
#在类的外面获取对象的属性
ret = p.get_age()
print(ret)

#在类的外面修改对象私有属性的值
p.set_age(30)
print(p.get_age())
```

运行结果:

```
20
小明
20
30
```

7.3.2 类的多继承

Python 的类可以继承多个父类(基类),需要在类名后面的圆括号中设置。多个父类之间用逗号(,)分隔。类的多继承语法:

```
class SubClassName (ParentClass1[, ParentClass2, …])
派生类成员
```

例如,class MyClass(ParentClass1,ParentClass2,ParentClass3)中 MyClass 类会同时拥有三个父类的所有成员。但如果多个父类中有相同的成员,例如,在两个或两个以上父类中有同名的方法,那么会按照父类书写的顺序继承。也就是说,写在前面的父类会覆盖写在后面的父类同名的方法。换句话说,当一个类有多个父类的时候,默认使用第一个父类的同名属性和方法。在 Python 类中,不会根据方法参数个数和数据类型进行重载(在 Java、C♯等面向对象语言中,如果方法名相同,但参数个数和数据类型不同,也会认为是不同的方法,即方法的重载)。

【例 7-26】 类的多继承示例。

```
class Calculator:
    def calculator(self, expression):
        self.value = eval(expression)
    def printResult(self):
        print("result:{}".format(self.value))
```

```
class MyPrint:
    def calculator(self, expression):
        self.value = eval(expression)
    def printResult(self):
        print("计算结果:{}".format(self.value))
class NewCalculator1(Calculator, MyPrint):
    pass
class NewCalculator2(MyPrint,Calculator):
    pass

calcu1 = NewCalculator1()
calcu1.calculator("1+2+3")
calcu1.printResult()
print(NewCalculator1.__bases__)

calcu2 = NewCalculator2()
calcu2.calculator("1+2+3")
calcu2.printResult()
print(NewCalculator2.__bases__)
```

运行结果：

```
result:6
(<class '__main__.Calculator'>, <class '__main__.MyPrint'>)
计算结果:6
(<class '__main__.MyPrint'>, <class '__main__.Calculator'>)
```

7.3.3 方法重写

方法重写，即子类重写父类同名方法和属性，只能出现在继承中，它是指当派生类继承了基类的方法之后，如果基类方法的功能不能满足需求，需要对基类中的某些方法进行修改，可以在派生类中重写基类的方法，这就是重写。

当 B 类继承 A 类时，B 类就会拥有 A 类的所有成员变量和方法。如果 B 类中的方法名与 A 类中的方法名相同，那么 B 类中同名方法就会重写 A 类中同名方法。如果在 B 类中定义了构造方法，同样也会重写 A 类中的构造方法，即创建 B 对象，实际上是调用 B 类中的构造方法，而不是 A 类中的构造方法。简单地说，子类和父类具有同名属性和方法，默认使用子类的同名属性和方法。

【例 7-27】 重写父类(基类)的方法示例。

```
class A:
    def __init__(self):
        print("A 类的构造方法")
        self.attr = "基类 A 的属性"
    def method(self):
```

```
            print("A类的method方法")
            print("调用的属性是",self.attr)

    class B(A):
        def __init__(self):
            print("B类的构造方法")
            self.attr ="子类B的属性"
        def method(self):
            print("B类的method方法")
            print("调用的属性是", self.attr)

    b =B()
    b.method()
```

运行结果：

B类的构造方法
B类的method方法
调用的属性是子类B的属性

由上述代码可以看出，B是A的子类，而且在B类中定义了构造方法，以及与A类同名的method方法，所以创建B对象，以及调用method方法，都是B类本身的方法。

为了方便且快速地看清继承关系和顺序，可以用__mro__方法来获取这个类的调用顺序。例如例7-27中，再增加语句：print(B.__mro__)，将返回："(<class '__main__.B'>, <class '__main__.A'>, <class 'object'>)"，从而也可以很方便地看到类之间的继承关系和顺序。

【例7-28】 子类调用父类的同名方法和属性示例。

```
    class Master(object):
        def __init__(self):
            self.mode ='[经典酿酒配方]'
        def make_wine(self):
            print(f'运用{self.mode}制作酿酒')
    class School(object):
        def __init__(self):
            self.mode ='[学院派酿酒配方]'
        def make_wine(self):
            print(f'运用{self.mode}制作酿酒')
    class Prentice(School, Master):
        def __init__(self):
            self.mode ='[独创酿酒配方]'
        def make_wine(self):
            #如果是先调用了父类的属性和方法，父类属性会覆盖子类属性，
            #故在调用属性前，先调用自己子类的初始化
            self.__init__()
```

```
        print(f'运用{self.mode}制作酿酒')
    #调用父类方法,但是为保证调用到的也是父类的属性,必须在调用方法前调用父类的初始化
    def make_master_wine(self):
        Master.__init__(self)
        Master.make_wine(self)
    def make_school_wine(self):
        School.__init__(self)
        School.make_wine(self)
bartender = Prentice()
bartender.make_wine()
bartender.make_master_wine()
bartender.make_school_wine()
bartender.make_wine()
```

运行结果:

运用[独创酿酒配方]制作酿酒
运用[经典酿酒配方]制作酿酒
运用[学院派酿酒配方]制作酿酒
运用[独创酿酒配方]制作酿酒

在子类中如果重写了超类(如果 C 是 B 的子类,B 是 A 的子类,那么 A 称为 C 的超类)的方法,通常需要在子类方法中调用超类的同名方法,即重写超类的方法,实际上应该是一种增量的重写方式,子类方法会在超类同名方法的基础上做一些其他的工作。

如果在子类中访问超类中的方法,需要使用 super()函数。该函数返回的对象代表超类对象,所以访问 super()函数返回的对象中的资源都属于超类。super()函数可以不带任何参数,也可以带两个参数,第 1 个参数表示当前类的类型,第 2 个参数需要传入 self。super()函数的两种形式如下。

(1) super(当前类名,self).函数()。
(2) super().函数()。

【例 7-29】 super 应用示例。

```
class Vehicle:
    def __init__(self):
        print("Vehicle 类初始化")


class Car(Vehicle):
    def __init__(self, isfault):
        super().__init__()
        self.isfault = isfault

    def run(self):
        if self.isfault:
            print("已经出故障了")
```

```
                self.isfault =False
            else:
                print("已经维修完,可以运行!")
b =Car(False)
b.run()
b.run()

class SportCar(Car):
    def __init__(self,isfault):
        super(SportCar,self).__init__(isfault)
        self.fault ="漏油"
    def repair(self):
        print(self.fault)

sc =SportCar(True)
sc.repair()
sc.run()
```

运行结果:

Vehicle 类初始化
已经维修完,可以运行!
已经维修完,可以运行!
Vehicle 类初始化
漏油
已经出故障了

由上述代码可以看出,当 SportCar 类的构造方法通过 super()函数调用 Car 类的构造方法时,Car 类的构造方法同时也会调用 Vehicle 类的构造方法,这是一个连锁调用。另外,super()函数可以放在构造函数的任何位置。

使用 super()可以自动查找父类。调用顺序遵循__mro__类属性的顺序。比较适合单继承使用。

7.3.4 多态与多态性

正如前文所述,面向对象三大特性如下。

(1)封装:将属性和方法书写到类的里面的操作即为封装,封装可以为属性和方法添加私有权限。

(2)继承:子类默认继承父类的所有属性和方法,子类可以重写父类属性和方法。

(3)多态:传入不同的对象,产生不同的结果。

其中,多态是一类事物有多种形态(一个抽象类有多个子类,因而多态的概念依赖于继承)。多态性是一种使用对象的方式,子类重写父类方法,调用不同子类对象的相同父类方法,可以产生不同的执行结果。

从编程的角度来说,实现多态,需要以下三个步骤。
(1) 定义父类,并提供公共方法。
(2) 定义子类,并重写父类方法。
(3) 传递子类对象给调用者,可以看到不同子类执行效果不同。

1. 多态

多态指的是一类事物有多种形态(一个抽象类有多个子类,因而多态的概念依赖于继承),例如,序列类型有多种形态:字符串、列表、元组;动物有多种形态:猫、狗、牛;文件有多种形态:文件、文本文件、可执行文件。

【例7-30】 通过调用继承同一个类的不同的对象输出不同的内容演示多态概念。

```
class Animal:
    def run(self):
        raise AttributeError('子类必须实现这个方法,否则出错')

class People(Animal):
    def run(self):
        print('猫可以行走')

class Pig(Animal):
    def run(self):
        print('狗可以行走')

class Dog(Animal):
    def run(self):
        print('牛可以行走')

ope = People()
opi = Pig()
odo = Dog()

ope.run()
opi.run()
odo.run()
```

运行结果:

猫可以行走
狗可以行走
牛可以行走

2. 多态性

多态性是指具有不同功能的函数可以使用相同的函数名,这样就可以用一个函数名调用不同内容的函数。在面向对象方法中一般是这样表述多态性:向不同的对象发送同一条消息,不同的对象在接收时会产生不同的行为(即方法)。也就是说,每个对象可以用自己的方式去响应共同的消息。所谓消息,就是调用函数,不同的行为就是指不同的实现,即执行不同的函数。

【例7-31】 一个函数名调用不同内容多态性的应用示例。

```
class Animal:
    def run(self):
        raise AttributeError('子类必须实现这个方法,否则出错')

class People(Animal):
    def run(self):
        print('猫可以行走')

class Pig(Animal):
    def run(self):
        print('狗可以行走')

class Dog(Animal):
    def run(self):
        print('牛可以行走')

ope = People()
opi = Pig()
odo = Dog()
#多态性:定义统一的接口,
def func(obj):              #obj 这个参数没有类型限制,可以传入不同类型的值
    obj.run()               #调用的逻辑都一样,执行的结果却不一样

func(ope)
func(opi)
func(odo)
```

运行结果:

猫可以行走
狗可以行走
牛可以行走

由上述例子可以看出,多态性是同一种调用方式,不同的执行效果(多态性)。多态性依赖于继承。多态是同一种事物的多种形态。

多态的优势:调用灵活,有了多态,更容易编写出通用的代码,进行通用的编程,以适应需求的不断变化。

7.3.5 接口

在很多面向对象的语言(如 Java、C♯等)中都有接口的概念。接口其实就是一个规

范，指定了一个类中都有哪些成员。接口常被用于多态中，一个类可以有多个接口，也就是有多个规范。不过 Python 语言中并没有这些内容，在调用一个对象的方法前，就假设这个方法在对象中存在。比较稳妥的方法是调用之前先通过 hasattr(object, name)函数判断一下，如果方法在对象中存在，该函数返回 True，否则返回 False。

除了可以使用 hasattr()函数判断对象中是否存在某个成员外，还可以使用 getattr()函数实现同样的功能。getattr(object, name[, default])函数有三个参数，其中，前两个参数与 hasattr()函数完全一样，第 3 个参数用于设置默认值。当第 2 个参数指定的成员不存在时，getattr()函数会返回第 3 个参数指定的默认值。

与 getattr()函数相对应的是 setattr(object, name, value)函数，该函数用于设置对象中成员的值。

【例 7-32】 hasattr()函数与 getattr()函数的应用示例。

```
class MyClass:
    def method1(self):
        print("method1")
    def default(self):
        print("default")


my = MyClass()
if hasattr(my, "method1"):
    my.method1()
else:
    print("method1 方法不存在")

if hasattr(my, "method2"):
    my.method1()
else:
    print("method2 方法不存在")

method = getattr(my, "method2", my.default())

def method2():
    print("动态添加的 method2")
setattr(my, "method2", method2)

my.method2()
```

运行结果：

```
method1
method2 方法不存在
default
动态添加的 method2
```

7.3.6 运算符重载

在 Python 中可以通过运算符重载来实现对象之间的运算。Python 把运算符与类的方法关联起来，每个运算符对应一个函数，因此重载运算符就是实现函数。常用的运算符与函数方法的对应关系如表 7-1 所示。

表 7-1 Python 中运算符与函数方法的对应关系

函数方法	重载的运算符	说明	调用举例
add	+	加法	Z=X+Y,X+=Y
sub	-	减法	Z=X-Y,X-=Y
mul	*	乘法	Z=X*Y,X*=Y
div	/	除法	Z=X/Y,X/=Y
_lt_	<	小于	X<Y
_ep_	=	等于	X=Y
len	长度	对象长度	len(X)
str	输出	输出对象时调用	Print(X),str(X)
_or_	或	或运算	X|Y,X|=Y

所以在 Python 中，在定义类的时候，可以通过实现一些函数来实现重载运算符。

【例 7-33】 对 Vector 类重载运算符。

```
class Vector(object):
    def __init__(self,list):
        self.list=list
    def __add__(self,other):
        newList=self.list+other.list
        return Vector(newList)

if __name__=='__main__':
    v1=Vector([1,2,3])
    v2=Vector([4,5,6])
    v3=v1+v2
    print(v3.list)
```

运行结果：

[1, 2, 3, 4, 5, 6]

可见 Vector 类中只要实现_add_()方法就可以实现 Vector 对象实例间的加法＋运算。读者可以如例子所示实现复数的加减乘除四则运算。

7.4 综合应用案例：会员管理系统设计与实现

本章利用所学习的知识点，结合会员管理系统的分析与实现，了解面向对象开发过程中类内部功能的分析方法，系统讲解 Python 语法、控制结构、四种典型序列、文件操作、函数定义以及面向对象语法和模块的应用。

7.4.1 系统需求与设计

结合会员管理系统的分析，了解面向对象开发过程中类内部功能的分析方法。使用面向对象编程思想完成会员管理系统的开发，具体要求如下。

（1）系统要求：会员数据存储在文件中。

（2）系统功能：添加会员、删除会员、修改会员信息、查询会员信息、显示所有会员信息、保存会员信息及退出系统等功能。

该系统从角色分析来看，可以分为：会员和管理系统。为了方便维护代码，一般一个角色一个程序文件。

（3）系统设计。

项目要有主程序入口，习惯为 main.py。程序文件如下。

（1）程序入口文件：main.py。

（2）会员文件：Member.py。

（3）管理系统文件：ManagerSystem.py。

7.4.2 系统框架实现

结合会员管理系统的分析，了解面向对象开发过程中类内部功能的分析方法。

1. 会员类的定义与实现

定义会员类（Member）会员信息，包含姓名、性别、手机号等信息。并添加 __str__() 方法，方便查看会员对象信息。

创建"Member.py"会员文件模块，实现会员类如下。

```
class Member(object):
    def __init__(self, name, gender, tel):
        self.name = name
        self.gender = gender
        self.tel = tel

    def __str__(self):
        return f'{self.name}, {self.gender}, {self.tel}'
```

2. 管理系统类的定义与实现

定义管理系统类（MemberManager），并将会员数据存储到文件 Member.data 中，在后续功能中将加载文件数据与修改数据后保存到文件，其中存储数据的形式：列表存储会员对象。

在管理系统类的成员方法中，主要实现添加、删除、修改、查询、显示所有等功能。

创建"managerSystem.py"管理系统文件模块，实现管理系统类如下：

(1) 定义管理系统类：

```python
class MemberManager(object):
    def __init__(self):
        #存储数据所用的列表
        self.Member_list = []
```

(2) 管理系统框架的定义与实现。系统功能循环使用，用户输入不同的功能序号执行不同的功能。具体步骤如下：

① 定义程序入口函数，其中包括加载数据、显示功能菜单、用户输入功能序号，然后根据用户输入的功能序号执行不同的功能。

② 定义系统功能函数，添加、删除会员等。

具体实现如下：

```python
class MemberManager(object):
    def __init__(self):
        #存储数据所用的列表
        self.Member_list = []
    #程序入口函数,启动程序后执行的函数
    def run(self):
        #加载会员信息
        self.load_Member()
        while True:
            #显示功能菜单
            self.show_menu()
            #用户输入功能序号
            menu_num = int(input('请输入您需要的功能序号:'))
            #根据用户输入的功能序号执行不同的功能
            if menu_num == 1:
                #添加会员
                self.add_Member()
            elif menu_num == 2:
                #删除会员
                self.del_Member()
            elif menu_num == 3:
                #修改会员信息
                self.modify_Member()
            elif menu_num == 4:
                #查询会员信息
                self.search_Member()
            elif menu_num == 5:
```

```python
            #显示所有会员信息
            self.show_Member()
        elif menu_num == 6:
            #保存会员信息
            self.save_Member()
        elif menu_num == 7:
            #退出系统
            break
#显示功能菜单,打印序号的功能对应关系
@staticmethod
def show_menu():
    print('请选择如下功能:')
    print('1:添加学员信息')
    print('2:删除学员信息')
    print('3:修改学员信息')
    print('4:查询学员信息')
    print('5:显示所有学员信息')
    print('6:保存学员信息')
    print('7:退出系统')
```

7.4.3 管理系统功能实现

结合会员管理系统的分析,对管理系统的各功能模块逐一实现。添加会员函数内部需要创建会员对象,故先导入 Member 模块:

```
from Member import *
```

此部分功能实现属于 MemberManager 类成员的一部分。

1. 会员信息添加功能实现

通过用户输入会员姓名、性别、手机号,将会员添加到系统中。首先是用户输入姓名、性别、手机号,然后创建该会员对象,最后将该会员对象添加到列表中。具体实现如下:

```python
def add_Member(self):
    #用户输入姓名、性别、手机号
    name = input('请输入您的姓名:')
    gender = input('请输入您的性别:')
    tel = input('请输入您的手机号:')

    #创建会员对象:先导入会员模块,再创建对象
    Member = Member(name, gender, tel)
    #将该会员对象添加到列表
    self.Member_list.append(Member)
    #打印信息
    print(self.Member_list)
```

2. 会员信息删除功能实现

用户输入目标会员姓名，如果会员存在则删除该会员。首先，用户输入目标会员姓名，然后遍历会员数据列表，如果用户输入的会员姓名存在则删除，否则提示该会员不存在。具体实现如下：

```python
def del_Member(self):
    #用户输入目标会员姓名
    del_name = input('请输入要删除的会员姓名:')

    #如果用户输入的目标会员存在则删除,否则提示会员不存在
    for i in self.Member_list:
        if i.name == del_name:
            self.Member_list.remove(i)
            break
        else:
            print('查无此人!')

    #打印会员列表,验证删除功能
    print(self.Member_list)
```

3. 会员信息修改功能实现

用户输入目标会员姓名，如果会员存在则修改该会员信息。首先，用户输入目标会员姓名；然后遍历会员数据列表，如果用户输入的会员姓名存在则修改会员的姓名、性别、手机号数据，否则则提示该会员不存在。具体实现如下：

```python
def modify_Member(self):
    #用户输入目标会员姓名
    modify_name = input('请输入要修改的会员的姓名:')
    #如果用户输入的目标会员存在则修改姓名、性别、手机号等数据,否则提示会员不存在
    for i in self.Member_list:
        if i.name == modify_name:
            i.name = input('请输入会员姓名:')
            i.gender = input('请输入会员性别:')
            i.tel = input('请输入会员手机号:')
            print(f'修改该会员信息成功,姓名{i.name},性别{i.gender},手机号{i.tel}')
            break
        else:
            print('查无此人!')
```

4. 会员信息查询功能实现

用户输入目标会员姓名，如果会员存在则打印该会员信息。首先，用户输入目标会员姓名，然后遍历会员数据列表，如果用户输入的会员姓名存在则打印会员信息，否则提示该会员不存在。具体实现如下：

```python
def search_Member(self):
    #用户输入目标会员姓名
    search_name = input('请输入要查询的会员的姓名:')

    #如果用户输入的目标会员存在,则打印会员信息,否则提示会员不存在
    for i in self.Member_list:
        if i.name == search_name:
            print(f'姓名{i.name},性别{i.gender}, 手机号{i.tel}')
            break
        else:
            print('查无此人!')
```

5. 显示全部会员信息功能实现

显示所有会员信息,通过遍历会员数据列表,打印所有会员信息。具体实现如下:

```python
def show_Member(self):
    print('姓名\t性别\t手机号')
    for i in self.Member_list:
        print(f'{i.name}\t{i.gender}\t{i.tel}')
```

6. 保存会员信息功能实现

将修改后的会员数据保存到存储数据的文件中。具体实现如下:

```python
def save_Member(self):
    #打开文件
    f = open('Member.data', 'w')

    #文件写入会员数据
    #注意1:文件写入的数据不能是会员对象的内存地址,
    #      需要把会员数据转换成列表字典数据再做存储
    new_list = [i.__dict__ for i in self.Member_list]
    #[{'name': 'aa', 'gender': 'nv', 'tel': '111'}]
    print(new_list)

    #注意2:文件内数据要求为字符串类型,故需要先转换数据类型
    #      为字符串才能向文件写入数据
    f.write(str(new_list))

    #关闭文件
    f.close()
```

7. 会员信息加载功能实现

每次进入系统后,修改的数据是文件中的数据。首先是尝试以"r"模式打开会员数据文件,如果文件不存在则以"w"模式打开文件;然后如果文件存在则读取数据并存储数据(读取数据、转换数据类型为列表并转换列表内的字典为对象、存储会员数据到会员列

表);最后关闭文件。具体实现如下:

```python
def load_Member(self):
    #尝试以"r"模式打开数据文件,文件不存在则提示用户;文件存在(没有异常)则读取数据
    try:
        f = open('Member.data', 'r')
    except:
        f = open('Member.data', 'w')
    else:
        #读取数据
        data = f.read()

        #文件中读取的数据都是字符串且字符串内部为字典数据,
        #    故需要转换数据类型再转换字典为对象后存储到会员列表
        new_list = eval(data)
        self.Member_list = [Member(i['name'], i['gender'],
                            i['tel']) for i in new_list]
    finally:
        #关闭文件
        f.close()
```

7.4.4 主程序模块定义与实现

创建"main.py"主文件模块,导入管理系统模块:

```python
from managerSystem import *
```

然后,启动管理系统,保证是当前文件运行才启动管理系统。具体实现如下:

```python
if __name__ == '__main__':
    Member_manager = MemberManager()
    Member_manager.run()
```

上述代码的实现过程中,数据仅存储在内存中,不能保存到文件。后面将继续讲解结合文件进行会员信息的管理。

小　　结

本章介绍了面向对象程序设计的基本概念和基本方法。了解了类和对象的概念,类是客观世界中事物的抽象,是一种数据类型而不是变量,对象是实例化后的变量。属性分为两种:一种是实例属性,属于实例对象,通过对象名访问;另一种是类属性,属于类,通过类名访问。对象是由属性(静态)和方法(动态)组成,属性一般是一个个变量,方法是一个个函数。在 Python 中类有三种方法:实例方法、静态方法和类方法。最后结合实例讲述了类、变量以及继承和多态的使用。

思考与练习

1. 简述面向对象程序设计的概念及类和对象的关系，在 Python 语言中如何声明类和定义对象？

2. 设计一个立方体类 Box，定义三个属性，分别是长、宽、高。定义两个方法，分别计算并输出立方体的体积和表面积。

3. 定义一个圆柱体类 Cylinder，包含底面半径和高两个属性（数据成员）；包含一个可以计算圆柱体体积的方法。然后编写相关程序测试相关功能。

4. 定义一个学生类，包括学号、姓名和出生日期三个属性（数据成员）；包括一个用于给定数据成员初始值的构造函数；包含一个可计算学生年龄的方法。编写该类并对其进行测试。

5. 定义一个 Shape 类，利用它作为基类派生出 Rectangle、Circle 等具体形状类。已知具体形状类均具有两个方法 GetArea 和 GetColor，分别用来得到形状的面积和颜色。最后编写一个测试程序对产生的类的功能进行验证。

第 8 章 模块和包

Python 程序是由包、模块、函数组成的。其中,包是由一系列模块组成的集合,而模块是处理某一类问题的函数或(和)类的集合。函数和类已在前面的章节中介绍过。本章主要介绍 Python 模块、包以及如何把模块和包导入到当前的编程环境中,同时也会涉及与模块、包相关的概念。

8.1 源程序模块结构

Python 的程序是由包(package)、模块(module)和函数组成的。模块是处理某一类问题的集合,模块由函数和类组成。包是由一系列模块组成的集合。如图 8-1 所示描述了包、模块、类和函数之间的关系。

包就是一个完成特定任务的工具箱,Python 提供了许多有用的工具包,如字符串处理、图形用户接口、Web 应用、图形图像处理等。使用自带的这些工具包,可以提高程序员的开发效率,减少程序的复杂度,达到代码重用的效果。这些自带的工具包和模块安装在 Python 的安装目录下的 Lib 子目录中。

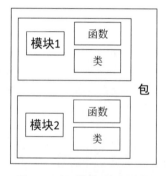

图 8-1 包、模块、类和函数之间的关系

例如,Lib 目录中的 xml 文件夹。xml 文件夹就是一个包,这个包用于完成 XML 的应用开发。xml 包中有 dom、sax、etree 和 parsers 子包。文件 __init__.py 是 xml 包的注册文件,如果没有该文件,Python 将不能识别 xml 包。在系统字典中定义了 xml 包。其中,包必须至少包含一个 __init__.py 文件。__init__.py 文件的内容可以为空,它用于标识当前文件夹是一个包。

一个 Python 程序可能由一个或多个模块组成。模块是程序的功能单元。

【例 8-1】 Python 模块的典型结构示例。假设该模块的名字为 CircleArea。

```
#模块文档
"""圆的计算模块"""
#模块导入
import math
#变量定义
r = 2
```

```
#类定义语句
class Circle:
    pass
#函数定义语句
def calcuArea():
    s =math.pi * math.pow(r,2)
    print("圆的面积为{}".format(str(s)))
#主程序
if __name__ =='__main__':
    calcuArea()
```

从上述代码可以看出,一个程序完整的结构由如下几部分组成。

(1) 模块文档:模块文档使用三双引号注释的形式,简要介绍模块的功能及重要全局变量的含义。在本例中,用户可以用 CircleArea.__doc__ 来访问这些内容,可获知该模块的功能信息。

(2) 模块导入:导入需要调用的其他模块。模块只能被导入一次,被导入模块中的函数代码并不会被自动执行,只能被当前模块主动(显式)调用。在本例中,导入了 Python 的内置模块。导入模块后,后续代码就可以使用(调用)这个模块中已定义的各种功能函数了。

(3) 变量定义:在这里定义的变量,本模块中的所有函数都可直接使用。初学者往往图方便而习惯在这里使用全局变量,但当程序较为复杂时,可能会降低程序的可读性且较为浪费存储资源。

(4) 类定义语句:所有类都需要在这里定义。当模块被导入时,class 语句会被执行,类就会被定义。在本例中,类的文档变量是 CircleArea.__doc__。

(5) 函数定义语句:此处定义的函数可以通过 CircleArea.calcuArea()在外部被访问到,当本模块被其他模块导入时,def 语句会被执行,其他模块可调用 calcuArea()这个函数。

(6) 主程序:无论这个模块是被别的模块导入还是作为脚本直接执行,都会执行这部分代码。通常这里不会有太多功能性代码,而是根据执行的模式调用不同的函数。

本例中出现在模块最后的代码是常见的"定式":检查__name__变量的值,然后再执行相应的调用。分为以下两种情形。

在 Python 的集成开发环境中打开模块文件 CircleArea.py,运行该模块。这时__name__变量的值为"__main__",因此执行函数 calcuArea(),以实现"自动运行"。

如果该模块是被其他模块导入的,或者是在 IDLE 命令行提示符">>>"后面被导入的,这时 name 变量的值为 CircleArea,if 条件不成立,因此不做任何事情(不会自动执行函数 calcuArea())。函数 calcuArea()只可在后续代码中被显式调用。

8.2 模块的定义与使用

Python 提供了强大的模块支持,主要体现为不仅在 Python 标准库中包含大量的模块(称为标准模块),而且还有很多第三方模块。另外,开发者自己也可以开发自定义模块。通过这些强大的模块支持,将极大地提高开发效率。

模块的英文是 Modules,可以认为是一盒(箱)主题积木,通过它可以拼出某一主题的东西。这与函数不同,一个函数相当于一块积木,而一个模块中可以包括很多函数,也就是很多积木,所以也可以说模块相当于一盒积木。

模块支持从逻辑上组织 Python 代码。当代码量变得相当大的时候,最好把代码分成一些有组织的代码段,并保证它们之间彼此的关联性。这些代码段可能是一个包含属性和方法的类,也可能是一组相关但彼此独立的操作函数。这些代码段是共享的,所以 Python 允许导入一个之前已经编写好的模块,以实现代码的重用。这个把其他模块中的名称(变量)、函数和类附加到当前模块中的操作就称为导入,而这些有组织、实现某些功能的代码段就是模块。

8.2.1 模块的概念

模块是把一组相关的名称、函数、类或者是它们的组合组织到一个文件中。如果说模块是按照逻辑来组织 Python 代码的方法,那么文件便是物理层上组织模块的方法。因此一个文件被看作一个独立的模块,一个模块也可以被看作一个文件。模块的文件名就是模块的名字加上扩展名.py。

注意:模块在命名时要符合标识符命名规则,不要以数字开头,也不要和其他的模块同名。

在每个模块的定义中都包括一个记录模块名称的变量"__name__",程序可以检查该变量,以确定它们在哪个模块中执行。如果一个模块不是被导入到其他程序中执行,那么它可能在解释器的顶级模块中执行。顶级模块的"__name__"变量值为"__main__"。

8.2.2 使用 import 语句导入模块

模块创建后,就可以在其他模块使用该模块了。要使用模块需要先以模块的形式加载模块中的代码,这样就可以使用 import 语句实现。import 语句的基本语法格式如下:

```
import 模块名称 [as 别名]
```

使用 import 语句导入模块时,模块是区分字母大小写的,例如 import os。也可以在一行内导入多个模块,例如:

```
import time,os,sys
```

但是这样的代码可读性不如多行的导入语句,而且在性能上和生成 Python 字节码时这两种做法没有什么不同。所以一般情况下,使用第一种导入格式。

针对例 8-1 中的 CircleArea 模块,执行该模块的函数时,在模块文件 CircleArea.py 的同级目录下创建一个名称为 main.py 的文件,在文件中导入模块 CircleArea,并执行该模块中的 calcuArea()函数,代码如下:

```
import CircleArea
CircleArea.calcuArea()
```

运行结果:

圆的面积为 12.566370614359172

在调用模块中的变量、函数或者类时,需要在变量名、函数名或者类前添加"模块名."作为前缀。例如,上面代码中的 CircleArea.calcuArea(),表示调用 CircleArea 模块中的 calcuArea()函数。

所有的模块在 Python 模块的开头部分导入,而且导入顺序最好按照 Python 标准库模块、Python 第三方模块、应用程序自定义模块的顺序导入,并且使用一个空行分隔这三类模块的导入语句。这将确保模块使用固定的顺序导入,有助于减少每个模块需要的 import 语句数目。模块可以被导入多次,但只有第一次导入时被加载并执行。

如果模块名比较长,不容易记,可以在导入模块时使用 as 关键字为其设置一个别名,然后就可以通过这个别名来调用模块中的变量、函数和类等。例如,上述代码可以修改为如下内容:

```
import CircleArea as ca
ca.calcuArea()
```

8.2.3 使用 from…import 语句导入模块

在使用 import 语句导入模块时,每执行一条 import 语句都会创建一个新的命名空间(namespace,即记录对象名字和对象之间对应关系的空间。目前,Python 的命名空间大部分都是通过字典来实现的。其中,key 是标识符,value 是具体对象),并且在该命名空间中执行与 .py 文件相关的所有语句。在执行时,需在具体的变量、函数和类名前加上"模块名."前缀。如果不想每次导入模块时都创建一个新的命名空间,而是将具体的定义导入到当前的命名空间中,这时就可以使用 from…import 语句。使用 from…import 语句导入模块后,不需要再添加前缀,直接通过具体的变量、函数和类名等访问即可。

from…import 语句的语法格式如下:

```
from modelname import member
```

参数说明:

- modelname:模块名称,区分字母大小写,需要和定义模块时设置的模块名称的大小写保持一致。
- member:用于指定要导入的变量、函数或者类等。可以同时导入多个定义,各个定义之间使用逗号","分隔。如果想导入全部定义,也可以使用通配符"*"代替。若查看具体导入了哪些定义,可以通过显示 dir()函数的值来查看。

可以在模块里导入指定模块的属性(变量、函数或者类等),也就是把指定变量、函数或者类导入到当前作用域中。使用 from…import 语句可以实现这个目的,其语法如下:

```
from os import path
```

当导入的属性有很多时，import 行会越来越长，直到自动换行，而且需要一个反斜杠"\"。例如：

```
from django.http import render,HttpResponse,\
redirect
```

当然，也可以选择多行的 from…import 语句，例如：

```
from django.http import render
from django.http import HttpResponse
from django.http import redirect
```

如果需要把指定模块的所有属性都导入到当前名称空间，可以使用如下语法：

```
from django.http import *
```

但不建议过多地使用这种方式，因为它会"污染"当前的名称空间，而且很可能覆盖当前名称空间中现有的名字，如果某个模块有很多要经常访问的变量或者模块的名字很长，这也不失为一个方便的办法。建议只在两种场合下使用这样的方式导入：一是目标模块中属性非常多，反复输入模块名很不方便；另一个是在交互式解析的场合下，这是因为这样可以减少输入的次数。

8.2.4 模块搜索目录

有时候导入模块操作会失败，例如：

```
import oos
Traceback (most recent call last):
File "<stdin>", line 1, in <module>
ModuleNotFoundError: No module named 'oos'
```

发生这样的错误时，解析器会提示无法访问请求的模块，可能的原因是模块不在搜索路径里，从而导致了路径搜索的失败。

当使用 import 语句导入模块时，默认的查找顺序，首先是在当前目录（即执行的 Python 脚本文件所在的目录）下查找；其次到 PYTHONPATH（环境变量）下的每个目录中查找，最后到 Python 的默认安装目录下查找。

查找的各个目录的具体位置保存在标准模块 sys 的 sys.path 变量中。查看本机 sys.path 的内容的代码如下：

```
import sys
print(sys.path)
```

注意：不同的系统，搜索路径一般不同。

添加指定的目录到 sys.path 有以下三种方法。

(1) sys.path.append()。例如，把"C:\practice"目录添加到 sys.path 目录中，可以采用如下代码：

```
import sys
sys.path.append("C:/practice")
```

这种方式的缺点是：需要执行代码，且只为内存临时修改，程序退出后清空变量。

（2）在系统环境中新增 PYTHONPATH 变量，指向自己想要的 path 搜索路径。其缺点是：修改了环境变量，对复杂环境需求易造成冲突，有的环境需要完整保留 Python 2 和 Python 3，并相互独立运行。

（3）在 site-packages 下建立一个扩展名为 .pth 的文件，并添加需要自定义包含引入的路径，否则新添加的目录不起作用。

修改完成后，就可以加载自己的模块了。只要这个列表中的某个目录包含这个文件，该模块就会被正确导入。使用 sys.modules 可以查看当前导入了哪些模块和它们来自什么地方。sys.modules 是一个字典，使用模块名作为键（key），对应的物理地址作为值（value）。

Python 解析器执行到 import 语句时，如果在搜索路径中找到指定的模块，就会加载它。该过程遵循作用域原则，如果在一个模块的顶级导入，那么它的作用域就是全局的；如果在函数中导入，那么它的作用域就是局部的。

8.2.5 模块内建函数

1. __import__()函数

Python 1.5 加入了__import__()函数，实际上，它是作为导入模块的函数，也就是说，import 语句调用了该函数来实现模块的导入，提供这个函数是为了让有特殊需要的用户可以覆盖它，实现自定义的导入算法。

__import__()的语法如下：

__import__(name[, globals[, locals[, fromlist[, level]]]])

参数说明：

- name：是要导入的模块名称。
- globals：是包含当前全局符号表的名字字典。
- locals：是包含局部符号表的名字字典。
- fromlist：是一个使用 from…import 语句所导入符号的列表。globals、locals 和 fromlist 参数都是可选的，默认值分别为 globals()、locals()和[]。

导入 sys 模块可以通过下面的语句实现。

__import__('sys')

2. globals()函数和 locals()函数

globals()和 locals( )两个内建函数分别返回调用处可以访问的全局和局部命名空间中的名称组成的字典。在一个函数内部，局部命名空间代表在函数执行的时候定义的所有名字，locals()函数返回的就是包含这些名字组成的字典。glocals()会返回函数可访问的全局名字组成的字典。

在全局命名空间下，globals()和 locals()返回相同的字典，因为这时的局部命名空间就是全局命名空间。

3. reload()函数

reload()函数可以重新导入一个已经导入的模块,其语法如下:

```
from imp import reload
reload(module)
```

module是用户想要重新导入的模块。使用该函数时,模块必须是全部导入,而不是通过from…import部分导入,而且它已成功被导入。此外,reload()函数的参数必须是模块自身而不是模块名称的字符串。

【例8-2】 内建函数_import_()的应用示例。

```
class A:
    def showme(self):
        print('test模块下的A类')
#内建函数
def plugin_load():
    #使用__import__是字符串方式导入模块赋值给mod(等价于import test)
    mod = __import__('test')
    #打印这个模块对象
    print(mod)              #打印结果:<module 'test' from 'C:\\ceshi\\test.py'>
    #模块对象mod.A属性
    print(mod.A)            #打印结果:<class 'test.A'>
    #实例化A类
    getattr(mod, 'A')().showme()   #打印结果:test模块下的A类
if __name__ == '__main__':
    #需要的时候动态加载
    plugin_load()
```

运行结果:

```
<module 'test' from 'C:\\ceshi\\test.py'>
<class 'test.A'>
test模块下的A类
```

8.2.6 绝对导入和相对导入

1. 绝对导入

在import语句或者from语句导入模块,模块名称最前面不是以点开头的。绝对导入总是去搜索模块搜索路径中找。

2. 相对导入

只能在包内使用,且只能用在from语句中,使用.表示当前目录内;使用..表示上一级目录。

不要在顶层模块中使用相对导入。

8.3　Python 中的包

使用模块可以避免函数名和变量名重名引发的冲突。如果模块名重复如何解决？Python 中提出了包（Package）的概念。包是一个有层次的文件目录结构，通常将一组功能相近的模块组织在一个目录下，它定义了一个由模块和子包组成的 Python 应用程序执行环境。包可以解决如下问题。

（1）把命名空间组织成有层次的结构。
（2）允许程序员把有联系的模块组合到一起。
（3）允许程序员使用有目录结构而不是一大堆杂乱无章的文件。
（4）解决有冲突的模块名称问题。

8.3.1　Python 程序的包结构

简单理解，包就是"文件夹"，作为目录存在。包的另外一个特点就是文件夹中必须有一个 __init__.py 文件，包可以包含模块，也可以包含包。

常见的包结构如下。

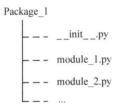

最简单的情况下，只需要一个空的 __init__.py 文件即可。当然它也可以执行包的初始化代码，或者定义 __all__ 变量。当然包底下也能包含包，这和文件夹一样，还是比较好理解的。

如果在包下面的 __init__.py 文件中定义了全局变量 __all__，那么该字符串列表中的内容就是在其他模块使用 from package_name import * 时导入的该包中的模块。

8.3.2　创建和使用包

1. 创建包

创建包实际上就是创建一个文件夹，并且在该文件夹中创建一个名称为"__init__.py"的 Python 文件。在 __init__.py 文件中，可以不编写任何代码，也可以编写一些 Python 代码。在 __init__.py 文件中所编写的代码，在导入包时会自动执行。

例如，在 C 盘的根目录下创建一个名称为 config 的包，具体步骤如下。

（1）在计算机的 C 盘目录下，创建一个名称为 config 的文件夹。
（2）在 config 文件夹下，创建一个名称为"__init__.py"的文件。

至此，名称为 config 的包就创建完成了，然后可以在该包下创建所需要的模块。

在 PyCharm 中，可以通过选中所创建的工程文件名，右击选择 New，然后选择 Python

Package,输入"config"即可成功创建 config 包,同时会自动生成"__init__.py"。

2. 使用包

对于包的使用通常有以下 3 种方式。

(1) 通过"import 完整包名.模块名"的形式加载指定模块。

例如,在 config 包中有个 size 模块,导入时可以使用代码:

```
import config.size
```

若在 size 模块中定义了 3 个变量,例如:

```
length = 30
width = 20
height = 10
```

创建"main.py"文件,在导入 size 模块后,在调用 length、width 和 height 变量时,需要在变量名前加入"config.size"前缀。输入代码如下:

```
import config.size

if __name__ == '__main__':
    print("长度:", config.size.length)
    print("宽度:", config.size.width)
    print("高度:", config.size.height)
```

运行结果:

```
长度: 30
宽度: 20
高度: 10
```

(2) 通过"from 完整包名 import 模块名"的形式加载指定模块。与第(1)种方式的区别在于,在使用时不需要带包的前缀,但需要带模块名称。代码应为:

```
from config import size

if __name__ == '__main__':
    print("长度:", size.length)
    print("宽度:", size.width)
    print("高度:", size.height)
```

运行结果:

```
长度: 30
宽度: 20
高度: 10
```

(3) 通过"from 完整包名.模块名 import 定义名"的形式加载指定模块。与前两种方式的区别在于,通过该方式导入模块的函数、变量或类后,在使用时直接使用函数、变量或

类名即可。代码应为:

```
from config.size import length,width,height

if __name__ == '__main__':
    print("长度:", length)
    print("宽度:", width)
    print("高度:", height)
```

运行结果:

长度:30
宽度:20
高度:10

在通过"from 完整包名.模块名 import 定义名"的形式加载指定模块时,可以使用星号"*"代替定义名,表示加载该模块下的全部定义。

8.4 引用其他模块

在 Python 中,除了可以自定义模块外,还可以引用其他模块,例如标准模块和第三方模块。

8.4.1 第三方模块的下载与安装

在 Python 中,除了可以使用 Python 内置的标准模块外,还可以使用第三方模块。这些第三方模块都可以在 Python 官方推出的网站(https://pypi.org/)上找到。

在使用第三方模块时,需要先下载,并安装,然后就可以像使用标准模块一样导入并使用了。下载和安装第三方模块使用 Python 提供的包管理工具,即 pip 命令实现。pip 命令的语法格式为:

```
pip<命令>[模块名]
```

参数说明:

- 命令:指定要执行的命令。常用的命令参数值有:install(用于安装第三方模块)、uninstall(用于卸载已经安装的第三方模块)、list(用于显示已经安装的第三方模块)等。
- 模块名:可选参数,用于指定要安装或者卸载的模块名,当命令为 install 或者 uninstall 时不能省略。

例如,安装第三方的 numpy 模块(用于科学计算),在 Python 的安装根目录下的 Scripts 文件夹路径中,在命令窗口中输入以下代码:

```
pip install numpy
```

执行上述代码时,将在线安装 numpy 模块,安装完成之后,将显示如图 8-2 所示界面。

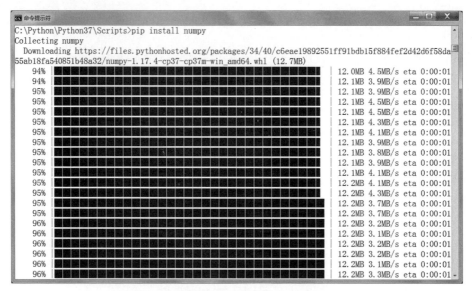

图 8-2　利用 pip 命令在线安装 numpy 模块

在 PyCharm 中，可以通过 File→Setting 查看已经安装的模块，如图 8-3 所示。

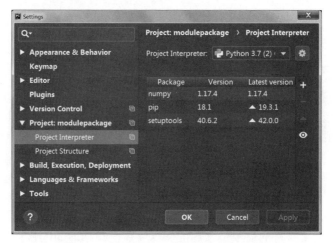

图 8-3　查看 PyCharm 中已经安装的模块

管理包的安装、升级、卸载如下。

在 DOS 命令窗口中运行 pip 命令对包进行管理。

（1）指定安装的软件包版本，通过使用==、>=、<=、>、<来指定一个版本号。

```
pip install markdown==2.0
```

（2）升级包。升级包到当前最新的版本，可以使用-U 或者-upgrade 命令。

```
pip install -U django
```

(3) 搜索包。

```
pip search "django"
```

(4) 列出已安装的包。

```
pip list
```

(5) 卸载包。

```
pip uninstall django
```

(6) 导出包到文本文件，可以用 pip freeze>requirements.txt，将需要的模块导出到文件里，然后在另一个地方使用 pip install -r requirements.txt 再导入。

8.4.2 标准模块的使用

在 Python 中自带了一些实用模块，称为标准模块（或称为标准库）。对于标准模块，可以直接使用 import 语句导入 Python 文件中使用。例如，导入标准模块 random（功能：用于生成随机数）的代码：

```
import random
```

通常情况下，在导入标准模块时，如果模块名比较长，可以使用 as 关键字为其指定别名。

导入标准模块后，可以通过模块名调用其提供的函数。对于 random 模块来说，常见的随机数函数如下。

1. random.random()函数

用于生成一个 0～1 的随机浮点数。

【例 8-3】 随机生成两个数的函数应用。

```
import random
#生成第一个随机数
print("random():", random.random())
#生成第二个随机数
print("random():", random.random())
```

运行结果：

```
random(): 0.40410725560502847
random(): 0.35348632682287706
```

2. random.uniform（a,b）函数

返回 a～b 的随机浮点数 N，范围为 $[a,b]$。如果 a 的值小于 b 的值，则生成的随机浮点数 N 的取值范围为 $a \leqslant N \leqslant b$；如果 a 的值大于 b 的值，则生成的随机浮点数 N 的取值范围为 $b \leqslant N \leqslant a$。

【例 8-4】 随机生成两个浮点数的函数应用。

```
import random
print("random:",random.uniform(50,100))
print("random:",random.uniform(100,50))
```

运行结果：

```
random: 67.68694161817494
random: 79.84856987973592
```

3. random.randint(a,b)函数

返回一个随机的整数 N，N 的取值范围为 $a \leq N \leq b$。需要注意的是，a 和 b 的取值必须为整数，并且 a 的值一定要小于 b 的值。

【例 8-5】 随机生成两个整数的函数应用。

```
import random
#生成的随机数 n: 12<=n<=20
print(random.randint(12,20))
#结果永远是 20
print(random.randint(20,20))
```

运行结果：

```
18
20
```

4. random.randrange（start，stop，step）函数

返回某个区间内的整数，可以设置 step。只能传入整数，random.randrange（10，100，2），结果相当于从[10，12，14，16，…，96，98]序列中获取一个随机数。

5. random.choice（sequence）函数

从 sequence 中返回一个随机的元素。其中，sequence 参数可以是序列、列表、元组和字符串。若 sequence 为空，则会引发 IndexError 异常。

【例 8-6】 从序列中随机生成一个元素的函数应用。

```
import random
print(random.choice('不忘初心牢记使命'))
print(random.choice(['Lihui', 'is ', 'a ', nice,'boy']))
print(random.choice(('Tuple','List','Dict')))
```

运行结果：

```
记
is 
Dict
```

6. random.shuffle（）函数

用于将列表中的元素打乱顺序，俗称为洗牌。

【例 8-7】 列表（[1，2，3，4，5]）中的元素打乱顺序的应用。

```
import random
arr=[1,2,3,4,5]
random.shuffle(arr)
print(arr)
```

运行结果:

[3, 2, 1, 5, 4]

7. random.sample(sequence,k)函数

从指定序列中随机获取 k 个元素作为一个片段返回,sample 函数不会修改原有序列。

【例 8-8】 指定序列([1,2,3,4,5])中随机获取 3 个元素。

```
import random
arr=[1,2,3,4,5]
sub=random.sample(arr,3)
print(sub)
```

运行结果:

[3, 2, 5]

【例 8-9】 应用 random 模块,生成由数字、字母组成的 6 位验证码。

```
import random
if __name__ =='__main__':
    verificationcode =''
    for num in range(6):
        index =random.randrange(0,6)
        if index !=num and index +1 !=num:
            verificationcode +=chr(random.randint(97,122))
        elif index +1 ==num:
            verificationcode +=chr(random.randint(65,90))
        else:
            verificationcode +=chr(random.randint(48,57))
    print("6位验证码为:",verificationcode)
```

运行结果:

验证码为: kvh63H

8.4.3 常见的标准模块

除了 8.4.2 节举例讲述的 random 模块外,Python 还提供了二百多个内置的标准模块,涵盖了 Python 运行服务、文字模式匹配、操作系统接口、数学运算、对象永久保存、网络和 Internet 脚本以及 GUI 构建等方面。

8.5 日期与时间函数

Python 有很多处理日期和时间的方法,其中,转换日期格式是最为常见的。Python 提供了 time 和 calendar 模块用于格式化日期和时间。本节将针对这两个模块的函数进行详细的介绍。

8.5.1 时间函数

时间函数 time()的表现方式有以下三种。

(1) 时间戳(timestamp)的方式。时间戳表示的是从 1970 年 1 月 1 日 00:00:00 开始按秒计算的偏移量,返回的是 float 类型,返回时间戳的函数有 time()、clock()。

(2) 元组(struct_time)方式。struct_time 元组共有 9 个元素,返回 struct_time 的函数主要有 gmtime()、localtime()、strptime()。如表 8-1 所示列出了这 9 个元素的属性和值。

表 8-1 struct_time 元组的 9 个元素

序号	属　　性	值
1	tm_year	例如 2020
2	tm_mon	1～12
3	tm_mday	1～31
4	tm_hour	0～23
5	tm_min	0～59
6	tm_sec	0～61(60 或 61 是闰秒)
7	tm_wday	0～6(0 是周一)
8	tm_yday	1～366
9	tm_isdst	−1,0,1。−1 是决定是否为夏令时的标识

(3) 格式化字符串(format time)方式。格式化时间,已格式化的结构使时间更具可读性,包括自定义格式和固定格式,例如"2018-5-11"。

time 常用的函数如下:

(1) time.sleep(secs):线程推迟指定的时间运行,单位为 s。

(2) time.time():获取当前时间戳。例如,time.time()。

(3) time.clock():计算 CPU 计算所执行的时间。例如:

```
time.sleep(3)
print(time.clock())
```

(4) time.gmtime():将一个时间戳转换为 UTC 时区(0 时区)的 struct_time,总共 9 个参数,其含义如表 8-1 所示。

```
import time
a=time.gmtime()
print(a)
```

(5) time.localtime():将一个时间戳转换为当前时区的 struct_time。secs 参数未提供,则以当前时间为准。例如,time.localtime()。

(6) time.asctime([t]):把一个表示时间的元组或者 struct_time 表示为这种形式:'Sun Jun 20 23:21:05 1993'。如果没有参数,将会以 time.localtime()作为参数传入。例如,time.asctime()。将一个时间戳转换为当前时区的 struct_time。secs 参数未提供,则以当前时间为准。

(7) time.ctime()。

```
import time
a =time.ctime(3600)
print(a)
```

运行结果:

Thu Jan 1 09:00:00 1970

将时间戳转换为这个形式的'Sun Jun 20 23:21:05 1993'格式化时间。如果没有参数,将会以 time.localtime()作为参数传入。

(8) time.strftime(format[, t])。

```
import time
local_time =time.localtime()
print(time.strftime('%Y-%m-%d  %H:%M:%S', local_time))
```

运行结果:

2020-02-03 21:39:27

把一个代表时间的元组或者 struct_time(如由 time.localtime()和 time.gmtime()返回)转换为格式化的时间字符串。如果 t 未指定,将传入 time.localtime()。如果元组中任何一个元素越界,ValueError 的错误将会被抛出。

(9) time.strptime(string[, format])。

```
import time
a=time.localtime()
print(a)
```

运行结果:

time.struct_time(tm_year=2020, tm_mon=4, tm_mday=1, tm_hour=15, tm_min=52, tm_sec=1, tm_wday=2, tm_yday=92, tm_isdst=0)

把一个格式化时间字符串转换为 struct_time。实际上它和 strftime()是逆操作。在这个函数中,format 默认为"%a %b %d %H:%M:%S %Y"。

它们之间的转换关系如图 8-4 所示。

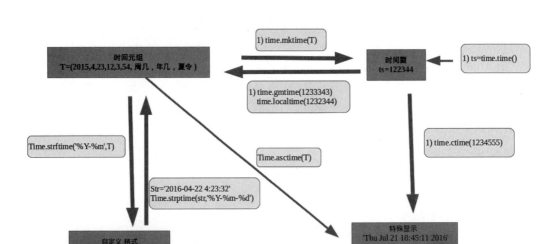

图 8-4　格式化时间字符串转换关系图

Python 中时间日期格式化符号如表 8-2 所示。

表 8-2　Python 中时间日期格式化符号

符号	意　　义
%y	两位数的年份表示（00～99）
%Y	四位数的年份表示（000～9999）
%m	月份（01～12）
%d	月内中的一天（0～31）
%H	24 小时制小时数（0～23）
%h	12 小时制小时数（01～12）
%M	分钟数（00～59）
%S	秒（00～59）
%a	本地简化的星期名称
%A	本地完整的星期名称
%b	本地简化的月份名称
%B	本地完整的月份名称
%c	本地相应的日期表示和时间表示
%j	年内的一天（001～366）
%p	本地 A.M.或 P.M.的等价符

续表

符号	意 义
%U	一年中的星期数(00～53),星期天为星期的开始
%w	星期(0～6),星期天为星期的开始
%W	一年中的星期数(00～53),星期一为星期的开始
%x	本地相应的日期表示
%X	本地相应的时间表示
%Z	当前时区的名称
%%	%号本身

8.5.2 日期函数

日期函数 datetime()内置对象关系如图 8-5 所示,分为 date、time、timedelta 和 tzinfo 四个类,其中,date、tzinfo 又分别有各自的子类 datetime、timezone。

(1) datetime.datetime.now():获取当前时间字符串。

```
import datetime
t = datetime.datetime.now()
print(t)
```

```
object
    timedelta
    tzinfo
        timezone
    time
    date
        datetime
```

图 8-5 **datetime** 的内置对象关系

运行结果:

2020-04-01 15:53:13.917020

(2) datetime.datetime.now().timestamp():获取当前时间戳。

```
import datetime
t = datetime.datetime.now().timestamp()
print(t)
```

运行结果:

1585727632.0252

(3) datetime.datetime.today():获取当前时间年月日。

```
import datetime
t = datetime.datetime.today()
print(t)
```

运行结果:

2020-04-01 15:55:04.041319

(4) 其他一些与时间设置有关的方法。

```
import datetime
d = datetime.datetime(2020,4,21,22,23,15)
#设置一个时间对象
d = datetime.datetime(2020,4,21,22,23,15)
#自定义格式显示
print(d.strftime('%x %X'))
#显示英文格式
print(d.ctime())
#显示日历(年,年中第几周,周几)
print(d.isocalendar())

#datetime 子模块单位时间间隔:datetime.resolution=1 微秒
#date 子模块的时间间隔为 1 天,date.resolution=1 天
#时间间隔乘以一个数,表示间隔几天
from datetime import date
#现在时间
date.today()
datetime.date(2018, 5, 11)
#100 天以前的日期
result=date.today()-date.resolution * 100
print(result)
```

运行结果:

```
04/21/20 22:23:15
Tue Apr 21 22:23:15 2020
(2020, 17, 2)
2019-12-23
```

8.5.3 日历函数

日历函数 calendar() 有很广泛的方法用来处理年历和月历,如打印某月的月历,代码如例 8-10 所示。

【例 8-10】 打印某月的月历。

```
import calendar
cal = calendar.month(2020, 5)
print("以下输出 2020 年 5 月份的日历:")
print(cal)
```

运行结果如图 8-6 所示。

除此之外,calendar 模块还提供了很多内置函数,具体如表 8-3 所示。

```
输出2020年5月份的日历:
      May 2020
Mo Tu We Th Fr Sa Su
             1  2  3
 4  5  6  7  8  9 10
11 12 13 14 15 16 17
18 19 20 21 22 23 24
25 26 27 28 29 30 31
```

图 8-6 运行结果

表 8-3 calendar 模块的常见函数

序号	函数及描述
1	calendar.calendar(year,w=2,l=1,c=6) 返回一个多行字符串格式的 year 年的年历,3 个月一行,间隔距离为 c。每日宽度间隔为 w 字符。每行长度为 21×w+18+2×c。l 是每星期行数
2	calendar.firstweekday() 返回当前每周起始日期的设置。默认情况下,首次载入 calendar 模块时返回 0,即星期一
3	calendar.isleap(year) 是闰年返回 True,否则返回 False import calendar print(calendar.isleap(2000)) print(calendar.isleap(1900)) 运行结果: True False
4	calendar.leapdays(y1,y2) 返回在 y1 与 y2 两年之间的闰年总数
5	calendar.month(year,month,w=2,l=1) 返回一个多行字符串格式的 year 年 month 月日历,两行标题,一周一行。每日宽度间隔为 w 字符。每行的长度为 7×w+6。l 是每星期的行数
6	calendar.monthcalendar(year,month) 返回一个整数的单层嵌套列表。每个子列表装载代表一个星期的整数。year 年 month 月外的日期都设为 0;范围内的日期都由该月第几日表示,从 1 开始
7	calendar.monthrange(year,month) 返回两个整数。第一个是该月的星期几的日期码,第二个是该月的日期码。日为 0(星期一)~6(星期日);月为 1~12
8	calendar.prcal(year,w=2,l=1,c=6) 相当于 print calendar.calendar(year,w,l,c)
9	calendar.prmonth(year,month,w=2,l=1) 相当于 print calendar.calendar(year,w,l,c)
10	calendar.setfirstweekday(weekday) 设置每周的起始日期码。0(星期一)~6(星期日)
11	calendar.timegm(tupletime) 与 time.gmtime 相反:接收一个时间元组形式,返回该时刻的时间戳(1970 纪元后经过的浮点秒数)
12	calendar.weekday(year,month,day) 返回给定日期的日期码。日为 0(星期一)~6(星期日)。月份为 1(1 月)~12(12 月)

8.6 综合应用案例:日历系统的设计与实现

通过日历的设计与实现,进一步熟悉 Python 模块的使用方法以及菜单程序的编写,掌握 datetime、calendar 模块。

案例要求如下。

(1) 显示当天的日期和当前的时间。

(2) 能根据用户输入的年份显示年历。

(3) 能根据用户输入的年份和月份显示月历。

(4) 能根据用户给的日期间隔计算相应的日期。

需求分析与设计：根据要求，本日历具有 4 个功能，为方便用户的使用，此 4 项功能采用菜单的形式供用户选择。每个功能用一个函数来实现。程序是循环显示菜单，等待用户的选择，当用户选择某个菜单项，则调用相应的函数，相关函数执行完之后，继续显示菜单，直到用户选择"0：退出"项才会结束程序的运行。

整个系统需要编写如下 5 个函数。

(1) menu()函数的功能是显示菜单。

(2) daytime()函数的功能是显示当前日期和时间。

(3) year()函数的功能是根据用户输入年份实现年历的显示。

(4) year_month()函数的功能是根据用户输入年份和月份实现月历的显示。

(5) day()函数的功能是根据输入天数(正负)，计算期望某天的日期。

具体实现如下：

```python
import datetime
import calendar

def menu():
    print("**********************")
    print(" 欢迎使用日历系统")
    print("**********************")
    print("1:显示当前的日期和时间")
    print("2:显示某年的日历")
    print("3:显示某年某月的日历")
    print("4:显示期望的某天日期")
    print("0:退出")

def daytime():
    t =datetime.datetime.now()
    print()
    print("今天是", t.year, "年", t.month, "月", t.day, "日")
    print("现在是", t.hour, "时", t.minute, "分", t.second, "秒")

def year():
    year =int(input("请输入一个年份,如 2018:"))
    print()
    print(calendar.calendar(year))

def year_month():
    year =int(input("请输入一个年份,如 2018:"))
```

```
        month = int(input("请输入一个月份(1~12):"))
        print()
        print(calendar.month(year, month))

def day():
        days = int(input("请输入天数:"))
        date = datetime.datetime.now() + datetime.timedelta(days=days)
        print()
        print("查询的日期是", date.year, "年", date.month, "月", date.day, "日")

def main():
        while True:
                menu()
                choice = int(input("请选择功能项(0~4:)"))
                if choice == 0:
                        exit()
                else:
                        if choice == 1:
                                daytime()
                        else:
                                if choice == 2:
                                        year()
                                else:
                                        if choice == 3:
                                                year_month()
                                        else:
                                                if choice == 4:
                                                        day()

if __name__ == '__main__':
        main()
```

8.7 测试及打包

8.7.1 代码测试

在实际开发中,当一个开发人员编写完一个模块后,为了让模块能够在项目中达到想要的效果,这个开发人员会自行在.py 文件中添加一些测试信息。

【例 8-11】 对 test.py 文件中的 add() 函数代码测试。

```
def add(a,b):
    return a+b
#用来进行测试
ret = add(12,22)
```

```
print('in test.py file,,,,12+22=%d'%ret)
```

运行结果：

```
in test.py file,,,,12+22=34
```

如果此时在其他 py 文件中引入了此文件，测试的那段代码也会执行。

test.py 中的测试代码，应该是单独执行 test.py 文件时才应该执行的，不应该是在其他的文件中引用而执行。

Python 中有个内置变量 __name__，它在文件被直接执行时等于 __main__，而作为模块被导入时等于模块名。为了解决这个问题，可以在测试语句前面加上一个判断：

```
if __name__ == '__main__':
    #用来进行测试
    ret = add(12,22)
    print('in test.py file,,,,12+22=%d'%ret)
```

保证后面的测试语句在导入时不再执行。

8.7.2 代码打包

创建一个 test_pub 文件夹，将包放在 test_pub 文件夹中，然后在与包同级的目录中创建一个 setup.py 文件。

mymodule 目录结构体如下。

```
├── setup.py
├── sub1
│   ├── aa.py
│   ├── bb.py
│   └── __init__.py
└── sub2
    ├── cc.py
    ├── dd.py
    └── __init__.py
```

（1）编辑 setup.py 文件。py_modules 需指明所需包含的 py 文件。

```
from distutils.core import setup
setup(name="压缩包的名字", version="1.0", description="描述", author="作者",
py_modules=['sub1.aa', 'sub1.bb', 'sub2.cc', 'sub2.dd'])
```

（2）构建模块。

```
python setup.py build
```

（3）生成发布压缩包。

```
python setup.py sdist
```

（4）模块安装、使用：找到模块的压缩包（复制到其他地方），解压，进入文件夹，执行命令：

```
python setup.py install
```

注意：如果在 install 的时候执行目录安装，可以使用：

```
python setup.py install --prefix=安装路径
```

小　　结

本章主要讲解了以下几个知识点。

（1）模块。模块是把一组相关的名称、函数、类或者是它们的组合组织到一个文件中。一个文件可以被看作一个独立的模块，一个模块也可以被看作一个文件。模块的文件名就是模块的名字加上扩展名.py。

（2）模块导入。模块导入可以使用 import 语句导入整个模块或者使用 from…import 语句导入指定模块的变量、函数或者类等。此外，当导入的模块或是模块属性名称已经在程序中使用了，又或者是因为其名称太长，不想使用导入的名称，可以使用扩展的 import 语句（as）来解决这个问题。模块可以被导入多次，但只第一次导入时被加载并执行。模块导入主要有三个特性：载入时执行模块、导入与加载以及_future_特性。

（3）模块内建函数。_import_()作为导入模块的函数是在执行 import（包括 from…import 和扩展 import）语句时调用的，提供这个函数是为了让有特殊需要的用户可以覆盖它，实现自定义的导入算法。globals()和 locals()内建函数分别返回调用处可以访问的全局和局部命名空间中的名称组成的字典。reload()函数可以重新导入一个已经导入的模块。

（4）包。包是一个有层次的文件目录结构，它定义了一个由模块和子包组成的 Python 应用程序执行环境。与模块相同，包也是使用句点属性标识来访问它们的元素。使用 import 语句或 from…import 语句都可以导入包中的模块。可以使用包管理工具 pip 对包进行管理。

思考与练习

1. 什么是命名空间？命名空间可以分为哪几类？命名空间有哪些规则？
2. 什么是模块？模块和文件有什么联系？
3. 导入一个模块有哪些方式？
4. 与模块相关的内建函数有哪些？它们的作用分别是什么？
5. 什么是包？如何导入包？
6. 组织一个包结构：计算机包是顶级包，它的一级子包是主机包，该包下还有一个显示器模块，而主机包下有主板模块、内存模块和硬盘模块。创建一个测试文件，通过导入上述包或模块实现题目的要求。

第9章 字符串操作与正则表达式应用

在编程过程中对字符串的处理操作较多,本节主要介绍字符串的常见操作,例如连接、截取、检索等,然后借助正则表达式实现字符串的复杂处理。

9.1 字符串的编码转换

字符串是由一系列字符组成的不可变序列容器,在计算机中存储的是字符编码值。通常字节(Byte)是计算机存储的最小单位,等于8位。而字符是指单个的数字、文字、符号。

最早的字符串编码是美国标准信息交换码,即 ASCII 码。它仅对10个数字、26个大写英文字母、26个小写英文字母,以及一些其他符号进行了编码。ASCII 码最多只能表示 256 个符号,每个字符占一个字节。随着信息技术的发展,各国的文字都需要进行编码,于是出现了 GBK、GB2312、UTF-8 编码等。其中,GBK 和 GB2312—80 是我国制定的中文编码标准,使用一个字节表示英文字母,两个字节表示中文字符。而 UTF-8 是国际通用的编码,对全世界所有国家需要用到的字符都进行了编码。UTF-8 采用一个字节表示英文字符,用三个字节表示中文。在 Python 3.x 中,默认采用的编码格式为 UTF-8,采用这种编码有效地解决了中文乱码的问题。

在 Python 中,有两种常用的字符串类型,分别为 str 和 bytes。其中,str 表示 Unicode 字符(ASCII 或者其他),bytes 表示二进制数据(包括编码的文本)。这两种类型的字符串不能拼接在一起使用。通常情况下,str 在内存中以 Unicode 表示,一个字符对应若干个字节。但是如果在网络上传输,或者保存到磁盘上,就需要把 str 转换为字节类型,即 bytes 类型。

Python 3 直接支持 Unicode,可以表示世界上任何书面语言的字符。Python 3 的字符默认就是 16 位 Unicode 编码,ASCII 码是 Unicode 编码的子集。

str 和 bytes 之间可以通过 encode()和 decode()方法进行类型转换。

9.1.1 字符串的编码

将字符串转换为二进制数据(即 bytes),也称为"编码"。encode()方法为 str 对象的方法,其语法格式如下:

```
str.encode([encoding="utf-8"][,errors="strict"])
```

参数说明:

- str:表示要进行转换的字符串。
- encoding="utf-8":可选参数,用于指定进行转码时采用的字符编码,默认为UTF-8。如果想使用简体中文,也可以设置为gb2312。当只有这一个参数时,也可以省略前面的"encoding=",直接写编码。
- errors="strict":可选参数,用于指定错误处理方式,其可选择值可以是strict(遇到非法字符就抛出异常)、ignore(忽略非法字符)、replace(用"?"替换非法字符)或xmlcharrefreplace(使用XML的字符引用)等,默认值为strict。

在使用encode()方法时,不会修改原字符串,如果需要修改原字符串,需要对其进行重新赋值。

【例9-1】 encode()方法的应用。

```
str ="不忘初心"
byte =str.encode('GBK')
print("原字符串:",str)
print("转换后:",byte)
```

运行结果:

原字符串:不忘初心
转换后: b'\xb2\xbb\xcd\xfc\xb3\xf5\xd0\xc4'

9.1.2 字符串的解码

将二进制数据转换为字符串,称为"解码"。decode()方法为bytes对象的方法,即将使用encode()方法转换的结果再转换为字符串。

其语法格式如下:

```
bytes.decode([encoding="utf-8"][,errors="strict"])
```

参数说明:

- bytes:表示要进行转换的二进制数据,通常是encode()方法转换的结果。
- encoding="utf-8":可选参数,用于指定进行解码时采用的字符编码,默认为UTF-8。如果想使用简体中文,也可以设置为gb2312。当只有这一个参数时,也可以省略前面的"encoding=",直接写编码。
- errors="strict":可选参数,用于指定错误处理方式,其可选择值可以是strict(遇到非法字符就抛出异常)、ignore(忽略非法字符)、replace(用"?"替换非法字符)或xmlcharrefreplace(使用XML的字符引用)等,默认值为strict。

在设置解码采用的字符编码时,需要与编码时采用的字符编码一致。

在使用decode()方法时,不会修改原字符串,如果需要修改原字符串,需要对其进行重新赋值。

【例9-2】 decode()方法的应用。

```
bytes =b'\xb2\xbb\xcd\xfc\xb3\xf5\xd0\xc4'
```

```
str =bytes.decode('GBK')
print("解码前:",bytes)
print("解码后:",str)
```

运行结果：

解码前:b'\xb2\xbb\xcd\xfc\xb3\xf5\xd0\xc4'
解码后:不忘初心

9.2 字符串的常见操作

在 Python 开发过程中，为了实现某项功能，经常需要对某些字符串进行特殊处理，如连接字符串、截取字符串、格式化字符串等。字符串的常用操作方法有查找、修改和判断三大类。

9.2.1 字符串查找

字符串查找方法即查找子串在字符串中的位置或出现的次数。在 Python 中，字符串对象提供了很多应用于字符串查找的方法，这里主要介绍以下几种方法。

1. count()方法

count()方法用于检索指定字符串在另一个字符串中出现的次数。如果被检索的字符串不存在，则返回 0，否则返回出现的次数。其语法格式如下：

```
str.count(sub[, start[, end]])
```

参数说明：

- str：表示原字符串。
- sub：表示要检索的子字符串。
- start：可选参数，表示检索范围的起始位置的索引，如果不指定，则从头开始检索。
- end：可选参数，表示检索范围的结束位置的索引，如果不指定，则一直检索到结尾。

【例 9-3】 给定一个字符串来代表一个学生的出勤记录，这个记录仅包含三个字符，其中'A': Absent，缺勤；'L': Late，迟到；'P': Present，到场。如果一个学生的出勤记录中不超过一个'A'(缺勤)并且不超过两个连续的'L'(迟到)，那么这个学生会被奖赏。

```
while True:
    c =input('请输入考勤记录:')
    if c.count('A') <=1 and c.count('LLL') ==0 and c !='q':
        print('给予奖赏')
    elif c =='q':
        print("退出评判")
        exit()
    else:
        print('给予批评')
```

运行结果：

请输入考勤记录：PPALLP
给予奖赏
请输入考勤记录：PPALLL
给予批评
请输入考勤记录：q
退出评判

2. find()方法

检测某个子串是否包含在这个字符串中，如果在，返回这个子串开始的位置下标，否则返回-1。其语法格式如下：

str.find(sub[, start[, end]])

参数说明：

- str：表示原字符串。
- sub：表示要检索的子字符串。
- start：可选参数，表示检索范围的起始位置的索引，如果不指定，则从头开始检索。
- end：可选参数，表示检索范围的结束位置的索引，如果不指定，则一直检索到结尾。

【例9-4】 find()方法的应用。

```
info = 'abca'
print(info.find('a'))         #从下标0开始,查找在字符串里第一个出现的子串
print(info.find('a',1))       #从下标1开始,查找在字符串里第一个出现的子串
print(info.find('3'))         #查找不到返回-1
```

运行结果：

0
3
-1

如果只是想要判断指定的字符串是否存在，可以使用 in 关键字实现。例如，判断字符串 str 中是否存在♯符号，可以使用 print('♯'in str)，如果存在就返回 True，否则返回 False。另外，也可以根据 find()方法的返回值是否大于-1 来确定是否存在。

rfind()和 find()功能相同，但查找方向为从右侧开始。

3. index()方法

index()方法与 find()方法类似，也是用于检索是否包含指定的子字符串，返回首次出现子字符串的位置索引。只不过如果使用 index()方法，当指定的字符串不存在时会抛出异常，影响后面程序执行。其语法格式如下：

str.index(sub[, start[, end]])

参数说明：

- str：表示原字符串。

- sub：表示要检索的子字符串。
- start：可选参数，表示检索范围的起始位置的索引，如果不指定，则从头开始检索。
- end：可选参数，表示检索范围的结束位置的索引，如果不指定，则一直检索到结尾。

【例 9-5】 利用 index()方法判断用户登录。

```
user_name = ['root','admin','test']
pass_word = ['abc','123','111']
username = input('username:').strip()
password = input('password:').strip()
if username in user_name and password
==pass_word[user_name.index(username)]:
    print(f"登录成功,欢迎您:{username}")
else:
    print("错误!")
```

运行结果：

```
username:root
password:abc
登录成功,欢迎您:root
```

Python 的字符串对象还提供了 rindex()方法，其作用与 index()方法类似，只是从右边开始查找。

4. startswith()方法

该方法用于检索字符串是否以指定子字符串开头。如果是，则返回 True，否则返回 False。语法格式如下：

```
str.startswith(preflx[, start[, end]])
```

参数说明：

- str：表示原字符串。
- prefix：表示要检索的子字符串。
- start：可选参数，表示检索范围的起始位置的索引，如果不指定，则从头开始检索。
- end：可选参数，表示检索范围的结束位置的索引，如果不指定，则一直检索到结尾。

【例 9-6】 判断手机号码是否合法。

```
while True:
    phone_number = input('请输入 11 位的手机号：')
    if len(phone_number) ==11 \
        and phone_number.isdigit()\
        and (phone_number.startswith('13') \
        or phone_number.startswith('14') \
        or phone_number.startswith('15') \
        or phone_number.startswith('18')):
            print('是合法的手机号码')
```

```
        else:
            print('不是合法的手机号码')
```

运行结果:

```
请输入 11 位的手机号: 13466658565
是合法的手机号码
```

5. endswith()方法

该方法用于检索字符串是否以指定子字符串结尾。如果是,则返回 True,否则返回 False。语法格式如下:

```
str.endswith(suffix[, start[, end]])
```

参数说明:

- str:表示原字符串。
- prefix:表示要检索的子字符串。
- start:可选参数,表示检索范围的起始位置的索引,如果不指定,则从头开始检索。
- end:可选参数,表示检索范围的结束位置的索引,如果不指定,则一直检索到结尾。

【例 9-7】 字符串检索方法的应用。

```
url = "http://www.baidu.com"
pos = url.find("baidu")
print(pos)
if url.startswith("http://"):
    print("使用的是 http 协议")
filename="flower.jpg"
if filename.endswith(".jpg"):
    print("这是一张图片")
```

运行结果:

```
11
使用的是 http 协议
这是一张图片
```

9.2.2 字符串修改

修改字符串,指的就是通过函数的形式修改字符串中的数据。数据按照是否能直接修改分为可变类型和不可变类型两种。字符串类型的数据修改的时候不能改变原有字符串,属于不能直接修改数据的类型,即是不可变类型。

1. replace()方法

replace()方法把字符串中的 old(旧字符串)替换成 new(新字符串),如果指定第三个参数 max,则替换不超过 max 次。

replace()方法语法:

```
str.replace(old, new[, max])
```

参数说明：
- old：将被替换的子字符串。
- new：新字符串，用于替换 old 子字符串。
- max：可选字符串，替换不超过 max 次。

返回字符串中的 old(旧字符串)替换成 new(新字符串)后生成的新字符串，如果指定第三个参数 max，则替换不超过 max 次。

【例 9-8】 输入两个字符串，从第一个字符串中删除第二个字符串中所有的字符。例如，输入"They are students."和"aeiou"，则删除之后的第一个字符串变成"Thy r stdnts."。

```
s1 = input('请输入第一个字符串:')
s2 = input('请输入第二个字符串:')
#遍历字符串 s1
for i in s1:
    #依次判断 s1 中的每个字符是否在 s2 中
    if i in s2:
        #replace 表示替换;
        #将 s1 中与 s2 中相同的所有字符替换为空字符
        s1 = s1.replace(i,'')
print("替换后的字符串为:",s1)
```

运行结果：

```
请输入第一个字符串:You are my good friend
请输入第二个字符串:aeiou
替换后的字符串为: Y r my gd frnd
```

2. 分割和合并字符串的方法

在 Python 中，字符串对象提供了分割和合并字符串的方法。分割字符串是把字符串分割为列表，而合并字符串是把列表合并为字符串，它们可以看作互逆操作。下面分别进行介绍。

(1) 分割字符串。字符串对象的 split()方法可以实现字符串分割。即把一个字符串按照指定的分隔符切分为字符串列表。该列表的元素中，不包括分隔符。split()方法的语法格式为：

```
str.split(sep,maxsplit)
```

参数说明：
- str：表示要进行分割的字符串。
- sep：用于指定分隔符，可以包含多个字符，默认为 None，即所有空字符(包括空格、换行"\n"、制表符"\t"等)。如果不指定 sep 参数，也不能指定 maxsplit 参数。
- maxsplit：可选参数，用于指定分割的次数，如果不指定或者为-1，则分割次数没有限制，否则返回结果列表的元素个数最多为 maxsplit+1。

在使用 split()方法时，如果不指定参数，默认采用空白符进行分割，这时无论有几个空格或者空白符都将作为一个分隔符进行分割。

【例 9-9】 split()方法应用示例。

```
strUrl = "www.cau.edu.cn"
#使用默认分隔符
print(strUrl.split())
#以"."为分隔符
print(strUrl.split('.'))
#分割 0 次
print(strUrl.split('.', 0))
#分割 1 次
print(strUrl.split('.', 1))
#分割 2 次
print(strUrl.split('.', 2))
#分割 2 次,并取序列为 1 的项
print(strUrl.split('.', 2)[1])
#分割最多次(实际与不加 num 参数相同)
print(strUrl.split('.', -1))
```

运行结果：

```
['www.cau.edu.cn']
['www', 'cau', 'edu', 'cn']
['www.cau.edu.cn']
['www', 'cau.edu.cn']
['www', 'cau', 'edu.cn']
cau
['www', 'cau', 'edu', 'cn']
```

(2) 字符串合并。合并字符串与拼接字符串不同,它会将多个字符串采用固定的分隔符连接在一起。将字符串、元组、列表中的元素以指定的字符(分隔符)连接生成一个新的字符串。字典只对键进行连接。os.path.join()是将多个路径组合后返回。其语法格式为：

```
strnew = string.join(iterable)
```

参数说明：

- strnew：表示合并后生成的新字符串。
- string：字符串类型,用于指定合并时的分隔符。
- iterable：可迭代对象,该迭代对象中的所有元素(字符串表示)将被合并为一个新的字符串。string 作为边界点分割出来。

【例 9-10】 join()方法的应用示例。

```
#对序列进行操作(分别使用' '与'-'作为分隔符)
a = ['1aa', '2bb', '3cc', '4dd', '5ee']
print(' '.join(a))
print('-'.join(a))
#对字符串进行操作(分别使用' '与'-'作为分隔符)
b = 'hello world'
print(' '.join(b))
```

```
print('-'.join(b))
#对元组进行操作(分别使用' '与'-'作为分隔符)
c = ('aa', 'bb', 'cc', 'dd', 'ee')
print(' '.join(c))
print('-'.join(c))
#对字典进行无序操作(分别使用' '与'-'作为分隔符)
d = {'name1': 'maomao', 'name2': 'huayi', 'name3': 'shiqing'}
print(' '.join(d))
print('-'.join(d))
```

运行结果:

```
1aa 2bb 3cc 4dd 5ee
1aa-2bb-3cc-4dd-5ee
h e l l o   w o r l d
h-e-l-l-o- -w-o-r-l-d
aa bb cc dd ee
aa-bb-cc-dd-ee
name1 name2 name3
name1-name2-name3
```

3. 字符串中空格和特殊字符的去除

用户在输入数据时,可能会无意中输入多余的空格,或在一些情况下,字符串前后不允许出现空格和特殊字符,此时就需要去除字符串中的空格和特殊字符(制表符"\t"、回车符"\r"、换行符"\n"等)。

(1) strip()方法。strip()方法用于去掉字符串左、右两侧的空格和特殊字符,其语法格式如下:

```
str.strip([chars])
```

参数说明:

- str 为要去除空格的字符串。
- chars 为可选参数,用于指定要去除的字符,可以指定多个,例如,设置 chars 为 "@"或".",则去除左、右两侧包括的"@"或"."。如果不指定 chars 参数,默认将去除空格、制表符\t、回车符\r、换行符\n 等。

(2) ltrip()方法。ltrip()方法用于去掉字符串左侧的空格和特殊字符,其语法格式如下:

```
str.ltrim([chars])
```

参数说明:

- str 为要去除空格的字符串。
- chars 为可选参数,用于指定要去除的字符,可以指定多个,例如,设置 chars 为 "@"或".",则去除左侧包括的"@"或"."。如果不指定 chars 参数,默认将去除空格、制表符\t、回车符\r、换行符\n 等。

(3) rtrip()方法。rtrip()方法用于去掉字符串右侧的空格和特殊字符,其语法格式如下:

```
str.rtrim([chars])
```

参数说明：
- str 为要去除空格的字符串。
- chars 为可选参数，用于指定要去除的字符，可以指定多个，例如，设置 chars 为 "@"或"."，则去除右侧包括的"@"或"."。如果不指定 chars 参数，默认将去除空格、制表符\t、回车符\r、换行符\n 等。

【例 9-11】 strip()方法应用示例。

```
str ="00000003210jszx01230000000"
print(str.strip('0'))           #去除首尾字符 0
str2 ='   jszx   '
print(str2.strip())             #去除首尾空格
str3 ='123abcjszx321 '
print(str3.strip('12'))         #去除首尾字符序列 12
```

运行结果：

```
3210jszx0123
jszx
3abcjszx321
```

4．字母大小写转换

在 Python 中，字符串对象提供了 lower()方法和 upper()方法进行字母的大小写转换。即用于将大写字母 ABC 转换为小写字母 abc，或者将小写字母 abc 转换为大写字母 ABC。例如，应用于验证码的输入，大小写都可以验证。

（1）lower()方法。lower()方法用于将字符串中的全部大写字母转换为小写字母。如果字符串中没有应该被转换的字符，则将原字符串返回；否则将返回一个新的字符串，将原字符串中每个该进行小写转换的字符都转换成等价的小写字符。字符长度与原字符长度相同。lower()方法的语法格式如下：

```
str.lower()
```

参数说明：
- str 为要进行转换的字符串。

（2）upper()方法。upper()方法用于将字符串的全部小写字母转换为大写字母。如果字符串中没有应该被转换的字符，则将原字符串返回；否则返回一个新字符串，将原字符串中每个该进行大写转换的字符都转换成等价的大写字符。新字符长度与原字符长度相同。upper()方法的语法格式如下：

```
str.upper()
```

参数说明：
- str 为要进行转换的字符串。

【例 9-12】 大写字母转换的应用。

```
str ='abcde'
```

```
str2 =str.upper()              #转换成大写
print(str2)
print(str2.lower())            #重新转换成小写
```

5. 利用切片截取字符串

由于字符串也属于序列,所以要截取字符串,可以采用切片方法实现。通过切片方法截取字符串的语法格式如下:

```
string[start: end : step]
```

参数说明:

- string:表示要截取的字符串。
- start:表示要截取的第一个字符的索引(包括该字符),如果不指定,则默认为 0。
- end:表示要截取的最后一个字符的索引(不包括该字符),如果不指定,则默认为字符串的长度。
- step:表示切片的步长,如果省略,则默认为 1,当省略该步长时,最后一个冒号也可以省略。

【例 9-13】 字符串的截取应用。

```
str ="不忘初心,牢记使命!"       #定义字符串
substr1 =str[1]                #截取第 2 个字符
substr2 =str[5:]               #从第 6 个字符截取
substr3 =str[:4]               #从左边开始截取 4 个字符
substr4 =str[2:4]              #截取第 3~4 个字符
print("原字符串:",str)
print(substr1+'\n'+substr2+'\n'+substr3+'\n'+substr4)
```

运行结果:

```
原字符串:不忘初心,牢记使命!
忘
牢记使命!
不忘初心
初心
```

由以上运行结果可以看出,字符串的索引同序列的索引是一样的,也是从 0 开始,并且每个字符占一个位置。在进行字符串截取时,如果指定的索引不存在,则会抛出异常。

6. 利用"+"字符串连接

使用"+"运算符可完成对多个字符串的连接,"+"运算符可以连接多个字符串并产生一个字符串对象。

【例 9-14】 字符串连接应用。

```
cn ="生活就像一盒巧克力,没人知道你会得到什么."
en =" Life is like a box of chocolates. No one knows what you're going to get."
c_e=cn+en
```

print(c_e)

运行结果：

生活就像一盒巧克力，没人知道你会得到什么。Life was like a box of chocolates, you never know what you're going to get.

字符串不允许直接与其他类型的数据拼接，否则将产生异常。若是整数，可以将整数转换为字符串。将整数转换为字符串，可以使用 str()函数。

9.2.3　字符串判断

判断即分辨真假，返回的结果是布尔型数据类型：True 或 False。

1. startswith()方法

startswith()检查字符串是否是以指定子串开头，是则返回 True，否则返回 False。如果设置开始和结束位置下标，则在指定范围内检查。startswith()方法语法为：

```
str.startswith(str, beg=0,end=len(string));
```

参数说明：

- str：检测的字符串。
- strbeg：可选参数，用于设置字符串检测的起始位置。
- strend：可选参数，用于设置字符串检测的结束位置。
- 返回值：如果检测到字符串则返回 True，否则返回 False。

【例 9-15】　startswith()方法的应用。

```
str ="this is string example....wow!!!";
print(str.startswith( 'this' ))
print(str.startswith( 'is', 2, 4 ))
print(str.startswith( 'this', 2, 4 ))
```

运行结果：

```
True
True
False
```

2. endswith()方法

endswith()方法用于判断字符串是否以指定字符或子字符串结尾，常用于判断文件类型。语法为：

```
string.endswith(str, beg=[0,end=len(string)])
string[beg:end].endswith(str)
```

参数说明：

- string：被检测的字符串。
- str：指定的字符或者子字符串(可以使用元组，会逐一匹配)。

- beg：设置字符串检测的起始位置（可选，从左数起）。
- end：设置字符串检测的结束位置（可选，从左数起）。
  如果存在参数 beg 和 end，则在指定范围内检查，否则在整个字符串中检查。
- 返回值：如果检测到字符串，则返回 True，否则返回 False。

【例 9-16】 用于判断文件类型（例如图片、可执行文件）。

```
f = 'pic.jpg'
if f.endswith(('.gif', '.jpg', '.png')):
    print('%s is a picture' % f)
else:
    print('%s is not a picture' % f)
```

运行结果：

```
pic.jpg is a picture
```

3. isdigit()方法

isdigit()方法用于检测字符串是否只由数字组成。isdigit()方法的语法为：

```
str.isdigit()
```

- 返回值：如果字符串只包含数字则返回 True 否则返回 False。

【例 9-17】 isdigit()方法的应用。

```
str = "123456"
print(str.isdigit())
str = "python";
print(str.isdigit())
```

运行结果：

```
True
False
```

4. isalpha()方法

isalpha()方法检测字符串是否只由字母或文字组成。isalpha()方法语法为：

```
str.isalpha()
```

- 返回值：如果字符串至少有一个字符并且所有字符都是字母或文字则返回 True，否则返回 False。

【例 9-18】 isalpha()方法的应用。

```
str = "jszx"
print (str.isalpha())
#字母和中文文字
str = "jszx计算中心"
print (str.isalpha())
```

```
str ="发展中的计算中心..."
print (str.isalpha())
```

运行结果:

```
True
True
False
```

5. isalnum()方法

isalnum()方法检测字符串是否由字母和数字组成。isalnum()方法语法为:

```
str.isalnum()
```

- 返回值:如果 string 至少有一个字符并且所有字符都是字母或数字则返回 True, 否则返回 False

【例 9-19】 判断用户输入的变量名是否合法,需要满足如下两点。
(1) 变量名可以由字母、数字或者下画线组成。
(2) 变量名只能以字母或者下画线开头。

```
while True:
    s =input('请输入变量名:')
    if s =='q':
        exit()
    #判断首字母是否符合变量名要求
    if s[0] =='_' or s[0].isalpha():
        #依次判断剩余的所有字符
        for i in s[1:]:
            #只要有一个字符不符合,便不是合法的变量;alnum 表示字母或数字
            if not (i.isalnum() or i =='_'):
                print('%s 不是一个合法的变量名' %s)
                break
        else:
            print('%s 是一个合法的变量名' %s)
    else:
        print('%s 不是一个合法的变量名' %s)
```

运行结果:

```
请输入变量名:num
num 是一个合法的变量名
请输入变量名:2bc
2bc 不是一个合法的变量名
请输入变量名:is_bool
is_bool 是一个合法的变量名
请输入变量名:q
```

6. isspace() 方法

isspace()方法用于检测字符串是否只由空白字符组成。isspace()方法语法为：

```
str.isspace()
```

- 返回值：如果字符串中只包含空格，则返回 True，否则返回 False。

【例 9-20】 isspace()方法的应用。

```
str = "   "
print(str.isspace())
str = "jszx.cau.edu.cn"
print(str.isspace())
```

运行结果：

```
True
False
```

9.2.4 字符串的长度计算

由于不同的字符所占字节数不同，所以要计算字符串的长度，需要先了解各字符所占的字节数。在 Python 中，数字、英文、小数点、下画线和空格占 1 字节；一个汉字可能会占 2～4 字节，占几字节取决于采用的编码。汉字在 GBK/GB 2312 编码中占 2 字节，在 UTF-8/Unicode 中一般占用 3 字节（或 4 字节）。

在 Python 中，提供了 len()函数计算字符串的长度。语法格式为：

```
len(string)
```

其中，string 用于指定要进行长度统计的字符串。

【例 9-21】 定义一个字符串，内容为"人生苦短，我用 Python!"，然后应用 len()函数计算该字符串的长度。

```
str = "人生苦短,我用 Python!"
length = len(str)
print(length)
```

运行结果：

```
14
```

从上面的结果可以看出，在默认的情况下，通过 len()函数计算字符串的长度时，不区分英文、数字和汉字，所有字符都认为是一个。

在实际开发时，有时需要获取字符串实际所占的字节数，即如果采用 UTF-8 编码，汉字占 3 字节，采用 GBK 或者 GB 2312—80 时，汉字占 2 字节。这时，可以通过使用 encode()方法进行编码后再进行获取。

【例 9-22】 定义一个字符串，内容为"人生苦短，我用 Python!"，然后应用 len()函数计算该字符串的 UTF-8 和 GBK 编码长度。

```
str ="人生苦短,我用 Python!"
length =len(str.encode())              #计算 UTF-8 编码的字符串的长度
print(""人生苦短,我用 Python!"的 UTF-8 编码长度:",length)
length =len(str.encode('gbk'))         #计算 gbk 编码的字符串的长度
print(""人生苦短,我用 Python!"的 gbk 编码长度:",length)
```

运行结果:

```
"人生苦短,我用 Python!"的 UTF-8 编码长度:28
"人生苦短,我用 Python!"的 gbk 编码长度:21
```

第一次输出,显示长度:28。这是因为汉字加中文标点符号共 7 个,占 21 字节,英文字母和英文的标点符号占 7 字节,共 28 字节。

第二次输出,显示长度:21。这是因为汉字加中文标点符号共 7 个,占 14 字节,英文字母和英文的标点符号占 7 字节,共 21 字节。

9.2.5 字符串的格式化

在 Python 中,格式化字符串是指先指定一个模板,即在模板中预留几个占位符,然后再根据需要填上相应的内容。通常使用"%"或"{}"两种方法指定占位符。

字符串对象的 format()方法语法格式如下:

```
str.format(args)
```

此方法中,str 用于指定字符串的显示样式;args 用于指定要进行格式转换的项,如果有多项,之间用逗号进行分隔。

学习 format() 方法的难点在于搞清楚 str 显示样式的书写格式。在创建显示样式模板时,需要使用"{}"和":"来指定占位符,其完整的语法格式为:

```
{ [index][ : [ [fill] align] [sign] [    #] [width] [.precision] [type] ] }
```

注意,格式中用 [ ] 括起来的参数都是可选参数,既可以使用,也可以不使用。各个参数的含义如下。

- index:指定后边设置的格式要作用到 args 中第几个数据,数据的索引值从 0 开始。如果省略此选项,则会根据 args 中数据的先后顺序自动分配。
- fill:指定空白处填充的字符。注意,当填充字符为逗号(,)且作用于整数或浮点数时,该整数(或浮点数)会以逗号分隔的形式输出,例如,1000000 会输出 1,000,000。
- align:指定数据的对齐方式,具体的对齐方式如表 9-1 所示。

表 9-1 align 参数及含义

align 参考	含 义
<	数据左对齐
>	数据右对齐
=	数据右对齐,同时将符号放置在填充内容的最左侧,该选项只对数字类型有效
^	数据居中,此选项需和 width 参数一起使用

- sign：指定有无符号数，此参数的值以及对应的含义如表 9-2 所示。

表 9-2　sign 参数及含义

sign 参数	含　义
＋	正数前加正号，负数前加负号
－	正数前不加正号，负数前加负号
空格	正数前加空格，负数前加负号
＃	对于二进制数、八进制数和十六进制数，使用此参数，各进制数前会分别显示 0b、0o、0x 前缀；反之则不显示前缀

- width：指定输出数据时所占的宽度。
- precision：指定保留的小数位数。
- type：指定输出数据的具体类型，如表 9-3 所示。

表 9-3　type 占位符类型及含义

type 类型值	含　义
s	对字符串类型格式化
d	十进制整数
c	将十进制整数自动转换成对应的 Unicode 字符
e 或者 E	转换成科学记数法后，再格式化输出
g 或 G	自动在 e 和 f(或 E 和 F)中切换
b	将十进制数自动转换成二进制表示，再格式化输出
O	将十进制数自动转换成八进制表示，再格式化输出
x 或者 X	将十进制数自动转换成十六进制表示，再格式化输出
f 或者 F	转换为浮点数(默认小数点后保留 6 位)，再格式化输出
％	显示百分比(默认显示小数点后 6 位)

接下来，通过应用讲述"{}"格式化字符串填充方式。

1. 位置参数

位置参数不受顺序约束，且可以为{}，只要 format 里有相对应的参数值即可，参数索引从 0 开始，传入位置参数列表可用 * 列表。

【例 9-23】　利用位置参数演示 format 输出参数值。

```
stu =['maomao',18]
print( 'the boy is {},age :{}'.format('maomao',18))
print( 'the boy is {1},age :{0}'.format(10,'maomao'))
print('the boy is {},age :{}'.format( * stu))
```

运行结果：

```
the boy is maomao,age:18
the boy is maomao,age:10
the boy is maomao,age:18
```

2. 关键字参数

关键字参数值要对得上,可用字典当关键字参数传入值,字典前加**即可。

【例9-24】 利用关键字参数演示format输出参数值。

```
stu ={'name':'maomao','age':18}
print('the boy is {name},age is {age}'.format(name='maomao',age=19))
print( 'the boy is {name},age is {age}'.format(**stu))
```

运行结果：

```
the boy is maomao,age is 19
the boy is maomao,age is 18
```

3. 填充与格式化

:[填充字符][对齐方式<^>][宽度]

【例9-25】 对format格式化输出时进行填充与格式化演示。

```
print( '{0:*>10}'.format(10))         ##右对齐
print( '{0:*<10}'.format(10))         ##左对齐
print('{0:*^10}'.format(10))          ##居中对齐
```

运行结果：

```
********10
10********
****10****
```

4. 精度和进制

【例9-26】 format输出数值时进行精度和进制的演示。

```
str0 ="{0:.2f}".format(1/3)
print(str0)
str1 ="{0:b}".format(10)
print(str1)
str2 ="{0:o}".format(10)
print(str2)
str3 ="{0:x}".format(10)
print(str3)
str4 ="{:,}".format(123456798456)
print(str4)
```

运行结果：

```
0.33
```

```
1010
12
a
123,456,798,456
```

5. 使用索引

【例 9-27】 利用索引控制 format 输出值。

```
stu=["maomao", 20]
str0 ="name is {0[0]} age is {0[1]}".format(stu)
print(str0)
```

运行结果:

```
name is maomao age is 20
```

9.3 正则表达式及常见的基本符号

正则表达(Regular Expression,RE)就是通过一个文本模式来匹配一组符合条件的字符串,即对目标字符串进行过滤操作。这个文本模式是由一些字符和特殊符号组成的字符串,它们描述了模式的重复或表述多个字符,所以正则表达式能按照某种模式匹配一系列有相似特征的字符串。

目前,大部分操作系统(Windows、Linux、UNIX 等)和程序设计语言(Python、C++、Java、PHP、C♯等)均支持正则表达式的应用。有专门的网站对正则表达式进行在线测试,判断正确与否:http://tool.chinaz.com/regex/。

对于一些有规律的字符串匹配操作需求,例如手机号码、身份证号码、网址等内含组成规律的字符串,无法用简单的判断表达式涵盖,而用正则表达式则可简洁、准确地表达其组成规律,从而高效地进行匹配操作。

1. 字符组

要考虑的是在同一个位置上可以出现的字符的范围。在同一个位置可能出现的各种字符组成了一个字符组,在正则表达式中用[]表示。字符分为很多类,例如数字、字母、标点等。

字符组的应用如表 9-4 所示。

表 9-4 字符组的应用

正则	待匹配字符	匹配结果	说明
[0123456789]	8	True	在一个字符组里枚举合法的所有字符,字符组里的任意一个字符和待匹配字符相同都视为可以匹配
[0123456789]	A	False	由于字符组中没有"A"字符,所以不能匹配
[0-9]	7	True	也可以用-表示范围,[0-9]和[0123456789]是一个意思

续表

正则	待匹配字符	匹配结果	说　　明
[a-z]	s	True	[a-z]表示所有的小写字母
[A-Z]	B	True	[A-Z]表示所有的大写字母
[0-9a-fA-F]	E	True	可以匹配数字,大小写形式的a~f,用来验证十六进制字符

2. 元字符

正则表达式语言由两种基本字符类型组成：原义(正常)文本字符和元字符。元字符使正则表达式具有处理能力。所谓元字符就是指那些在正则表达式中具有特殊意义的专用字符,可以用来规定其前导字符(即位于元字符前面的字符)在目标对象中的出现模式。元字符中的专用字符,如表9-5所示。

表9-5　元字符中的专用字符

元字符	匹配内容	元字符	匹配内容
.	匹配除换行符以外的任意字符	$	匹配字符串的结尾
\w	匹配字母或数字或下画线	\W	匹配非字母或数字或下画线
\s	匹配任意的空白符	\D	匹配非数字
\d	匹配数字	\S	匹配非空白符
\n	匹配一个换行符	a|b	匹配字符a或字符b
\t	匹配一个制表符	()	匹配括号内的表达式,也表示一个组
\b	匹配一个单词的结尾	[...]	匹配字符组中的字符
^	匹配字符串的开始	[^...]	匹配除了字符组中字符的所有字符

【例9-28】　利用".^＄"进行字符表达式匹配的应用,如表9-6所示。

表9-6　利用".^＄"进行字符表达式匹配

正则表达式	待匹配字符	匹配结果	说　　明
海.	海燕海娇海东	海燕海娇海东	匹配所有"海."的字符
^海.	海燕海娇海东	海燕	只从开头匹配"海."
海.＄	海燕海娇海东	海东	只匹配结尾的"海.＄"

【例9-29】　利用"＊　＋？{ }"进行字符表达式匹配的应用,如表9-7所示。

表9-7　利用"＊　＋？{ }"进行字符表达式匹配

正则	待匹配字符	匹配结果	说　　明
李.?	李杰和李莲英和李二棍子	李杰 李莲 李二	?表示重复零次或一次,即只匹配"李"后面一个任意字符

续表

正则	待匹配字符	匹配结果	说明
李.*	李杰和李莲英和李二棍子	李杰和李莲英和李二棍子	*表示重复零次或多次,即匹配"李"后面0个或多个任意字符
李.+	李杰和李莲英和李二棍子	李杰和李莲英和李二棍子	+表示重复一次或多次,即只匹配"李"后面1个或多个任意字符
李.{1,2}	李杰和李莲英和李二棍子	李杰和 李莲英 李二棍	{1,2}匹配1到2次任意字符

注意：前面的 *、+、? 等都是贪婪匹配，也就是尽可能匹配，后面加"?"号使其变成惰性匹配。

3. 量词

正则表达式的量词有贪婪量词、惰性量词、支配量词。

(1) 贪婪量词：先看整个字符串是不是一个匹配。如果没有发现匹配，就去掉最后字符串中的最后一个字符，并再次尝试。

(2) 惰性量词：先看字符串中的第一个字母是不是一个匹配。如果单独这一个字符还不够，就读入下一个字符，组成两个字符的字符串。如果还是没有发现匹配，惰性量词继续从字符串添加字符直到发现一个匹配或者整个字符串都检查过也没有匹配。

惰性量词和贪婪量词的工作方式正好是相反的。

(3) 支配量词：只尝试匹配整个字符串。如果整个字符串不能产生匹配，不做进一步尝试，支配量词其实简单地说就是一刀切，如表9-8所示。

表9-8 不同量词的使用说明

量词	用法说明	量词	用法说明
*	重复零次或更多次	{n}	重复n次
+	重复一次或更多次	{n,}	重复n次或更多次
?	重复零次或一次	{n,m}	重复n~m次

正则表达式就利用上述基本字符，以单个字符、字符集合、字符范围、字符间的组合等形式组成模板，然后用这个模板与所搜索的字符串进行匹配。

利用正则表达式对字符串的匹配通常分为精确匹配和贪婪匹配。在正则表达式中，如果直接给出字符，则为精确匹配。尽可能多地匹配字符的匹配模式为贪婪匹配。

9.4 re模块实现正则表达式操作

Python提供了re模块，用于实现正则表达式的操作。在实现时，可以使用re模块提供的方法(如search()、match()、findall()等)进行字符串处理，也可以先使用re模块的compile()方法将模式字符串转换为正则表达式对象，然后再使用该正则表达式对象的相关方法来操作字符串。

re 模块在使用时需要先应用 import 语句引入,具体代码如下:

import re

9.4.1 匹配字符串

匹配字符串是正则表达式中最常见的一种类型应用。即设定一个文本模式,然后判断另外一个字符串是否符合这个文本模式。在 Python 中可使用 re 模块提供的 match()、search()和 findall()等方法进行匹配字符串的判断。

match()方法用于指定文本模式和待匹配的字符串。从字符串的开始处进行匹配,如果在起始位置匹配成功,则返回 match 对象,否则返回 None。其语法格式如下:

re.match(pattern, string, [flags])

参数说明:

- pattern:表示模式字符串,由要匹配的正则表达式转换而来。
- string:表示待匹配的字符串。
- flags:可选参数,表示标志位,用于控制匹配方式,如是否区分字母大小写。常用的标志如表 9-9 所示。

表 9-9 常用的标志

标 志	说 明
A 或 ASCII	对于\w、\W、\b、\B、\d、\D、\s 和\S 只进行 ASCII 匹配(仅适用于 Python 3.x)
I 或 IGNORECASE	执行不区分字母大小写的匹配
M 或 MULTILINE	将^和$用于包括整个字符串的开始和结尾的每一行(默认情况下,仅适用于整个字符串的开始和结尾处)
S 或 DOTALL	使用"."字符匹配所有字符,包括换行符
Xak VERBOSE	忽略模式字符串中未转义的空格和注释

在使用 match()方法时,如果匹配成功,则 match()方法返回 Match 对象,然后可以调用对象中的 group 方法获取匹配成功的字符串,如果文本模式就是一个普通的字符串,那么 group 方法返回的就是文本模式本身。

【例 9-30】 match()方法的应用。

```
import re
strurl = 'www.cau.edu.cn'
m = re.match('www', strurl)
if m is not None:
    print(m.group())
print(m)
m = re.match('cau', strurl)
```

```
if m is not None:
    print(m.group())
print(m)
```

运行结果：

```
www
<re.Match object; span=(0, 3), match='www'>
None
```

通常情况下，match()方法返回对象可以使用group(num)或groups()匹配对象函数来获取匹配表达式。

(1) group(num=0)：匹配整个表达式的字符串，group()可以一次输入多个组号，在这种情况下它将返回一个包含那些组所对应值的元组。

(2) groups()：返回一个包含所有小组字符串的元组，从1到所含的小组号。

【例 9-31】 group()方法与groups()方法的应用示例。

```
import re
line = "Cats are smarter than dogs"
m = re.match( '(.*) are (.*?) .*', line, re.M|re.I)
if m:                                    #相当于if m is not None:
    print("m.group() : ", m.group())
    print("m.group(1) : ", m.group(1))
    print("m.group(2) : ", m.group(2))
    print("m.groups() : ", m.groups())
else:
    print ("No match!!")
```

运行结果：

```
m.group() :  Cats are smarter than dogs
m.group(1) :  Cats
m.group(2) :  smarter
m.groups() :  ('Cats', 'smarter')
```

【例 9-32】 利用"|"匹配多个字符串。

```
import re
keyword = "cats|CATS|Cats"
strline = 'Cats are smarter than dogs'
m = re.match(keyword, strline)
print(m.group())
```

运行结果：

```
Cats
```

在实际应用中也可以采用"[]"实现几个字符集中任选一个，例如，m = re.match('a|

b|c', "and")和 m = re.match('[abc]', "and")的运行结果为 a。

【例 9-33】 利用"."匹配多个字符串。

```
import re
s =".ind"
m =re.match(s, "mind")
print(m.group())
```

运行结果：

mind

如果遇到被匹配的字符串中有"."，可以用"\."来进行转义。例如，m = re.match('3.14', "3314")的运行结果为 3314，如果改为 m = re.match('3\.14', "3.14")，就只能匹配 3.14 了。

9.4.2　搜索与替换字符串

sub()与 subn()函数用于实现搜索和替换功能，这两个函数都是将某一个字符串中所有匹配的正则表达式的部分替换成其他字符串。用来替换的部分可能是一个字符串，也可以是一个函数，该函数返回一个用来替换的字符串。sub()函数返回替换后的结果，subn()函数返回一个元组，元组的第 1 个元素是替换后的结果，第 2 个元素是替换的总数。

re.sub 是正则表达式的函数，实现比普通字符串更强大的替换功能，函数语法为：

sub(pattern,repl,string,count=0,flags=0)

参数说明：

- pattern：正则表达式的字符串。
- repl：被替换的内容。
- string：正则表达式匹配的内容。
- count：由于正则表达式匹配的结果是多个，使用 count 来限定替换的个数从左向右，默认值是 0，替换所有匹配到的结果。
- flags：匹配模式，可以使用按位或者"|"表示同时生效，也可以在正则表达式字符串中指定。

【例 9-34】 利用 sub()函数字符串替换示例。

```
import re
ret =re.sub(r"\d+", '998', "python =997,java=996")
print(ret)
```

运行结果：

python =998,java=998

【例 9-35】 利用 subn()函数实现字符串的替代示例。

```
import re
```

```
result =re.subn('xixi','maomao','xixi is my son, I prefer xixi')
print(result)
```

运行结果：

```
('maomao is my son, I prefer maomao', 2)
```

由运行结果可以看出，subn 不但替换了结果，而且也返回了替换总数。

9.4.3　分割字符串

split()函数可以将字符串中与模式匹配的字符串都作为分隔符来分割字符串，返回一个列表形式的分割结果，每一个列表元素都是分割的子字符串。即 re.split()函数按照指定的 pattern 格式，分割 string 字符串，返回一个分割后的列表。函数语法为：

```
re.split(pattern, string, maxsplit=0, flags=0)
```

参数说明：

- pattern：生成的正则表达式对象，或者自定义也可。
- string：要匹配的字符串。
- maxsplit：指定最大分割次数，不指定将全部分割。

【例 9-36】　利用 split()分割字符串。

```
import re
print(re.split('\d+','one1two2three3four4five5'))
```

运行结果：

```
['one', 'two', 'three', 'four', 'five', '']
```

注意：用 flags 时会遇到一些问题，例如，print(re.split('a','1A1a2A3',re.I))输出结果并未能区分大小写。这是因为 re.split(pattern,string,maxsplit,flags)默认是四个参数，当传入三个参数的时候，系统会默认 re.I 是第三个参数，所以就没起作用。如果想让这里的 re.I 起作用，写成 flags＝re.I 即可。

9.4.4　搜索字符串

搜索字符串就是从一段文本中找到一个或多个与文本模式相匹配的字符串。

1. 使用 search()方法搜索字符串

search()方法的参数与 match()方法的参数一致。函数语法为：

```
re.search(pattern, string, flags=0)
```

参数说明：

- pattern：匹配的正则表达式。
- string：要匹配的字符串。
- flags：标志位，用于控制正则表达式的匹配方式，如是否区分大小写、多行匹配等。

匹配成功 re.search()方法返回一个匹配的对象，否则返回 None。可以使用 group

（num）或 groups() 匹配对象函数来获取匹配表达式。

group(num=0)匹配整个表达式的字符串，group() 可以一次输入多个组号，在这种情况下它将返回一个包含那些组所对应值的元组。

groups()返回一个包含所有小组字符串的元组，从 1 到所含的小组号。

【例 9-37】 字符串搜索示例。

```
import re
line = "Cats are smarter than dogs";
searchObj = re.search(r'(.*) are (.*?) .*', line, re.M | re.I)
if searchObj:
    print("searchObj.group() : ", searchObj.group())
    print("searchObj.group(1) : ", searchObj.group(1))
    print("searchObj.group(2) : ", searchObj.group(2))
else:
    print("Nothing found!!")
```

运行结果：

```
searchObj.group() :  Cats are smarter than dogs
searchObj.group(1) :  Cats
searchObj.group(2) :  smarter
```

re.match()方法与 re.search()方法的区别：re.match()方法只匹配字符串的开始，如果字符串开始不符合正则表达式，则匹配失败，函数返回 None；而 re.search()方法匹配整个字符串，直到找到一个匹配。

【例 9-38】 re.match()方法与 re.search()方法的区别示例。

```
import re
line = "Cats are smarter than dogs";
matchObj = re.match(r'dogs', line, re.M | re.I)
if matchObj:
    print("match -->matchObj.group() : ", matchObj.group())
else:
    print("No match!!")
matchObj = re.search(r'dogs', line, re.M | re.I)
if matchObj:
    print("search -->searchObj.group() : ", matchObj.group())
else:
print("No match!!")
```

运行结果：

```
No match!!
search -->searchObj.group() :  dogs
```

2. 使用 findall()和 finditer()函数搜索字符串

findall()函数用于查询字符串中某个正则表达式模式全部的非重复出现情况，这一点与 search() 函数在执行字符串搜索时类似，但与 match() 和 search() 函数不同之处在于，findall() 函数总会返回一个包含搜索结果的列表。如果 findall() 函数没有找到匹配的部分，就会返回一个空列表，如果匹配成功，列表将包含所有成功的匹配部分（从左向右匹配顺序排列）。函数语法为：

```
findall(string[, pos[, endpos]])
```

参数说明：

- string：待匹配的字符串。
- pos：可选参数，指定字符串的起始位置，默认为 0。
- endpos：可选参数，指定字符串的结束位置，默认为字符串的长度。

【例 9-39】 利用 findall() 方法搜索 IP 地址。

```
import re
pattern = r'([1-9]{1,3}(\.[0-9]{1,3}){3})'
str1 = '127.0.0.1 202.205.80.132'
match = re.findall(pattern, str1)
for i in match:
    print(i[0])
```

运行结果：

```
127.0.0.1
202.205.80.132
```

finditer() 函数在功能上与 findall() 函数类似，只是更节省内存。区别在于 findall() 函数会将所有的匹配的结果一起通过列表返回，而 finditer() 函数会返回一个迭代器，只有对 finditer() 函数返回结果进行迭代，才会对字符串中某个正则表达式模式进行匹配。

【例 9-40】 finditer() 函数应用示例。

```
import re
it = re.finditer(r"\d+","58a68bc78df8")
for match in it:
    print(match.group())
```

运行结果：

```
58
68
78
8
```

9.4.5 编译标志

可以把常用的正则表达式编译成正则表达式对象，以方便后续调用及提高效率。使用顺序是：首先用 import re 引用，然后用 re.compile() 函数将正则表达式字符串编译成正则表达式对象,再利用 re 提供的内置函数对字符串进行匹配、搜索、替换、切分和分组等操作。

re.compile()语法格式为:

re.compile(pattern, flags=0)

参数说明:
- pattern:指定编译时的表达式字符串。
- flags:编译标志位,用来修改正则表达式的匹配方式。支持 re.L|re.M 同时匹配。

flags 的常见取值如下:
- re.I(re.IGNORECASE):使匹配对大小写不敏感。
- re.L(re.LOCAL):做本地化识别匹配。
- re.M(re.MULTILINE):多行匹配,影响 ^ 和 $。
- re.S(re.DOTALL):使"."匹配包括换行在内的所有字符。
- re.U(re.UNICODE):根据 Unicode 字符集解析字符。这个标志影响\w、\W、\b、\B。
- re.X(re.VERBOSE):该标志通过给予更灵活的格式以便将正则表达式写得更易于理解。

【例 9-41】 re.compile()函数应用示例。

```
import re
str ="Tina is a good girl, she is cool, clever, and so on..."
rc =re.compile(r'\w*oo\w*')
print(rc.findall(str))                          #查找所有包含'oo'的单词
```

运行结果:

['good', 'cool']

【例 9-42】 字符串分割示例。

```
import re
str ='say hello world! hello python'
str_nm ='one1two2three3four4'
pattern =re.compile(r'(?P<space>\s)')           #创建一个匹配空格的正则表达式对象
pattern_nm =re.compile(r'(?P<space>\d+)')       #创建一个匹配数字的正则表达式对象
match =re.split(pattern, str)
match_nm =re.split(pattern_nm, str_nm, maxsplit=1)
print(match)
print(match_nm)
```

运行结果:

['say', ' ', 'hello', ' ', 'world!', ' ', 'hello', ' ', 'python']
['one', '1', 'two2three3four4']

9.5 综合应用案例：利用正则表达式实现图片自动下载

网络爬虫是指按照一定规则自动抓取网络信息的程序或脚本。运用 Python 内置的 urllib 库，结合正则表达式应用，可以实现对静态网页信息的自动下载。下面以 http://jszx.cau.edu.cn 网站中静态网页中".png"格式图片下载为例说明。

```
import urllib.request
import  re

def getHttp(url):
        ot =urllib.request.urlopen(url)
        html =ot.read()
        print(html)
        return html

def getpic(html):
        #从查看网页静态源代码，寻找规律，建立正则表达式
        strreg = r' src=".*\.png"'
        print(strreg)
        picreg = re.compile(strreg)
                                            #获取地址元组
        urls =picreg.findall(html)
        #print(urls)
        num = 0
        for url in urls:
                #print("http://jszx.cau.edu.cn"+url[6:-1],'./%s.png'%num)
                urllib.request.urlretrieve("http://jszx.cau.edu.cn"+url[6:-1],'c:/%s.png'%num)
                num +=1

def main():
        html =getHttp("http://jszx.cau.edu.cn").decode('utf8')
        getpic(html)

if __name__=="__main__":
        main()
```

从上述程序可以看出，实现过程如下。

（1）打开"http://jszx.cau.edu.cn"主页，在网页上右击，在弹出的快捷菜单中选择"查看源代码"，可以看到网页的源代码。可以发现图片以"src="/…/…/….png""的形式实现链接。

(2) 通过内置 urllib 库中 urllib.request.urlopen(url)函数可以实现对静态网页的访问，读取网页 HTML 源代码，同时根据网页所用的编码形式用 decode()解码。

(3) 为实现自动爬取图片，根据源码中呈现的图片链接形式，形成图片链接的正则表达式：

strreg = r'src=".*?\.png"'

其中，".*?"为非贪婪匹配的任意网址，只要以"src="""开头，以"\.png"结束，就可以匹配。

(4) 用 picreg = re.compile(strreg)生成正则表达式匹配对象，以 urls = picreg.findall(html)语句获取所匹配字符串列表，然后用字符串切片可获取 png 图片素材的完整链接。

(5) 用循环语句逐个通过 urllib.request.urlretrieve()函数下载图片素材，并保持到指定位置。

这里仅仅是适用于直接的静态页面，更复杂的应用，例如动态网页的获取，需要进一步深入应用相关函数库。

小　　结

本章首先介绍了字符串的编码转换问题，然后又对常用的字符串操作技术进行了详细的讲解，其中，拼接、截取、分割、合并、检索和格式化字符串等都是需要重点掌握的技术；最后介绍了正则表达式的基本语法，以及 Python 中如何应用，通过 re 模块实现正则表达式匹配等技术。

思考与练习

1. 输入一行字符，统计其中有多少个单词，每两个单词之间以空格隔开。如输入：

This is a python program.

输出：

There are 5 words in the line.

2. 给出一个字符串，在程序中赋初值为一个句子，例如"he threw three free throws"，自编函数完成下面的功能。

(1) 求出字符列表中字符的个数(对于例句，输出为 26)。

(2) 计算句子中各字符出现的频数(通过字典存储)。

3. 输入两个字符串，从第一个字符串中删除第二个字符串中所有的字符。例如，输入"They are students."和"aeiou"，则删除之后的第一个字符串变成"Thy r stdnts."。

4. 已知字符串 a＝"aAsmr3idd4bgs7Dlsf9eAF"，要求如下。

(1) 请将 a 字符串的数字取出，并输出成一个新的字符串。

（2）请将 a 字符串中的大写改为小写，小写改为大写。

5. 输入一个字符串，判断这个字符串是否是回文字符串。

6. 写一个程序，提示输入两个字符串，然后进行比较，输出较小的字符串。要求只能使用单字符比较操作。

7. 根据下列字符串构成的规律写出正则表达式，并尝试利用 re 库的有关函数实现对测试字符串的匹配、搜索、分割和替换等操作。

（1）18 位身份证号码。

（2）E-mail 地址。

（3）手机号码。

（4）IPv4 地址（例如 202.205.80.132）。

8. 创建简单爬虫程序，实现对静态网页（例如京东网 http://www.jd.com 等）中的 jpg、png 等图片的自动下载。

第 10 章 错误及异常处理

程序调试和异常处理在程序开发过程中起着非常重要的作用,一个完善的程序,在其开发过程中必然会对可能出现的所有异常进行处理,并进行调试,以保证程序的可用性。当检测到一个错误时,解释器就无法继续执行了,反而出现了一些错误的提示,这就是所谓的异常。

本章对 Python 的一些常见的异常进行深入阐述,主要对异常处理语句的使用进行详细讲解。在讲解过程中,重点讲解如何使用异常处理语句捕获和抛出异常。另外,还介绍处理异常的特殊方法。

10.1 错误与异常

在本节中,首先描述 Python 在发现语法错误时的处理方式,之后了解 Python 在发现未处理异常时生成的回溯信息,最后讲解怎样将科学的方法用于调试。

10.1.1 两种类型的错误

程序中的错误分为语法错误和逻辑错误。

1. 语法错误

语法错误是指软件的编写不符合 Python 语言的语法规定,导致无法被解释器解释或编译器编译。这种错误必须经过修正,程序才能够运行。例如:

```
if age >18
    print("祝贺你已经成年!")
```

在编译时,会出现如下错误。

```
File "C:/temp.py", line 1
    if age >18
             ^
SyntaxError: invalid syntax
```

上述代码在判断语句后少了冒号(:),不符合 Python 语法,因此语法分析器检测到错误后,显示错误信息。错误信息包括错误的行号、错误的名称和具体信息,错误信息还用小箭头(^)指出语法错误的具体位置,方便定位和改正。语法错误类型为 SystaxErrot。

2. 逻辑错误

程序运行以后出现的错误就是逻辑错误,逻辑错误可能是由于外界条件引起的(例如网络断开、文件格式损坏、输入字符串格式不正确等),也可能是程序本身设计不严谨导致的,例如 0 作为除数。

综上所述,不管哪种错误,只要被 Python 检测到,程序都会发生异常。

10.1.2　什么是异常

当 Python 检测到一个错误时,解释器就会指出当前流已无法继续执行下去,这时候就是出现了异常。异常是指因为程序出错而在正常控制流以外采取的行为。异常即是一个事件,该事件会在程序执行过程中发生,影响了程序的正常执行。异常处理器(try 语句)会留下标识,并可执行一些代码。程序前进到某处代码时,产生异常,因而会使 Python 立即跳到那个标识,而放弃留下该标识之后所调用的任何激活的函数。

异常分为两个阶段:第一个阶段是引起异常发生的错误;第二个阶段是检测并进行处理的阶段。

在 Python 中,异常通常可以用于各种用途。下面是它最常见的 5 种角色。

1. 错误处理

每当在运行过程中检测到程序错误时,Python 就会引发异常。可以在程序代码中捕捉和响应错误,或者忽略已发生的异常。但如果忽略错误,Python 默认的异常处理行为将启动,停止程序,打印出错误消息。如果不想启动这种默认行为,就要写 try 语句来捕捉异常并从异常中恢复,当检测到错误时,Python 会跳到 try 处理器,而程序在 try 之后会重新继续执行。

2. 事件通知

异常也可用于发出有效的状态信号,而无须在程序间传递结果标志位,或者刻意对其进行测试。例如,搜索的程序可能在失败时引发异常,而不是返回一个整数结果代码。

3. 特殊情况处理

有时,发生了某种很罕见的情况,很难调整代码去处理。通常会在异常处理器中处理这些罕见的情况,从而省去编写应对特殊情况的代码。

4. 终止行为

正如将要看到的一样,try/finally 语句可确保一定会进行需要的结束运算,无论程序中是否有异常。

5. 非常规控制流程

最后,因为异常是一种高级的"goto"语句,它可以作为实现非常规的控制流程的基础。Python 中没有"goto"语句,但是异常有时候可以充当类似的角色。

在 Python 中常使用异常对象来表示不同的异常,并已经为常见的异常建立了异常类,如表 10-1 所示。

表 10-1 Python 常见的内建异常类

异 常 类 名	描　　述
BaseException	所有异常的基类
Exception	常规错误的基类
NameError	尝试访问一个没有申明的变量
IndentationError	缩进错误
ZeroDivisionError	除数为 0
SyntaxError	语法错误
IndexError	索引超出序列范围
KeyError	映射不存在的（字典）键
IOError	输入输出错误（例如要读的文件不存在）
AttributeError	尝试访问未知的对象属性
ValueError	传给函数的参数类型不正确
TypeError	将变量类型不相符的值赋给变量时
EOFError	发现一个不期望的文件尾

10.1.3　常见的错误与异常

由前边的各章节的程序中，会发现在 Python 中常常会有如下错误和异常。

（1）缺少冒号引起的错误。在 if、elif、else、for、while、class、def 声明行的末尾需要添加":"，如果忘了添加，就会提示"SyntaxError：invalid syntax"的语法错误。

（2）将比较运算符"=="与赋值运算符"="混淆。若误将"=="与"="混淆，就会提示"SyntaxError：invalid syntax"的语法错误。

（3）代码结构的缩进错误。当代码结果的缩进量不正确时，会提示错误信息，例如"IndentationError：unexpected indent"等。

（4）修改元组和字符串值时报错。元组和字符串的元素值是不能修改的，如果修改它们的元素值，也会提示错误信息，例如"TypeError：'tuple' object does not support item assignment"。

（5）连接字符串和非字符串。如果将字符串和非字符串连接，就会提示错误信息，例如"TypeError：unsupported operand type(s) for ＋：'int' and 'str'"。一般可以通过 str() 函数对非字符串进行转换，解决问题。

（6）在字符串首尾忘记加引号。字符串的首尾必须加引号，否则没有添加或者没有成对出现，就会提示错误信息，例如"SyntaxError：EOL while scanning string literal"。

（7）变量或函数名拼写错误。如果函数名或变量名拼写错误，就会提示错误信息，例如"NameError：name 'func' is not defined"（func 为函数名）。

（8）使用关键字作为变量名。在 Python 中关键字是不能用作变量名的。如果使用

关键词作为变量,也将会提示错误信息

(9) 引用超过列表最大值索引值。如果引用超过列表的最大索引值,就会提示错误信息,例如"IndexError: list index out of range"。

(10) 变量没有初始化值时,参与运算引起错误。当变量没有指定有效的初始值,就进行操作计算,就会提示错误信息,例如"NameError: name 'x' is not defined"(x 为未赋值的变量)。

(11) 误使用自增和自减运算符。在 Python 语言中没有 C 语言等中有的自增(++)和自减(--)运算符。如果误用,也将会提示错误信息,例如"SyntaxError: invalid syntax"。

(12) 在定义类时,忘记为方法的第一个参数添加 self 参数。在定义方法时,第一个参数必须是 self。如果忘记添加 self 参数,就会提示错误信息,例如"TypeError: getName() takes 0 positional arguments but 1 was given"(getName()为方法)。

10.2 捕获和处理异常

当程序出现异常时,Python 默认的异常处理行为将开始工作,它会停止程序并打印出错误消息。但这往往并不是我们想要的。例如,服务器程序一般需要在内部错误发生时依然保持工作。如果不希望使用默认的异常处理行为,就需要把调用包装在 try 语句中,自行捕捉异常。

在 Python 中,异常会根据错误自动地被触发,也能由代码触发和捕获。异常由四个相关语句进行处理,分别为 try、except、else 和 finally,其中,try 语句为检测异常,except 语句捕获异常。

10.2.1 try…except 语句

try 子句中的代码块放置可能出现异常的语句,except 子句中的代码块处理异常。try…except 的语法格式为:

```
try:
    可能会出错的代码
    …
except [错误类型]:
    出错后的处理语句
    …
```

try…except 语句的工作过程为:

(1) 执行 try 语句,即在 try 和 except 之间的代码。

(2) 如果 try 子句没有发生异常,则忽略 except 后的子句。

(3) 如果 try 子句发生异常,则忽略该子句的剩余语句,此时会有以下两种可能。

① 如果发生的异常类型与 except 后指定的异常类型一致,则执行 except 子句,然后继续执行 try…except 语句后边的语句。

② 如果发生的异常类型与 except 后指定的异常类型不一致，则该异常会被抛出到上一级代码，由上一级代码处理。如果最终都没有得到处理，就会使用默认的处理方式：程序崩溃，终止运行，并提示信息。

【例 10-1】 使用 try…except 语句诊断异常的过程。

```
list = ['apple', 'orange', 'banana', 'pear']
try:
    print(list[4])
except IndexError as e:
    print('列表元素的下标越界')
```

运行结果：

列表元素的下标越界

由上述代码可以看出，经过异常处理后的代码更健壮。

10.2.2　try…except…else 语句

如果 try 范围内捕获了异常，就执行 except 块；如果 try 范围内没有捕获异常，就执行 else 块。

【例 10-2】 引入循环结构，实现重复输入字符串序号，直到检测序号不越界，然后输出相应的字符串。

```
list = ['apple', 'orange', 'banana', 'pear']
print('请输入字符串的序号:')
while True:
    n = int(input())
    try:
        print(list[n])
    except IndexError as e:
        print('列表元素的下标越界，请重新输入字符串的序号')
    else:
        break
```

如果没有 else，无法知道控制流程是否已经通过了 try 语句。在上面这个例子中，没有触发 IndexError，执行 else 语句，结束循环。

实际上，大部分语言的异常处理都没有 else 块，它们是将 else 块的代码直接放在 try 块的代码后面的，因此对于大部分场景而言，直接将 else 块的代码放在 try 块的代码后面即可。但 Python 的异常处理使用 else 块绝不是多余的语法，当 try 块没有异常，而 else 块有异常时，就能体现出 else 块的作用了。

10.2.3　带有多个 except 的 try 语句

在通常情况下，一段代码可能出现多个异常，此时可以将多个特定异常组成一个元组放在一个 except 语句后处理，也可以多个 except 子句联合使用。

【例 10-3】 输入两数，求两数相除的结果。

在数值输入时应检测输入的被除数和除数是否是数值，如果输入的是字符则视为无效。在进行除操作时，应检测除数是否为零。

```
try:
    x = float(input("请输入被除数:"))
    y = float(input("请输入除数:"))
    z = x / y
except ZeroDivisionError as e1:
    print("除数不能为零")
except ValueError as e2:
    print("被除数和除数应为数值类型")
else:
    print(z)
```

在这个例子中，Python 将检查不同类型的异常（ZeroDivisionError 或者 ValueError），一旦发生对应的异常，将匹配执行相应 except 中的代码。也可以将多个元组组织起来，例如 except (ZeroDivisionError, ValueError) as error。

10.2.4 捕获所有异常

BaseException 是所有内建异常的基类，通过它可以捕获所有类型的异常，KeyboardInterrupt、SystemExit 和 Exception 是从它直接派生出来的子类。

程序需要捕获所有异常时，可以使用 BaseException。

【例 10-4】 捕获所有异常的示例。

```
try:
    x = float(input("请输入被除数:"))
    y = float(input("请输入除数:"))
    z = x / y
except BaseException as e:
    print(e)
else:
    print(z)
```

10.2.5 finally 子句

finally 子句与 try 语句联合使用，表示无论 try 语句是否出错都会执行语句。其语法格式如下：

```
try:
    可能会出错的语句
finally:
    无论是否出错都会执行的语句
```

【例 10-5】 finally 子句应用示例。

```
try:
    f =open("c:/tmp/output.txt", "w")
    f.write("hello")
    #raise Exception("something wrong")
finally:
    print("closing file")
    f.close()
```

在实际开发中，finally 子句主要用于做一些善后的工作，例如，尝试打开文件并读取数据，如果在此执行过程中发生一个错误，会执行 finally 语句块，正常关闭文件。如果在此过程中没有发生错误，也会执行 finally 语句块，正常关闭文件。

在 Python 2.4 和更早的版本中，finally 子句无法和 except…else 一起用在相同的 try 语句内，所以，如果用的是旧版，最好把 try/finally 想成是独特的语句形式。然而，到了 Python 2.5，finally 可以和 except 及 else 出现在相同语句内，所以现在其实只有一个 try 语句，但是有许多的子句。不过无论选哪个版本，finally 子句依然具有相同的用途；指明一定要执行的"清理"动作，无论是否发生了异常。其语法结构如下：

```
try:
    可能会出现异常的语句块
Except A:
    异常发生后的处理
Except B:
    异常发生后的处理
except:
    其他异常发生后的处理
else:
    异常未发生后的执行语句
finally:
    无论异常是否发生都会执行的语句
```

说明：正常执行的程序在 try 下面执行"可能会出现异常的语句块"中执行，在执行中如果发生了异常，则中断当前"可能会出现异常的语句块"跳到异常处理中开始执行，如果没有异常则会执行 else 中的语句（前提是有 else 语句），finally 语句是最后一步总会执行的语句。

【例 10-6】 try…except…else…finally 应用示例。

```
s1 ='hello'
try:
    int(s1)
except IndexError as e:
    print(e)
except KeyError as e:
    print(e)
except ValueError as e:
```

```
        print(e)
#except Exception as e:
#    print(e)
else:
    print('try 内代码块没有异常则执行我')
finally:
    print('无论异常与否,都会执行该模块,通常是进行清理工作')
```

try…except…else…finally 出现顺序必须是 try→except X→except→else→finally, 即所有的 except 必须在 else 和 finally 之前, else(如果有的话)必须在 finally 之前, 而 except X 必须在 except 之前; 否则会出现语法错误。

特别提醒, 如果 finally 子句引发了异常, 则该异常无法捕捉, 同时如果在 finally 子句中使用 return、break、continue 语句而终止, 则原来的异常也会丢失, 并无法重新引发。

10.3　处理异常的特殊方法

如果捕获到的异常在本级无法处理, 或者不应该由本级处理, 也可以将异常抛出, 交给上一级代码处理等。

10.3.1　raise 语句抛出异常

在 Python 中, raise 语句用于抛出特定的异常, 其语法格式如下:

raise [Exception [, args [, traceback]]]

语句中 Exception 是异常的类型(例如, NameError), 参数是一个异常参数值。该参数是可选的, 如果不提供, 异常的参数是 None。

最后一个参数是可选的(在实践中很少使用), 如果存在, 则是跟踪异常对象。

【例 10-7】　使用 raise 语句自行引发异常。

```
def functionName( level ):
    if level <1:
        raise Exception("Invalid level!", level)
        #触发异常后,后面的代码就不会再执行
```

程序运行结果如下:

Python 3.0 以上的版本也允许 raise 语句拥有一个可选的 from 子句。
raise exception from otherexception

当使用 from 的时候, 第二个表达式指定了另一个异常类或实例, 它会附加到引发异常的 __cause__ 属性。如果引发的异常没有捕获, Python 把异常也作为标准出错消息的一部分打印出来。

```
try:
    1/0
```

```
except Exception as E:
    raise TypeError('Bad') from E
```

运行结果：

```
Tracback (most recent call last):
    file "<stdin>", line 2, in <module>
ZeroDivisionError: int division or modulo by zero
```

上面的异常是如下异常的直接原因。

```
Tracback (most recent call last):
    File "<stdin>", line 4, in <module>
TypeError: Bad!
```

当在一个异常处理器内部引发一个异常的时候，隐式地遵从类似的过程：前一个异常附加到新的异常的 context 属性，并且如果该异常未捕获的话，再次显示在标准出错消息中。

10.3.2 assert 语句判定用户定义的约束条件

assert 断言语句用于判断一个表达式是否为真，如果表达式为 True，则不做任何操作，如果为 False 则会引发 AssertionError 异常。

assert（断言）语句的语法如下：

```
assert  expression[,  reason]
```

expression 为 assert 判定的对象，通常是一个字符串，是自定义的异常参数，用于显示异常的描述信息。当判断表达式 expression 为真时，什么都不做；如果表达式为假，则抛出异常。

【例 10-8】 assert 语句应用示例。

```
try:
    assert 1 == 2 , "1 is not equal 2!"
except AssertionError as reason:
    print("%s:%s"%(reason.__class__.__name__, reason))
```

运行结果：

```
AssertionError:1 is not equal 2!
```

assert 语句通常是用于验证开发期间程序状况的。显示时，其出错消息正文会自动包括源代码的行消息，以及列在 assert 语句中的值。

assert 几乎都是用来收集用户定义的约束条件，而不是捕捉内在的程序设计错误。因为 Python 会自行收集程序的设计错误，通常来说，没必要写 assert 语句去捕捉超出索引值、类型不匹配以及除数为零之类的事情。

这类 assert 语句一般都是多余的，因为 Python 会在遇见错误时自动引发异常。

10.3.3 with…as 语句

前面章节讲述了 try…except…finally 语句等处理异常的方法。除此之外，还可以使用 with 语句处理与异常相关的工作。with 语句支持创建资源，抛出异常，释放资源等操作，并且代码更简洁。

with 语句适用于对资源进行访问的场合，无论资源使用过程中是否发生异常，都会执行必要的释放资源的操作，例如，文件使用后的自动关闭、线程中锁的自动获取和释放等。

with 语句的语法如下：

```
with 上下文表达式 [as 资源对象]:
    对对象的操作
```

其中，上下文表达式返回一个上下文管理对象。如果指定了 as 子句，该对象并不赋值给 as 子句中的资源对象，而是将上下文管理器的 __enter__() 方法的返回值赋给资源对象。资源对象可以是单个对象，也可以是元组。

假设在 C 盘根目录下有一个 temp.txt 文件，该文件里面的内容如下：

人生苦短，我只用 Python!

执行以下程序段，观察运行结果，体会 with 语句的作用。

```
with open('c:\\temp.txt') as f:
    for line in f:
        print(line)
```

运行结果：

人生苦短，我只用 Python!

以上程序使用 with 打开文件，如果顺利打开，则将文件对象赋值给 f，然后用 for 语句遍历和打印文件的每一行。当对文件的操作结束后，with 语句关闭 c:\temp.txt。如果这段代码运行过程中发生异常，with 语句也会将文件关闭。

10.3.4 自定义异常

通过创建一个新的异常类，程序可以命名它们自己的异常。异常应该是继承自 Exception 类，通过直接或间接的方式。

【例 10-9】 与 BaseException 相关的实例，实例中创建了一个类，基类为 BaseException，用于在异常触发时输出更多的信息。

```
class Networkerror(BaseException):
    def __init__(self,msg):
        self.msg=msg
    def __str__(self):
        return self.msg
```

```
try:
    raise Networkerror('类型错误')
except Networkerror as e:
    print(e)
```

在 try 语句块中，在用户自定义的异常后执行 except 语句块，变量 e 是用于创建 Networkerror 类的实例。

10.4 PyCharm 中使用 Debug 工具

断点调试是在开发过程中常用的功能，能清楚看到代码运行的过程，有利于代码问题跟踪。利用 PyCharm 进行程序的调试非常方便，下面介绍 PyCharm 调试程序的过程。

（1）设置断点。在需要调试的代码块的那一行行号右边，单击出现一个红色圆点标志，就是断点，如图 10-1 所示。再次单击可取消断点。

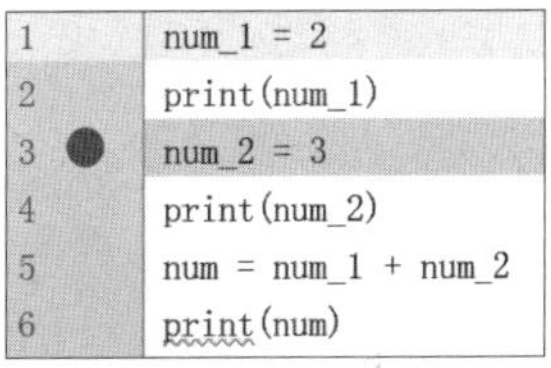

图 10-1 添加断点

（2）右击编辑区，在弹出的快捷菜单中选择 Debug；或在工具栏选择运行的文件，单击 Debug 按钮，如图 10-2 所示。

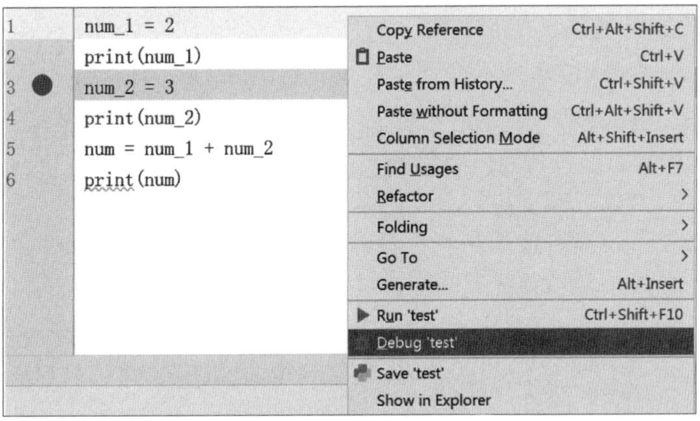

图 10-2 Debug 调试

（3）显示 Debug 控制台。控制台有两个显示的面板：Debugger 和 Console。其中，Debugger 用于显示变量和变量的细节，Console 用于输出内容，如图 10-3 所示为变量的输出列表。

（4）单击 Step Over 按钮开始单步调试，每单击一次，跳一步，并在解释区显示内容，如图 10-4 所示为单步调试图标。

（5）单击完最后一步，解释区也清空。整个过程中能清楚地看到代码的运行位置，如图 10-5 所示是调试完毕后的结果显示。

（6）接下来，针对 Console 界面调试。重新运行调试程序，单击 Console，更换至输出

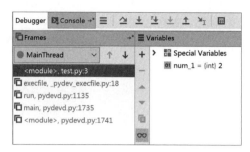

图 10-3　变量的输出列表

图 10-4　单步调试图标

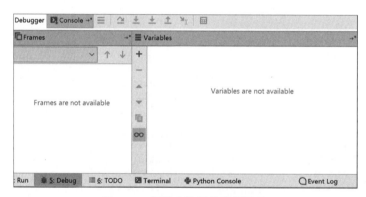

图 10-5　调试完毕后的结果显示

数据面板。单击 Step Over 按钮步步执行代码。如图 10-6 所示为单步调试时 Console 面板的显示。

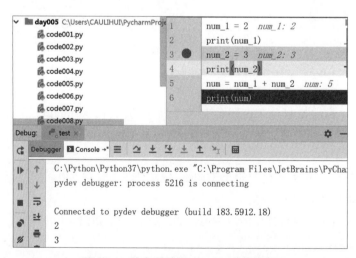

图 10-6　单步调试时 Console 面板显示

(7) 最后一步,将显示信息:Process finished with exit code 0。整个调试过程结束。

小　　结

Python 异常是一种高级控制流设备,它们可能由 Python 引发,或者由自己的程序引发。在这两种情况下,出错的情况都可能被忽略(以触发默认的出错消息),或者由 try 语句捕获(由代码处理)。到 Python 2.5 为止,try 语句有两种逻辑形式:处理异常和不管是否发生异常都执行最终代码。try…except 主要完成把错误处理和真正的工作分开来,代码更易组织,更清晰,复杂的工作任务更容易实现。Python 的 raise 和 assert 语句根据需要触发异常(都是内置函数,并且都是用类定义的新异常),with/as 是一种替代方式,确保对它所支持的对象执行终结操作。

这一章详细地介绍了异常的处理,探索 Python 中有关异常的语句:try 是捕捉,raise 是触发,assert 是条件式引发,而 with 是把代码块包装在环境管理器中。

思考与练习

1. 简述 try 语句的用途。
2. try 语句的两个常见变体是什么?
3. raise 语句有什么用途?
4. try…except 和 try…finally 有什么不同?

图书资源支持

感谢您一直以来对清华版图书的支持和爱护。为了配合本书的使用,本书提供配套的资源,有需求的读者请扫描下方的"书圈"微信公众号二维码,在图书专区下载,也可以拨打电话或发送电子邮件咨询。

如果您在使用本书的过程中遇到了什么问题,或者有相关图书出版计划,也请您发邮件告诉我们,以便我们更好地为您服务。

我们的联系方式:

地　　址: 北京市海淀区双清路学研大厦 A 座 701

邮　　编: 100084

电　　话: 010-83470236　010-83470237

资源下载: http://www.tup.com.cn

客服邮箱: 2301891038@qq.com

QQ: 2301891038(请写明您的单位和姓名)

书圈

扫一扫,获取最新目录

课程直播

用微信扫一扫右边的二维码,即可关注清华大学出版社公众号"书圈"。